Stataによるデータ分析入門
第3版
―経済分析の基礎から因果推論まで―

松浦寿幸　著

東京図書

◆本書では，Stata Ver. 11, 12, 13, 14, 15, 16 および 17 を使用しています。

これらの製品に関する問い URL：

StataCorp LLC

http://www.stata.com

◎この本で扱っているデータは，東京図書 WEB ページ（http://www.tokyo-tosho.co.jp），および著者の WEB ページ（http://sites.google.com/site/matsuuratoshiyuki/）から，ダウンロードすることができます。

まえがき

　本書は，統計分析ソフトウェア，Stata を用いた統計分析の入門書である。統計学や計量経済学のテキストは多数あれど，体系的なコースが用意されていない私立大学の学生や，社会人になってから必要に迫られて勉強するサラリーマン研究者には敷居の高いものが多いのではないだろうか。本書では，経済・経営分析から心理学，生物学，医療などの幅広い分野で，近年利用者を増やしている Stata の利用方法と分析手法の考え方を紹介している。Stata の一つの特徴は，データ構築から分析，結果表のとりまとめまでを一つのソフトウェアで扱えることで，本書では，データ分析の方法やコマンドのみならず，データ構築のコツや，美しい図表の作り方についても丁寧に解説している。また，本書のもう一つの特徴として，事例が豊富に用意されていることがあげられる。オリジナルのデータやプログラムに加えて，Stata に付随するサンプル・データによる練習問題もついているので，読むだけではなく，実際にプログラムを動かしながら，Stata の操作技術を身につけられるように設計されている。

　筆者が始めて Stata に触れたのは，2001 年ごろ，Stata Version 5 であった。当時，筆者は，大学院生で，米国から戻られたばかりの赤林英夫助教授（現在，慶應義塾大学教授）の社会科学分析演習で Stata の実習を交えたミクロデータ分析の手ほどきを受けた。それから，10 年近くの間に，Stata は，バージョン・アップを重ね，現在では，Version 11 が販売されており，多くの研究者，大学院生・学部生に利用されるようになってきている。本書は，筆者が大学院を出た後に 4 年間勤務した独立行政法人経済産業研究所で，当時リサーチ・アシスタントであった佐々木（板）明果さんと渡辺善次さんと執筆した簡易マニュアル「経済分析のための Stata 入門」を下敷きにしている。当時は，Stata ユーザーもまだ少なく，試行錯誤の結果見つけた Tips をまとめた備忘録であったが，なかなか好評で Web サイトでのカウントで累計で 2 万件近く利用があった。本書では，簡易マニュアルを，全面的に書き直し，統計分析の初心者にもわかりやすく親切な体系に変更した。また，後半は「逆引き事典」として，「こんなとき，どうすればいいの？」という疑問を解決するヒントを多数盛り込んでおり，ヘビーユーザーにも便利な一冊として仕上げたつもりである。

　本書における説明事例やサンプル・データは，筆者がこれまでに担当した，横浜市立大学大学院，慶應義塾大学総合政策学部，経済産業研究所，経済産業省経済分析研修の講義や演習の講義ノートや演習課題を下敷きにしている。また，Stata のコマンドや Tips については，経済産業研究所におけるリサーチ・アシスタントの大学院生・学部生諸氏との議論や情報交換が大いに参考になった。「経済分析のための Stata 入門」の共著者である佐々木（板）明果さんと渡辺善次さんをはじめ，中村愛さん，須賀信介さん，藤澤三宝子さん，早川和伸さん，菅野早紀さん，小橋文子さんとの議論は大いに役立った。本書のサンプル・プログラムは，慶應義塾大学大学院の大学院生，深堀遼太郎さん，小池彩子さん，兵藤郁さんに，動作確認を手伝ってもらった。また，本書では事例解説にリアリティを出すため，写真を掲載したり，論文やレポート・書籍から事例

を引用させていただいた。藤沢市湘南台地区の写真については，財団法人藤沢市まちづくり協会のご好意で1990年代の写真を利用させていただいた。『大相撲の経済学』の著者，中島隆信教授（慶應義塾大学）からは，分析事例の引用をご快諾いただくとともに，ご著書には掲載されていない統計量の情報をご提供いただいた。一部の事例データは，筆者が担当した経済産業省経済分析研修の受講生である竹花明男氏にご提供いただいた。出版に際しては，東京図書の松永智仁氏に多大なご尽力をいただいた。これらの方々のご支援なしには，本書は刊行されなかったであろう。ここに記して，感謝を申し上げたい。

2010年5月

松浦寿幸

第3版のまえがき

本書の初版から11年, 第2版から6年が経過した。本書は, 多くのStataユーザーに手にしていただき, ほぼ毎年重版を重ねることとなった。初版を執筆したころは, Stataはまだまだ新興のデータ分析ソフトウェアであったが, 最近は専門家の間では定評のある統計分析ソフトウェアとして定着している。また, ここ数年, データ・サイエンスがバズワードになり, 統計的因果推論が大きな注目を集めている。これに伴い, 本書が基礎とする計量経済学の関連テキストも様変わりしつつあり, Stata自体もこうした環境変化に合わせてバージョンアップを重ね, 2021年にはStata 17が発売されている。こうした状況を踏まえ, 第3版では, 全体の半分近くを書き直し, Stataの新しい機能を紹介するとともに因果推論の分析手法を身に着けるためのテキストとして大幅なリニューアルを行った。

第3版では, 第5章の差の差の分析, 第6章の操作変数法, 第7章の傾向スコア法が新たに加わった。これらの章では, 現実社会問題に対する含意に富む研究事例を, Stataを使って自分の手で再現できるように工夫してある。ここで紹介している研究事例のデータには著者自身が収集したものもあるが, いくつかは研究論文で実際に使われたデータで, データの使用を許諾してくれたハーバード大学ネイサン・ナン教授, マサチューセッツ工科大学デイビット・オーター教授, マンハイム大学のアントニオ・シッコーノ教授, アジア経済研究所田中清泰研究員には感謝申し上げたい。また, 熊本県立大学 本田圭一郎氏, 香川大学 山ノ内健太氏には草稿段階で専門的な見地から様々な有益なコメントを頂いた。松浦研究室所属の慶應義塾大学大学院経済学研究科の梁立成君, 経済学部4年の澤本遼多君, 川上美波さん, 経済学部3年の澁谷愛さんには本章の草稿を丁寧にチェックし, Stataのdo-fileの動作確認をお手伝い頂いた。ここに記して感謝を申し上げたい。

最後に, 本書の改訂を担当された東京図書の松井誠氏には, 第3版の方向性や副題になどについてアドバイスを頂いた。併せて謝意を表したい。

2021年8月

松浦寿幸

第 2 版からの変更点

　まえがきに書いた通り第 3 版では因果推論の考え方を身に着けられるように新しい章を追加するなど内容的にも大きく変更しています。そのため，以下の点で第 2 版から変更となっています。

表の作成・EXCEL 出力の方法

　Stata17 より，表を作成するコマンド table の仕様が変更となり，EXCEL などに出力する collect コマンドが登場したことを受け，関連する説明を修正・加筆しています。

ユーザー・コマンドの紹介

　Stata ユーザーが作成したユーザー・コマンドも以前に比べて充実してきたため，第 3 版では特に便利なものを積極的に紹介しています。

WEB Appendix について

　各種コマンドのオプションの指定方法など補足的な説明，本書で紹介した書籍・雑誌へのリンク，Stata の操作方法の説明動画へのリンクを WEB 上の補論（WEB Appendix）で紹介しています。また，第 2 版で取り上げた内容の一部で，たとえば Stata13 以前のバージョンへの対応方法など，最近では利用頻度が少ないと思われるコマンドの説明についても一部，WEB Appendix に移しました。必要に応じて活用してください。WEB Appendix は，東京図書 WEB ページ（http://www.tokyo-tosho.co.jp/），あるいは著者の WEB ページ（https://sites.google.com/site/matsuuratoshiyuki/）からアクセス可能です。

●目次●

第**0**章 ● **Stata とは❖なぜ Stata を使うのか？**…………………………… **1**

第**1**部　**Stata の使い方の基礎と回帰分析** ………… **13**

第**1**章 ●**はじめの一歩❖Stata を使ってみよう!**…………………… **14**

カバーデザイン◎高橋　敦（LONGSCALE）

第 0 章

Stata とは

❖ なぜ Stata を使うのか？

本章では，Stata とは何か，そして本書の狙いと使い方について簡潔に説明します。本書を読み進める前に，本章を一読し，皆さんご自身の目的に沿って，活用してください。

0.1 その魅力とは？

Stata とは？

Stata とは，統計分析用のソフトウェアで，経済学，経営学，社会学や生物統計学などの様々な分野で，シェアを拡大させているソフトウェアの一つです。Stata Version 1 が発売されたのは 1985 年で，2021 年現在，Version 17 までバージョンアップを重ねています。Stata Version 1 では，44 のコマンドが用意されており，175 ページのマニュアルが付随していたそうです。一方，Stata 17 では，マニュアルは全 33 冊，総計 17,000 ページ以上にもわたる多機能なソフトに成長しています[1]。Stata の強みは，いくつかありますが，以下の 4 点に要約することができます。

1) データの構築から分析結果の取り纏めまでの作業の一貫性

従来は，データの構築は EXCEL や ACCESS で，分析は専用ソフトウェアで，図表は，また

---

[1] Newton and Cox（2009）"Seventy-six Stata Tips", Stata Press より。

EXCEL に戻ってという具合に煩雑な手順をとる必要がありました。Stata では，データの加工はもちろん，複数のファイルにあるデータを統合するなどの機能も充実しています。また，複数の分析結果を一つの表にまとめる機能もついていますので，慣れれば EXCEL 等よりも，遥かに効率的にデータ構築が可能となります。

2) 最新の分析プログラムの導入

Stata では，ネット上で配布されている各種パッケージをダウンロードすることにより最新の分析手法や，新しいツールを取り込むことができます。Stata は，おおよそ 2 年でバージョン・アップしますが，バージョン・アップを待つことなく新機能を追加できます。

3) マニュアルの充実

Stata の機能は，非常に豊富で，初心者から本格的な分析に取り組む研究者まで，幅広い人々に支持されています。また，研究分野も，経済学，経営学，社会学，政治学といった社会科学分野から心理学,生物統計学や医療統計学にまで広がっています。Stata に付随する公式マニュアルは，全部で 33 冊から構成されていて，事例とともに，各種分析手法が紹介されています。

4) コードの安定性・再現性

Stata では，2021 年に発売された Stata 17 までに 16 回のバージョン・アップを行っていますが，古いバージョンの Stata で作成されたデータ，コマンド，コードのほとんどが最新の Stata でも動作するように設計されています。もちろん，古いバージョンの Stata で用意されたデータや作成されたコードが最新の Stata では動かないということも全くないわけではないですが，対応方法が用意されています。最近は無料の統計分析パッケージ R と Stata がよく比較されますが，現時点では，R ではバージョン・アップとともに古いバージョンで書かれたコードが動かなくなるなどのトラブルもよくあると聞きます。

以上のような長所がある一方で，これから Stata を利用しようとする読者には，ハードルとなっている点もあります。まず，上記の 3 点目，充実した公式マニュアルですが，現状では公式マニュアルは英語版のみで，かつ，あまりに大部にわたるため，知りたい

第0章
第1章
第2章
第3章
第4章
第5章
第6章
第7章
逆引き事典

情報がどこに書いてあるのか発見するだけでも一苦労という声もよく耳にします[2]。また，現状では，日本語向けのテキストは限られており，そのほとんどが中上級者向けであることも利用者の普及を妨げている原因かもしれません。本書では，前半を統計分析の初心者を念頭にした Stata 入門，後半は，幅広い読者を対象とした「逆引き事典」になっています。前述のとおり，公式マニュアルは大部に渡り，どこに何が書かれているのか探すだけでも大変ということで，「逆引き事典」は困ったときのリファレンスとして用意しました。Stata の初心者も，中級以上の利用者の方にも利用価値は高いと思います。

なお，Stata は，データ構築が得意ということもあって，比較的規模の大きいデータを利用している研究者の間で強い支持を集めています。個人や家計，企業を対象としたデータ（いわいるマイクロデータ）では，数千から数万，ときには数十万といった大きなデータを加工・接続してデータセットを作成することも珍しくありません。本書では，こうした状況を鑑み，マイクロデータの利用時に特に利用される分析手法やコマンドを重点的に紹介しています。

0.2 使いこなすために 本書のねらいと構成

本書は，大学・学部生から大学院生，大学教員，研究機関研究員までの幅広い読者を意識して構成されています。分野としては，著者自身の背景が，経済学であるため，経済分析を前提とした記述，あるいは事例紹介が中心となっていますが，経営学や社会学，政治学，心理学などの学習にも活用できるかと思います。

初心者の方へ

まず，1 章から 7 章までは，統計分析自体が初めてという読者でもキャッチアップできるよう適宜，背後にある概念なども説明しながら Stata の利用方法を説明しています。

---

[2]　日本語訳は Math 工房社により作成・販売されています。http://www.math-koubou.jp/index.html

一方で，統計学や回帰分析についてはすでに学習済み，という読者も少なくないでしょう。本書では，統計学や回帰分析の初心者向けの解説箇所については，初心者マーク🔰をつけてありますのでStataの操作方法だけを知りたい読者は読み飛ばしてください。また，やや高度なトピックについて触れている個所には，発展マーク　発展　をつけてありますので初心者は読み飛ばしても結構です。

中級以上の利用者

すでに何度かStataを使ったことがある，あるいは頻繁にStataを使っています，という人にお勧めなのが，「Stata逆引き事典」です。Stataの公式マニュアルは全部で33冊で構成されており，丁寧な解説と豊富な事例で重宝します。一方で，前述のとおり，すべて英語なので，英語が苦手な方には取っ付き難いのと，あまりに分量が多すぎて，Stataを学ぶこと自体が「課題」になってきています。「Stata逆引き辞典」では，「○○がしたい」という見出しから，Stataの操作方法を見つけることができます。また，索引も充実していますので，リファレンスとして手元においてご利用ください。

なお，第2版の「逆引き事典」に掲載されていたコマンドで，Stata14もしくは，それ以前のバージョンを想定したものや使用頻度が少ないと思われるものは，紙幅の関係でWEB上の補論（WEB Appendix）に移しました。またWEB Appendixでは本文の補足説明も追加されていますので併せて参照してください。

教員の方へ

本書では，授業やゼミにおける実習教材，自習教材としてのニーズを考慮して，ほぼ，すべてのデータを東京図書のWEBページ（http://www.tokyo-tosho.co.jp/），および著者のWEBページ（https://sites.google.com/site/matsuuratoshiyuki/）からダウンロードできるようにしてあります。また，各章の後ろには，関連データを用いた練習問題をつけてあり，練習問題用のデータもWEBページからダウンロードできるようにしてありますので，担当教員の方の関心事項に併せてご利用ください。

第0章
第1章
第2章
第3章
第4章
第5章
第6章
第7章
逆引き事典

0.3　まずは利用環境を整える
Stata を入手しよう：

　Stata は，米国の Stata corporation が開発・販売していますが，世界各国には代理店がありますので，米国以外では代理店から購入することになります。日本では，ライトストーン社，あるいは大学に所属している方は，大学生協を通して購入することができます。ライトストーン社は，後述の Stata セミナーや独自の日本語マニュアルなどの提供などの付加的なサービスも行っていますので，ライトストーン社の WEB サイトを参照してみるとよいでしょう。

Stata Corporation	http://www.stata.com/
（国内代理店）	
ライトストーン社	http://www.lightstone.co.jp/
大学生協のソフトウェア	http://software.univcoop.or.jp/

0.3.1　Stataの種類について

　いざ購入しようとすると，Stata の種類を決める必要があります。また，Stata のタイプにより値段も異なっています。以下，その違いについて整理しておきます。

　Stata には，Stata BE，Stata SE，Stata MP の 3 種類があります[3]。BE は Basic Edition，SE は Standard Edition の略です。BE は同時に扱える変数の数に制約があると考えてください。MP は，マルティプル・プロセッサーを搭載した PC に対応するもので，より

---

[3]　Stata16 まで存在した Stata IC は Stata BE に名称変更になりました。

高性能な PC を利用する場合，SE よりも MP の利用が推奨されています。MP は，PC に搭載されている CPU の数（2 CPU，Dual Core か，4 CPU，QUAD Core か）によって異なるバージョンが用意されています[4]。

　なお，読み込めるデータ数は，無制限と書いてありますが，実際には，PC に搭載されているメモリーの制約を受けます。基本的には，読み込めるデータ容量は，PC に搭載されているメモリーの最大容量までと考えておいてください[5]。

	データ数	変数の数
Stata BE	無制限	2,047
Stata SE	無制限	32,767
Stata MP	無制限	120,000

　この表をみても，「一体，どれを買えばいいの？」という方もいらっしゃるでしょう。目安として，これから分析を始める初心者なら Stata BE でいいでしょう。現実問題，2000 以上の変数を同時に扱う機会は少ないように思います。予め高度な計算を行うことが分かっているようであれば，Stata MP を購入するといいでしょう。多少の費用を負担することにより，より上位の Stata へのアップグレードが可能なので，実際に使ってみて，不具合を感じるようになってきたら，再検討するのも一つの手です。

もっとよく知るために
0.4 Stata の実習講座について

　本書は，できるだけ独学で Stata の基本操作をマスターできるように設計されていま

---

[4]　計算速度は，Dual Core の PC を用いて，MP を使った場合と SE を使った場合で比較すると，MP のほうが 3 ～ 5 割，計算速度が速くなるそうです。詳しくは，Stata User's Guide を参照してください。

[5]　PC に，さまざまなソフトがインストールされている場合，メモリーの最大容量以下のデータであっても読み込めない場合があります。

第0章
第1章
第2章
第3章
第4章
第5章
第6章
第7章
逆引き事典

すが，もし，Stata の実習を伴う大学や大学院の講座などが設置されていれば，ぜひ参加するといいでしょう。また，以下の Stata の販売代理店であるライトストーン社では，学生，あるいは社会人向けに Stata による統計分析セミナーを開講しています。関心のある人は，ホームページ等で詳細を確認の上，受講してみるといいでしょう。

ライトストーン社　STATA セミナー

http://www.lightstone.co.jp/stata/seminar.htm

0.5　さらなる活用のために
本書で扱わない Stata の機能について

　前述のとおり，Stata のマニュアルは 33 冊もあり，本書で紹介する Stata の機能は，ごく一部です。紹介できなかった機能のうち，特に有用なものとしては，プログラミング機能と行列環境 MATA があります。プログラミング機能は，Stata の公式マニュアル "Programing" で詳しく説明されており，さまざまな複雑な計算をプログラム化できるように設計されています。本書でも，Do-file と呼ばれる，ごく簡単なプログラムの利用方法を紹介していますが，"Programing" マニュアルで紹介されているプログラム機能では，より複雑な計算が利用可能で，自分のオリジナルの新しいコマンドを作成することもできます。行列を扱う MATA 環境は，Stata 上で行列演算を行うための機能です。これも Stata の公式マニュアル "MATA Matrix Programing" で詳しく説明されていますので，そちらを参照してください。

　また，分析用コマンドについても，時系列分析（"Time Series"）や生存分析[6]（"Survival Analysis and Epidemilogical Tables"）については，公式マニュアルの各巻を参照してください。

---

[6]　経済・経営学の分野では，企業が倒産するまでの期間，失業者が就業するまでの期間，未婚者が結婚するまでの期間のように，イベントが発生するまでの時間の長さを分析する際に利用されます。

0.6 Stata17 と Stata16，および，それ以前の Stata との違い

Stata17 は，Stata16，あるいはそれ以前の Stata と互換性があり，Stata16，および，それ以前の Stata で作成したデータファイル，DO ファイルはほぼ全て動きます。しかし，Stata17 で追加されたコマンドや仕様変更されたコマンドなどもあるので，その逆，Stata16，および，それ以前の Stata で，Stata17 用に作成した Do-file を動かそうとすると，動作しない場合があります。

本書で紹介している，新しく追加，および改良されたコマンドは，表作成コマンド table の（P.41）と推計結果を取りまとめる新コマンド collect（P.110）があります。これ以外にも，多くの新機能があります。詳しくは，公式マニュアル "User's Guide" の 1.3 をご覧ください。

動作環境について

本書作成に当たり，以下の組み合わせで，Stata の動作環境を確認しています。

> Widndows 10 – Stata 17-MP, Stata 17-BE, Stata 16-IC
>
> MacOS 10.12.6, 11.6 – Stata 16-IC

0.7 本書で利用するデータセット

　本文中で利用するデータセットの多くは著者自らが収集したデータセットです。また，Stata 社が用意し，Stata 上からアクセス可能なデータセット，あるいは学術誌に掲載された論文の再現ファイル（replication file）を演習用に加工してデータセットも利用しています。本書で用いているほぼ全てのデータファイルは，東京図書の WEB ページ（http://www.tokyo-tosho.co.jp/），あるいは著者の WEB ページ（https://sites.google.com/site/matsuuratoshiyuki/）からダウンロードできるようにしてあります。また，各章の後ろには，関連データを用いた練習問題をつけてあり，練習問題用のデータもやはり WEB ページからダウンロードできるようにしてあります。

0.8 第3版の特徴：因果推論

　本書は Stata を使いながらデータ分析の基礎を学ぶことが目的ですが，第3版では因果関係を特定するための分析手法，因果推論の考え方をマスターできるように配慮しました。本書が基盤とする計量経済学は発展の著しい分野の一つです。様々な新しい推計手法が開発されていますが，中でも因果推論についての考え方は教科書を一変させつつあります。因果推論の考え方自体は，統計学では古くから議論されてきましたが，観察データを主に扱う経済学や経営学・社会学などの応用分野で重視されるようになったのは比較的最近です。2021 年のノーベル経済学賞では，因果推論に関する分析手法の確立とその労働経済学分野への応用が評価され，米カルフォルニア大学バークレー校のディビッド・カード氏，米マサチューセッツ工科大学のヨシュア・アングリスト氏，米スタンフォード大学のルイド・インベンス氏の3氏が受賞しています。

たとえば，最適な価格設定のために，価格変更によってどの程度売上高が変化するかを知りたいと考えている企業があったとします。単純なテストとして，「会員登録すれば10%引きクーポンがもらえる」というキャンペーンを実施し，それによりどの程度売上数量が増えるか調べるといった方法が考えられます。しかし，このキャンペーンに応募するのは，特に関心が強く，会員登録を煩雑に感じない消費者のみであり，また，もともと購入予定だった人がクーポンを使うことも考えられるので，売上数量増加のどの程度が10%の値下げによるものかが判別できません。そのため，このテストの結果をそのまま価格変更の際に参考にできるかというとかなり幅を持ってみる必要があります。

公的な政策評価でも同じ問題に直面します。よく指摘される例としては，職業訓練プログラムのモデル事業への参加希望者を募って，その効果測定のためにプログラム参加前後の賃金を比較する事例を考えてみましょう。こうしたプログラムに参加する人の中には，元々自費で参加することを考えていた意欲の高い人々が含まれます。もし，このモデル事業で高い効果が見込まれるとしても，同じプログラムを大多数の労働者に提供したときに同じ効果が得られるかというとそれは難しいかもしれません。最近では，こうしたキャンペーンやモデル事業の効果をいかに正確に測定するかについての議論が活発に行われるようになっており，その分析手法の開発に伴ってStataでも新しいコマンドの開発や導入が行われています。

本書の第二部では，因果推論の考え方を紹介しながら，関連するStataのコマンドを紹介していきます。

0.9 リーディング・リスト

Stataが入手できても，適切な分析ができなければ宝の持ち腐れです。本書では，必要最低限の統計分析に関する概念について簡潔に紹介しますが，さらに詳しく知りたい

読者のために，読んでおくべき文献をリストアップしておきます。前述のとおり，本書が基盤とする計量経済学分野は発展が著しく，最近は，因果関係を特定する手法の解説を取り入れたテキストが主流になってきています。そのため，第3版ではリーディング・リストを全面的に書き替えています。

筆者もよく「おすすめの教科書を教えてください」と聞かれることがあるのですが，データ分析の教科書は各々のテキストが求める数学や確率・統計の前提知識が異なりますので事前に吟味したうえでテキストを選ぶとよいでしょう。また，差の差の分析ならAの教科書が分かりやすいけど，操作変数法ならBの説明のほうが分かりやすい，といったこともよくありますので，可能であれば同じレベルの本を2冊ぐらい手元に置いて，読み比べると理解が進みます。

計量経済学関連

(1) 山本勲著（2015）『実証分析のための計量経済学』中央経済社
　複雑な理論や数式を極力省略しながら，計量経済学の考え方を紹介しています。直感的にも理解しやすい多数の事例を紹介していることも特徴で，また，比較的高度な手法もわかりやすく紹介されています。

(2) 田中隆一著（2015）『計量経済学の第一歩—実証分析のススメ』有斐閣ストゥディア
　確率や統計の基礎からスタートし，回帰分析の考え方を丁寧に説明しています。練習問題やサンプル・データ，Stata のプログラムも提供されていて，テキストに出てくる事例をパソコンで再現しながら，実践的に学べるように工夫されています。

(3) ジェームス・ストック，マーク・ワトソン（2016）『入門計量経済学』共立出版
　全部で732ページと大ボリュームの世界的に使われているテキストの日本語版。回帰分析の初歩から丁寧に解説しています。多数の分析事例，サンプル・データ，および Stata のプログラムも提供されています。

（4）西山慶彦・新谷元嗣・川口大司・奥井亮（2019）『**計量経済学**』有斐閣

　学部上級〜大学院レベルの包括的な計量経済学のテキスト。さまざまな学術論文の分析事例を紹介しながら，計量経済学理論を解説しています。サンプル・データや Stata のプログラムも提供されています。

（5）末石直也（2015）『**計量経済学**』日本評論社

　直感的な理解だけではなく理論的な厳密性を身に着けたい人向けの大学院レベルの教科書。第1章の回帰分析の基礎に続く第二章が操作変数法，第三章はプログラム評価という因果推論の議論を意識した構成になっているのも一つの特徴。基礎的な教科書を卒業した人向け。

因果推論

（6）中室牧子・津川友介（2017）『**原因と結果の経済学**』ダイヤモンド社

（7）伊藤公一朗（2017）『**データ分析の力　因果関係に迫る思考法**』光文社新書

　近年の因果推論ブームの火付け役となった本。事例も豊富で，いずれも，読者層として一般社会人を意識した読みやすさで，専門的なテクニックを学ぶ前の準備運動として一読を薦めます。

（8）森田果（2014）『**実証分析入門　データから「因果関係」を読み解く作法**』日本評論社

　（6），（7）よりも，やや踏み込んで因果推論の分析手法を紹介するテキスト。著者は法学部出身で法学部に籍を置く，法と経済学関連の研究を専門とする研究者で，離婚法制や議員定数削減が財政支出に及ぼす影響など興味深い分析事例が多数紹介されています。（1）〜（3）と並行して読むと理解が深まります。

その他

（9）Stata 公式マニュアル日本語版

　Stata 社からの許諾を得て Math 工房社が作成・販売しています。PDF ファイルでの販売のみ。

　Math 工房社 WEB サイト：http://www.math-koubou.jp/index.html

第1部
Stata の使い方の基礎と回帰分析

　第1部ではStataの使い方と回帰分析の考え方について説明していきます。第1章では，データの読み込みからスタートし，基本的な操作方法を学びます。第2章では，引き続きStataの操作方法を説明しながら要約統計量やグラフの作成方法について紹介します。第3章は回帰分析の考え方とStataでの操作方法について紹介します。初めて回帰分析を学ぶ人もキャッチアップできるように配慮してあります。またコラムなどでは頑健な標準誤差やクラスター標準誤差など回帰分析をめぐる最新のトピックについても触れています。第4章は，被説明変数が離散変数，すなわち0，または1の値をとる変数のときに用いられる離散選択モデルを扱います。たとえば，アンケートなどにおいて，回答者が，働いているか否か，結婚しているか否かといった情報を被説明変数に使う際に使われる分析手法です。第3章と第4章で標準的な分析手法を身に着けたのち，第2部の因果推論の議論に進んでいきます。

第 1 章 はじめの一歩

❖Stata を使ってみよう！

本章では，Stata の起動やデータの読み込みなど，基本的な操作を学びます。
データセット準備の際のコツなどを紹介していきます。

1.1 Stata の入手方法
インストール，起動と画面の見方

Stata 17 は原則ダウンロード販売となっています。Stata を購入するとダウンロードサイトのリンクが送られてきますので，Stata のインストール・ファイルをダウンロードし，これを実行します。するとインストーラーが起動し，以下のウインドウが画面上に現れます。

途中で，インストールする Stata の種類（BE，SE，MP）を尋ねられますので，購入した種類を選択します。

　インストールが完了すれば，次は，初期化です。ウインドウズのアイコンを押して，プログラム一覧から，Stata17 を選択してください。初回起動時のみ，以下のような初期化ウインドウが現れます。このウインドウに使用者名，所属，Stata 購入時に添付されるシリアル番号（Serial Number），コード（Code），認証番号（Authorization）を入力します。

　認証が終わると，すぐにオンライン登録するかどうか，常時ネットに接続してアップデートするか聞いてきますので，好みで適宜選択してください。以上でインストールは完了です。

　インストールが完了したら，Stata を起動してみましょう。Windows の場合は「アプリ」一覧から［Stata 17］を選んで，Stata を起動します。すると，以下の 4 つのウインドウが現れます。簡単にそれぞれのウインドウの役割について説明します。

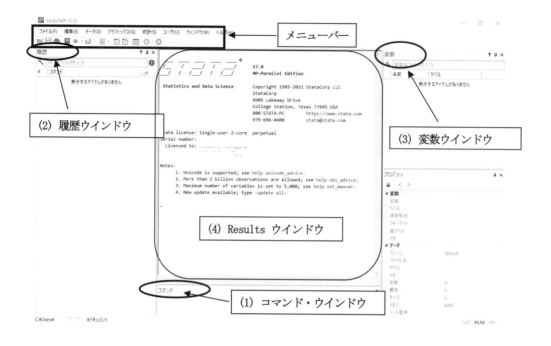

(1) コマンド・ウインドウ：コマンドを入力するウインドウです。

(2) 履歴ウインドウ：過去に実行したコマンドが順次表示されていきます。表示されているコマンドをクリックすると，コマンド・ウインドウに表示されます。

(3) 変数ウインドウ：使用できる変数の一覧が表示されます。

(4) Results ウインドウ：データ処理の結果が表示されます。

　実際のデータ処理にあたっては，メニューから処理方法を指定したり，コマンド・ウインドウにコマンドを直接入力したりすることで作業を進めることになります。初心者にはメニューから処理方法を指定するほうが簡単ですが，ここではコマンド・ウインドウへコマンドを直接入力して作業を進める方法を中心に説明します。この方法でStataを操作することに慣れておくと，プログラムを利用する際に移行しやすいからです。

　プログラムとは，Stataによる一連の作業をファイルに書き出したもので，作業をプログラム化しておくと，作業をやり直したり過去の作業内容を復元したりできるように

なるので大変便利です。

1.2 下準備が大切！データの読み込み

Stata では，拡張子が .dta となっている Stata 形式のファイルしか処理に用いることはできません。そこで，Stata 形式のファイルを用意する必要があります。しかし通常，処理の前段階におけるデータは EXCEL 形式（XLS，XLSX）やタブ区切り，カンマ区切り（CSV）などで保存されている場合がほとんどですので，これらのファイル形式のデータを Stata に読み込む方法を検討しましょう。

ここでは例として，賃貸不動産物件の賃貸料に関するデータを読み込む場合を考えましょう。以下のデータは，1999 年，および 2004 年時点での神奈川県藤沢市の湘南台駅を最寄りとする賃貸物件情報です。ファイルの置き場所ですが，たとえば Windows の場合，C ドライブの下に data というフォルダーを作成し，これから読み込む EXCEL ファイル（ここでは, rent-shonandai.xlsx）はこのフォルダーに入れてあるものとします。Mac の場合は，たとえばデスクトップに data フォルダーを作成し，そこに EXCEL ファイルを置いてください。

なお，本書ではすべての変数名を半角英数字で表記したファイルを用います。Stata
では変数名に日本語の変数を用いることができますが，日本語を使うと，全角英数字と
半角英数字が混ざってしまうことがあるので，本書では変数名には半角英数字を用いる
ことを推奨します。表1-1のようなデータセットであれば，1行目の日本語変数名は削
除して，表1-2のようにアルファベットの項目名に置き換えてから読み込ませてくださ
い。

表 1-1

賃貸料	管理費	築年数	占有面積	バス所要時間	徒歩分数	オートロックの有無	調査年
4.6	0.1	12.76164	14.49	10	6	NO	1999
5.2	0	0	21	10	1	NO	1999
5.4	0.2	9.920548	18.9	7	3	NO	1999
5.6	0.2	8.673973	19.8		7	NO	1999
5.6	0.1	5.917808	20.32		13	NO	1999
5.8	0.5	6.421918	21.6		5	YES	1999
6	0.3	2.50137	25.14		3	NO	1999
6.1	0.3	11.25479	40.07	12	4	NO	1999
⋮	⋮	⋮	⋮	⋮	⋮	⋮	⋮

表 1-2

rent	service	age	floor	bus	walk	auto_lock	year
4.6	0.1	12.76164	14.49	10	6	NO	1999
5.2	0	0	21	10	1	NO	1999
5.4	0.2	9.920548	18.9	7	3	NO	1999
5.6	0.2	8.673973	19.8		7	NO	1999
5.6	0.1	5.917808	20.32		13	NO	1999
5.8	0.5	6.421918	21.6		5	YES	1999
6	0.3	2.50137	25.14		3	NO	1999
6.1	0.3	11.25479	40.07	12	4	NO	1999
⋮	⋮	⋮	⋮	⋮	⋮	⋮	⋮

なお，このファイルの各データ系列の単位は，賃貸料は1万円，管理費は1千円，占有面積は1平方メートル（駅からの）バス所要時間と徒歩分数は分，です。

　EXCELファイルの読み込みには，import excel コマンドを用います。Windowsの場合，以下のようなコマンドを，コマンドウインドウに直接書き込みます。

```
import excel using c：\data\rent-shonandai.xlsx,clear firstrow
```

Mac の場合は，ユーザー名が Taro であれば，

```
import excel using /Users/Taro/Desktop/data/rent-shonandai.
xlsx,clear firstrow
```

とコマンドラインに書き込んでください。

```
コマンド
import excel using c:\data\rent-shonandai.xlsx,clear firstrow
```

　Windows の場合，ファイル名の前の「c：\data\」（Mac の場合，/Users/Taro/Desktop/data/）は，ファイルの所在を示し，上の例では，C ドライブの data フォルダーを指定することになります。ここで［Enter］を押すと，中央のウインドウに，コマンドが書き込まれ，次のページの図のように変数ウインドウに EXCEL ファイルの系列名が並んでいるのがわかるでしょうか。なお，キーボードで「¥」を入力すると，Stata のResult ウインドウでは，「\」が表示されます。「¥」と「\」は同じ意味になります。

import excelコマンドの使い方を説明しましょう。

import excel using（ファイル位置・ファイル名），clear firstrow

　このコマンドは，（ファイル位置・ファイル名）で指定されたEXCELファイルを開きます。カンマの後ろのclearは，「すでに開いているファイルがあれば，それを閉じて，新しいファイルを開く」という意味で，import excelとセットで使うと覚えておいてください。なお，すでに開いているファイルがあるときに，"clear"を付けないでimport excelコマンドで新しいファイルを開こうとすると，エラーメッセージが出て，ファイルを開くことができません。firstrowは一行目を変数名として読み込むオプションです。一行目から数値が並んでいるデータセットの場合，このオプションは不要です。

import excel コマンドではさまざまなオプションをつけることによりデータ読み込みの方法を調整することができます。詳しくは逆引き事典 279 ページを参照してください。また，CSV ファイルを読み込む際は import delimited コマンドを使います。この点も 280 ページを参照してください。

なお，コマンド・ウインドウに直接入力して実行したコマンドの履歴が，履歴ウインドウに表示されます。履歴ウインドウに表示されている過去に実行したコマンドを一度クリックすると，コマンド・ウインドウに表示させることができます。ダブル・クリックするともう一度実行されます。

1.3 データの保存
Stata 形式でデータを保存する

データを読み込んだら，まず，Stata 形式でデータを保存しましょう。コマンドウインドウで，save コマンドを入力してください。新規ファイルの作成の場合は以下のようになります。

save (ファイル位置・Stata 形式ファイル名),replace

Stata 形式のファイル名とは，.dta で終わるファイルです。今読み込んだファイルを

Stata 形式で保存するには Windows の場合，

`save c:\data\rent-shonandai.dta`

Mac の場合は，`save /Users/Taro/Desktop/data/rent-shonandai.dta`
と入力します。

　なお既存のファイルに上書きする場合，"，replace"オプションを付けます。すなわち，

`save c:\data\rent-shonandai.dta,replace`

Mac の場合は，

`save /Users/Taro/Desktop/data/rent-shonandai.dta,replace`

とします。data フォルダーに新しいファイルが作成されていることを確認しましょう。

一度，保存したファイルを開くには，use コマンドを用います。

use（ファイル位置・Stata 形式ファイル名），clear

賃貸物件のファイルを開く場合，Windows の場合は，以下のように入力します。

`use c:\data\rent-shonandai.dta,clear`

Mac の場合は，

```
use //Users/Taro/Desktop/data/rent-shonandai.dta,clear
```

のように入力して下さい。

1.4
間違いがないか確認
読み込んだデータを確認しよう

データを保存したら，読み込んだデータを確認しましょう。メニューに，ワークシートの形をしたアイコンが二つあるのがわかるでしょうか？　右側がデータ・ブラウザです。ここをクリックすると，ワークシートが現れるので，データがきちんと入力されているか確認しましょう。なお，データ・ブラウザでは EXCEL のように直接データを加工することはできません。

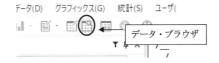

データ(D)　グラフィックス(G)　統計(S)　ユーザ(

データ・ブラウザ

📊 データエディタ(ブラウズ) - [無題]
ファイル(F)　編集(E)　表示(V)　データ(D)　ツール(T)

rent[1]　　4.6

	rent	service	age	floor	bus	walk	auto_lock	year
1	4.6	.1	12.761644	14.49	10	6	NO	1999
2	5.2	0	0	21	10	1	NO	1999
3	5.4	.2	9.9205479	18.9	7	3	NO	1999
4	5.6	.2	8.6739726	19.8	.	7	NO	1999
5	5.6	.1	5.9178082	20.32	.	13	NO	1999
6	5.8	.5	6.4219178	21.6	.	5	YES	1999
7	6	.3	2.5013699	25.14	.	3	NO	1999
8	6.1	.3	11.254795	40.07	12	4	NO	1999
9	6.2	.3	12.923288	24.97	.	3	NO	1999
10	6.5	.3	11.923288	36	8	1	NO	1999

オートロック

このデータ中のオートロックの有無（auto_lock）には，YES と NO という文字列が含まれていて，文字情報から構成される変数は，赤字（本書では赤字になっておりませ

ん）で表示されます。またバス所要時間（bus）には，もともと数値が入っていなかっ
たところ（欠損値）が，"."（ピリオド）になっていることに注意してください。文字
列や欠損値が含まれている変数の取り扱いについては，第2章で説明します。

　このほか，Result ウインドウ上でデータを確認することもできます。たとえば，以下
の list コマンドでデータを表示させることができます。

list（変数名）

　たとえば，list rent service とコマンド・ウインドウに打ち込めば，以下のよ
うにデータが Result ウインドウに表示されます。

```
. list rent service

        rent    service

  1.     4.6         .1
  2.     5.2          0
  3.     5.4         .2
  4.     5.6         .2
  5.     5.6         .1

  6.     5.8         .5
  7.       6         .3
  8.     6.1         .3
  9.     6.2         .3
 10.     6.5         .3
```

1.5　さまざまなテクニック
その他のデータの読み込み法

1.5.1　データ読み込みのその他の方法①
"データ・エディタ" ウインドウを利用する方法

　まず EXCEL ファイルを開き，データが入っている領域を，行頭のラベルも含めて選
択し，右クリックして「コピー」を選びます。

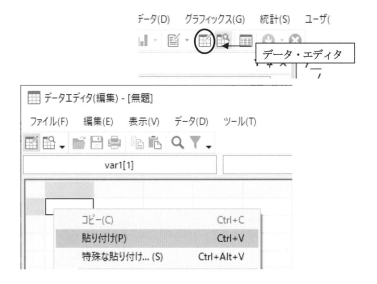

次に，Stata を起動し，データ・ブラウザの並びの，データ・エディタをクリックします。すると，Editor ウインドウが起動します。隣の Browser と紛らわしいので注意して下さい。

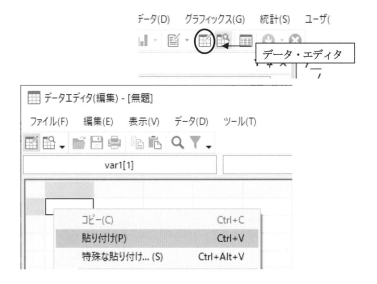

ここで，右クリックし，「貼り付け」を選択すると，小さなウインドウが現れます。一行目を変数名として扱いますか？　あるいはデータとして扱いますか？　と聞いてき

ますので，「変数名」を選んでください。

うまくいったら，以下のようにデータが転写されます。

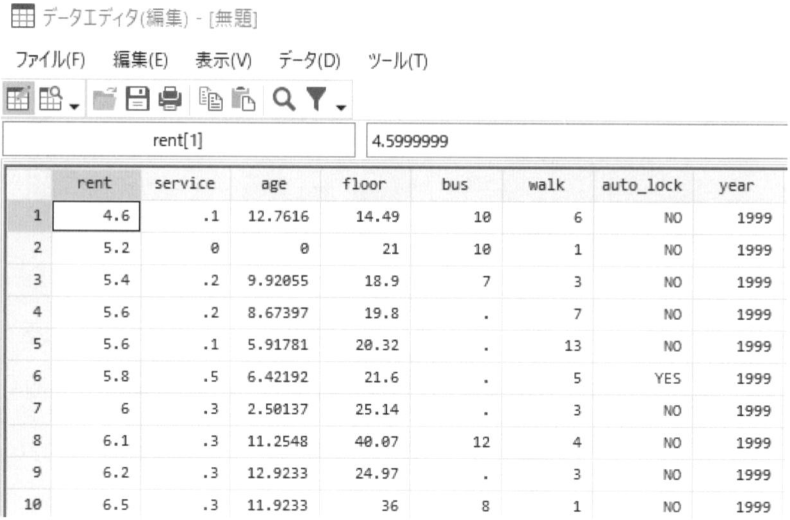

	rent	service	age	floor	bus	walk	auto_lock	year
1	4.6	.1	12.7616	14.49	10	6	NO	1999
2	5.2	0	0	21	10	1	NO	1999
3	5.4	.2	9.92055	18.9	7	3	NO	1999
4	5.6	.2	8.67397	19.8	.	7	NO	1999
5	5.6	.1	5.91781	20.32	.	13	NO	1999
6	5.8	.5	6.42192	21.6	.	5	YES	1999
7	6	.3	2.50137	25.14	.	3	NO	1999
8	6.1	.3	11.2548	40.07	12	4	NO	1999
9	6.2	.3	12.9233	24.97	.	3	NO	1999
10	6.5	.3	11.9233	36	8	1	NO	1999

1.5.2 データ読み込みのその他の方法②
"インポート" 機能を利用する方法

次の左図のように ［ファイル］ → ［インポート］ → ［Excel シート形式（.xls, xlsx）］
を選びます。

次に右図のようなウインドウが出てきますのでデータ・ブラウザをクリックしてファイルを指定します。

　お目当ての"rent-shonandai.xlsx"が見つかったらこれを選択します。

　このデータの1行目は変数名なので「第1行を変数名としてインポート」をチェックして「OK」をクリックしてください。

1.6 困ったときには

　Stataには1000以上のコマンドがあり，オプションのつけ方など細かいルールがあります。困ったときには，コマンド・ウインドウにhelp（コマンド名）と入力することでコマンドの解説を見ることができます。たとえば，import excelの解説を呼び出す場合は，help import excelと入力します。右のような新しいウインドウが開き，import excelの解説をみることができます。なお，残念ながらhelpについては，日本語化は行われていません。

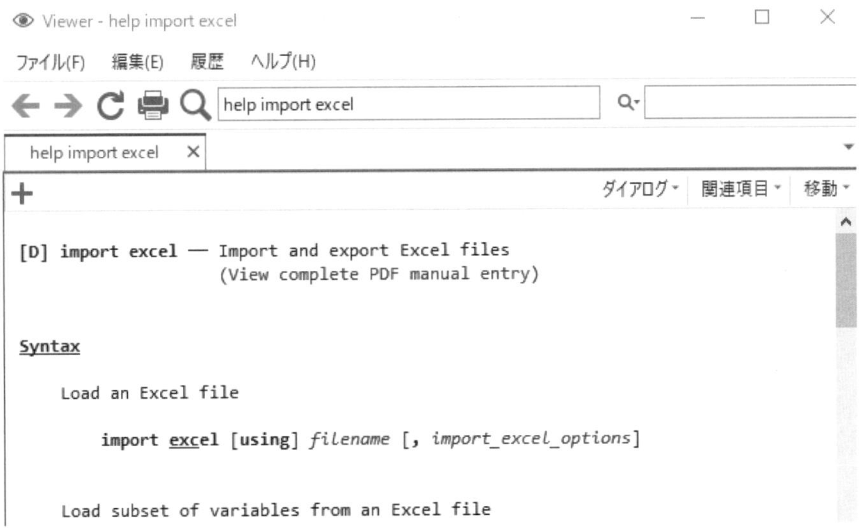
Viewer - help import excel
ファイル(F) 編集(E) 履歴 ヘルプ(H)
help import excel
help import excel
ダイアログ 関連項目 移動
[D] import excel — Import and export Excel files
(View complete PDF manual entry)
Syntax
Load an Excel file
import excel [using] filename [, import_excel_options]
Load subset of variables from an Excel file

Stata による統計表の作成

❖統計的な基礎も学ぼう

　第2章では，Stata を使ってデータの特性を比較する方法について学びます。データ分析の第一ステップは，入手したデータを整理して，さらにその特徴を整理することです。具体的には，グループ間でデータの大きさを比較したり，散らばりを調べる作業を行います。Stata を用いると，グループ別の統計表を，各種コマンドの組み合わせで簡単に作成することができます。本章では，第1章でも用いた 1999 年と 2004 年の神奈川県藤沢市の湘南台近辺の賃貸不動産の物件情報（rent-shonandai.xlsx）を使って，都市再開発により賃貸料がどの程度変化したか，あるいはどんな物件が増加したかを整理する方法を考えます。

2.1

グラフの作成

視覚的なデータの把握

　表 2-1（表 1-1 の再掲）は，1999 年と 2004 年の湘南台を最寄り駅とする賃貸物件データ 70 件です。

表 2-1

賃貸料	管理費	築年数	占有面積	バス所要時間	徒歩分数	オートロックの有無	調査年
4.6	0.1	12.76164	14.49	10	6	NO	1999
5.2	0	0	21	10	1	NO	1999
5.4	0.2	9.920548	18.9	7	3	NO	1999
5.6	0.2	8.673973	19.8		7	NO	1999
5.6	0.1	5.917808	20.32		13	NO	1999
5.8	0.5	6.421918	21.6		5	YES	1999
6	0.3	2.50137	25.14		3	NO	1999
6.1	0.3	11.25479	40.07	12	4	NO	1999
⋮	⋮	⋮	⋮	⋮	⋮	⋮	⋮

　まず，賃貸料の散らばりを，わかりやすく整理する方法を考えてみましょう。30,000円刻みで，物件の数を表にまとめてみたのが表 2-2 です。このようにデータの範囲を小区間に分け，小区間に入るデータの個数を整理した表を**度数分布表**といいます。

表 2-2　度数分布表

	1999 年	2004 年	合計
3 万円超，6 万円以下	5	1	6
6 万円超，9 万円以下	21	18	39
9 万円超，12 万円以下	6	12	18
12 万円超，15 万円以下	2	3	5
15 万円超，18 万円以下	0	2	2
合計	34	36	70

度数分布表の作成手順

①. データを等間隔に分ける。（その各々を階級と呼ぶ）

②. その分けられた各階級に入る個数を数える。（度数と呼ぶ）

③. 度数を表にしたものが度数分布表になる。

　また，度数をデータ総数で割ったものを，相対度数と呼びます。

この表をもとに，度数をグラフ化したものを**ヒストグラム**といい，図2.1のようになります。賃貸料の散らばりを比較すると，1999年については，多くの物件の賃貸料は90,000円以下であるのに対して，2004年では賃貸料が90,000円を超える物件が増えていることがわかります。

　このように表や図にすると，①データの散らばり具合，②データの中心がどれぐらいの位置にあるか，③異常値（外れ値）の存在，などが一目瞭然となります。

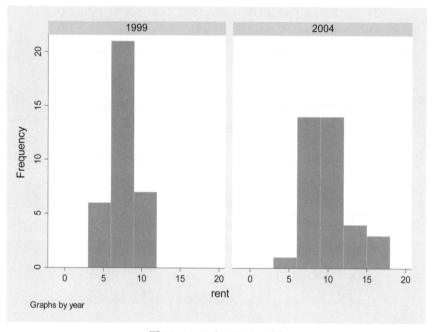

図2.1　ヒストグラムの例

　第2章の目標である賃貸料データの特性を比較する第一歩として，度数分布表とヒストグラムを，Stataで作成してみましょう。

　まず，"rent-shonandai.xlsx"を読み込みます。

　準備として，変数を調整しておきましょう。実質的に，入居者が負担する金額は，賃貸料（rent）と管理費（service）の合計です。そこで，賃貸料（rent）を，rentと

service の合計に置き換えましょう。この作業は以下の replace コマンドにより実行します。

```
replace rent= rent + service
```

また，最寄り駅からの所要時間は，徒歩分数とバス所要時間の合計です。そこで distance という新しい変数を作成し，最寄り駅からの総所要時間としましょう。ただし，バスを利用しない物件では，バス所要時間 bus が欠損値（空欄になっているデータ，すなわち欠損値は，Stata ではピリオド "." として処理されます）になっています。これは，0 に変換しておきましょう。この作業は，replace に条件 "if bus==." を加えます。"==" は条件式に使う記号で，たとえば，if A==B であれば，「A が B であれば」という意味になります。なお，条件式については，2.1.1 項で，もう一度説明します。

```
replace bus=0 if bus==.
```

これで，欠損値 "." が 0 に置き換わりました。

新しい変数の作成は generate（以下では "gen" と省略）というコマンドを使います。

```
gen distance=walk + bus
```

また，auto_lock は文字情報になっているので，これを数値に直しておきましょう。YES の場合は 1, NO の場合は 0 に変更します。文字列を扱う場合は，"（ダブル・クォーテーション）で囲みます。

コマンド省略のルール

Stata では，他のコマンドと重複しない限り，コマンドを短く省略することができます。たとえば，

    generate → gen

    summarize → su, sum

    tabulate → tab

```
replace auto_lock="1" if auto_lock=="YES"
replace auto_lock="0" if auto_lock=="NO"
destring auto_lock,replace
```

文字列を扱う場合，"（ダブル・クォーテーション）で囲みます。上記の例では YES と NO を，それぞれ文字列の "1" と "0" に変更しています。ただし，Stata では文字を数字に置き換えたからといって自動的に数値扱いに切り替わるわけではないので，このままでは "1" と "0" は文字列扱いのままでブラウザで開くと赤字のままになっています。そのため，このままでは加減乗除ができません。よって，これを数値に変換するために destring コマンドを使います。

なお，gen と replace の違いは，gen は，新しい変数を作成するときのコマンド，replace は既存の変数を加工するコマンドです。

gen（新しい変数）= 計算式

replace（既存の変数）= 計算式

ここまでで，主に使う変数の準備は完了です。

一度作成した変数を削除したい場合は，dropコマンドを使います。

drop （変数名）

また指定した変数だけを残して，それ以外の変数を削除したい場合はkeepコマンドを使います。

keep （変数名）

なお，文字列を数値に変換するのはdestringですが，逆に数値を文字列にするコマンドとしてtostringがあります。

2.1.1 度数分布表

では，いよいよ度数分布表の作成に挑戦してみましょう。まず，以下のようなカテゴリー変数を作成します。カテゴリー変数とは，データの質的な特性を示す整数データです。ここでは，賃貸料の階級に対応する番号1〜5がそれに当たります。

3万円超，6万円以下	1
6万円超，9万円以下	2
9万円超，12万円以下	3
12万円超，15万円以下	4
15万円超，18万円以下	5

> データの性質（所属グループ，順序など）を示す変数のことを**カテゴリー変数**と呼ぶのに対して，賃貸料や占有面積のような連続的な数値で構成される変数のことを**連続変数**といいます。

この変数は，賃貸料の大きさにより異なる値をとりますので，"if"による条件式と

"gen","replace" を組み合わせます。

```
gen category=1 if rent>3 & rent<=6
replace category=2 if rent>6 & rent<=9
replace category=3 if rent>9 & rent<=12
replace category=4 if rent>12 & rent<=15
replace category=5 if rent>15 & rent<=18
```

条件を組み合わせる場合，"&" や "|" を使います。

$$A \ \& \ B \ \text{は，A かつ B}$$
$$A \ | \ B \ \text{は，A または B}$$

を意味します。たとえば，

```
replace category=6 if (rent>18 & rent<=20)|(rent>21 & rent<=23)
```

とすれば，rent が「18 超 20 以下，または，21 超 23 以下」，という意味になります。

● 注意！● ⋯⋯⋯⋯⋯⋯⋯⋯⋯⋯⋯⋯⋯⋯⋯⋯⋯⋯⋯⋯⋯⋯⋯⋯⋯⋯⋯⋯⋯⋯⋯⋯

一度，作成した変数を修正する場合は，replace を使います。以下のように，続けて gen で同じ名前の変数を作成しようとするとエラー・メッセージが表示されます。

```
. gen category=1 if rent>3 & rent <=6

. gen category=1 if rent>6 & rent <=9
category already defined
r(110);
```

⋯⋯

次に，賃貸料の階級ごとの物件数を表にします。カテゴリーごとのデータ数を表にするには，tabulate コマンド（以下では "tab" と省略します）を使います。

```
tab category
```

と入力することで，以下のような表を作成できます（以下の表は，replace rent=
rent+service を実行した後の rent を使っています）。

```
. tab category

category |     Freq.     Percent        Cum.

       1 |        6        8.57        8.57
       2 |       39       55.71       64.29
       3 |       18       25.71       90.00
       4 |        5        7.14       97.14
       5 |        2        2.86      100.00

   Total |       70      100.00
```

ただこの表の形式では，1999 年と 2004 年の賃貸物件が区別されていないので，以下
のように tab category year と入力して賃貸物件データの年次情報を組み合わせま
す。これをクロス表と呼びます。

```
. tab category year

         |         year
category |     1999       2004 |     Total

       1 |        5          1 |         6
       2 |       21         18 |        39
       3 |        6         12 |        18
       4 |        2          3 |         5
       5 |        0          2 |         2

   Total |       34         36 |        70
```

tab は，カテゴリー変数で，表を作成するコマンドです。変数は二つまで並べること
ができます。

tab（カテゴリー変数 1）（カテゴリー変数 2）

オプションで条件をつけることもできます。たとえば，10 万円未満の賃貸物件のみ
で度数分布表を作成するには，

```
tab category year if rent<10
```

と入力します。すると，以下のような表が得られます。

```
. tab category year if rent<10

                  year
category      1999      2004       Total

       1         5         1           6
       2        21        18          39
       3         3         4           7

   Total        29        23          52
```

2.1.2 ヒストグラム

ヒストグラムは，以下のコマンドで作成します。

```
histogram ( 変数 ), [ オプション ]

        オプション一覧

        freq 縦軸を標本数にする

        percent  縦軸を比率（パーセント）にする

        width(X)  ヒストグラムの縦棒のデータ幅の大きさ

        start(Y)  横軸を Y からスタートさせる

        by(Z) カテゴリー変数 Z ごとの図を作成
```

冒頭の図 2.1 のヒストグラムは以下のコマンドで作成しました。

```
histogram rent, freq width(3) start(0) by(year)
```

このコマンドは，1999 年と 2004 年について，3 万円刻みで，横軸をゼロからスタートさせた rent のヒストグラムを作成せよ，という意味です。

2.2

統計量の導入

数量的概念によるデータの把握

データの散らばり具合やデータの中心を他のデータと比較し，それを言葉で伝達するにはヒストグラムはあまり適切とはいえません。このような場合は，データの特性を数値で表現するほうが客観的であり，望ましいといえるでしょう。

2.2.1 Stataによる平均・標準偏差の算出

Stata でデータの中心指標である平均値や散らばり指標である分散や標準偏差を計算してみましょう。平均値は，以下の通りデータの合計をデータ数で割ったもの，

$$平均 : \bar{X} = \frac{1}{n}(X_1 + X_2 + \cdots + X_n) = \frac{1}{n}\sum_{i=1}^{n} X_i$$

分散は平均値からの乖離の二乗和をデータ数 -1（$n-1$）で割ったもの，さらに分散の平方根をとったものが標準偏差です。

$$分散 : s^2 = \frac{1}{n-1}\sum_{i=1}^{n}(X_i - \bar{X})^2$$

$$標準偏差 : s = \sqrt{\frac{1}{n-1}\sum_{i=1}^{n}(X_i - \bar{X})^2}$$

Stata では，平均や標準偏差を計算するコマンドがいくつか用意されています。まず，変数の平均，標準偏差，最大値，最小値などを，ざっとチェックするには sumarize（以下，sum と省略）コマンドが便利です。

sum（変数）[if 条件]

以下，2.1 節で利用したデータで，賃貸料，管理費，築年数，床面積の統計量を計算

してみましょう。obs はサンプル数，Mean は平均，Std. Dev. は標準偏差，Min は最小値，Max は最大値です。二つ目の例は，条件式 if を使って，2004 年に限定した例です。

例 1)
```
. sum  rent service age floor

    Variable |      Obs        Mean    Std. Dev.       Min        Max
-------------+--------------------------------------------------------
        rent |       70    8.716429    2.601055        4.7         18
     service |       70         .26    .2500145          0         .9
         age |       70    7.705988    8.264705          0         50
       floor |       70    47.53186    18.85208      14.49         86
```

例 2)
```
. sum  rent service age floor if year==2004

    Variable |      Obs        Mean    Std. Dev.       Min        Max
-------------+--------------------------------------------------------
        rent |       36        9.65    2.857346        5.6         18
     service |       36    .1666667    .2187628          0         .8
         age |       36    8.194444    10.74063          0         50
       floor |       36    53.88889    19.93959         19         86
```

sum は便利なコマンドですが，そのまま論文に載せるには，少し不格好です。次に紹介する tabstat コマンドと table コマンドは，オプションを組み合わせることにより，きれいな表を作成することができます。

tabstat （変数） [if 条件] ,by(カテゴリー変数) stat(統計量)

たとえば，1999 年と 2004 年の賃貸料の平均値を比較する表を作成しましょう。by オプションを使うことで，年次ごとの表を作成できます。平均と標準偏差を併記したい場合は，stat オプションで，統計量を指定します。平均は mean，標準偏差は sd です。出力可能な主な統計量は，43 ページの「tabstat や table で出力可能な主な統計量」を参照して下さい。統計量を計算する対象となる変数は，複数指定することができます。以下の例では，賃貸料 rent と床面積 floor の統計量を計算しています。

```
. tabstat  rent ,by(year)

Summary for variables: rent
     by categories of: year

     year |      mean
----------+----------
     1999 |  7.727941
     2004 |      9.65
----------+----------
    Total |  8.716429
```

```
. tabstat  rent ,by(year) stat(mean sd)

Summary for variables: rent
     by categories of: year

     year |      mean        sd
----------+--------------------
     1999 |  7.727941  1.878636
     2004 |      9.65  2.857346
----------+--------------------
    Total |  8.716429  2.601055
```

```
. tabstat  rent floor,by(year) stat(mean sd)

Summary statistics: mean, sd
 by categories of: year

     year |      rent     floor
----------+--------------------
     1999 |  7.727941  40.80088
          |  1.878636   15.1876
----------+--------------------
     2004 |      9.65  53.88889
          |  2.857346  19.93959
----------+--------------------
    Total |  8.716429  47.53186
          |  2.601055  18.85208
```

● 注意！● ……………………………………………………………………………………………………

sum コマンドで統計量を出力する場合，標準偏差は "Std. Dev." と表示されますが，
tabstat コマンドでは，"sd" と表示されます。

……

　次に，table コマンドを説明しましょう[1]。

　　　table ((カテゴリー変数)) [if 条件], statistic(統計量　変数)

table コマンドは，オプションをつけない場合，tabulate と同様に，カテゴリーご
とのサンプル数を出力します。

────────────────

[1]　table コマンドは Stata17 で大幅リニューアルされました。Stata16 以前のバージョンをお使いの方は Web
Appendix を参照してください。また，Stata16 以前の State で作成した table コマンドを Stata17 で動かすとき
にはファイルの先頭に "version 16" と記入する必要があります（chapter2-2_v16.do ファイルも参照）。

```
. table (year)

             |  Frequency

year         |
  1999       |         34
  2004       |         36
  Total      |         70
```

　statistic（統計量　変数）というオプションをつけると，カテゴリーごとの統計量を出力します。なお，statisticはstatと省略しても構いません。下の例では，年次ごとの賃貸料の平均値の表を作成しています。

　ここまでは，tabstatコマンドと本質的には変わりません。tableコマンドの便利なところは，二つ以上のカテゴリー変数による，以下のような統計量から構成されるクロス表を作成できる点です。auto_lockは，オートロックの有無を示す変数で，0であればオートロックなし，1であればオートロックがある物件であること示します。この表をみると，1999年でも2004年でも，オートロック付の物件は，オートロックなしの物件よりも賃貸料が高いことがわかります。

```
. table (year),stat(mean rent)

             |      Mean

year         |
  1999       |  7.727941
  2004       |      9.65
  Total      |  8.716429
```

```
. table (year) (auto_lock),stat(mean rent)

             |          auto_lock
             |      0         1      Total

year         |
  1999       | 7.296429  9.741667  7.727941
  2004       | 8.385714     11.42      9.65
  Total      | 7.763265  10.94048  8.716429
```

　なお，tabstatやtable，tabulateには，さまざまなオプションが用意されています。困ったときの逆引き事典では，これらのコマンドを駆使して，美しい表を作成する方法について説明していますので，関心のある人は314ページを読んでみてください。

tabstat や table で出力可能な主な統計量

mean	平均
count	サンプル数（欠損値は除く）
n	同上
max	最大値
min	最小値
range	データ幅（最大値 − 最小値）
sd	標準偏差
var	分散
cv	変動係数（標準偏差／平均）
skewness	尖度
kurtosis	歪度
median	メディアン（中央値）
p1	1% 分位点
p5	5% 分位点
p10	10% 分位点
p25	25% 分位点
p50	50% 分位点 (same as median)
p75	75% 分位点
p90	90% 分位点
p95	95% 分位点
p99	99% 分位点

2.2.2 ヒストグラムと散らばり指標

　分散・標準偏差は，いずれも散らばり具合を示す指標ですが，視覚的にデータの散らばり具合を示すヒストグラムとの関連を確認しておきましょう。図 2.1 を再掲します。これは，1999 年と 2004 年の賃貸料のヒストグラムです。このグラフから，2004 年の賃貸料のほうが散らばりが大きいことがわかります。

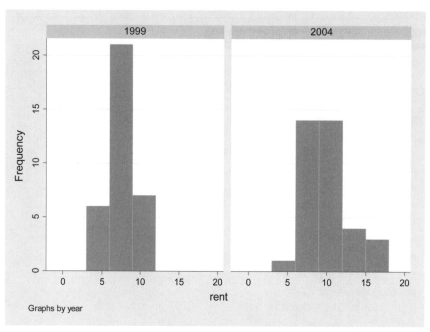

図2.2　ヒストグラムによる散らばり具合の比較

　では，平均，標準偏差，変動係数はどのような値をとるのでしょうか？　先ほどの，
tabstat による平均・標準偏差の比較表をみると，賃貸料の標準偏差は 1999 年は 1.8786
であるのに対して，2004 年は 2.8573 と大きくなっていることがわかります。

```
. tabstat  rent ,by(year) stat(mean sd)

Summary for variables: rent
    by categories of: year

    year        mean          sd

    1999    7.727941    1.878636
    2004        9.65    2.857346

    Total   8.716429    2.601055
```

したがって，

「散らばり指標」が大きい　⇔　ヒストグラムで見た「散らばり」も大きい

ことがわかります。よって，「散らばり」の違いを表現する際に，視覚的にアピールしたい場合はヒストグラムを，客観的な指標でアピールしたい場合は統計量（分散や標準偏差）を用いればいいといえます。

2.3　レポートや論文作成のための必須テクニック
EXCEL への移行

　通常，レポートを作成するときには，EXCEL で表を整えて，WORD に貼り付ける方法がよく取り上げられます。Stata では，Result ウインドウに表示された結果を，EXCEL に移行する簡単な方法があります。

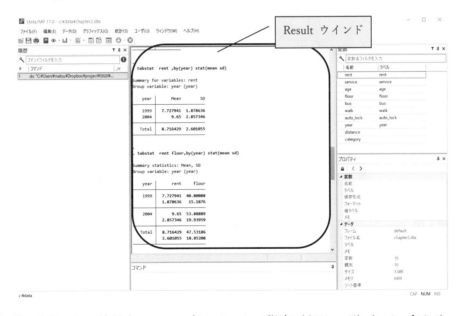

　まず，移行したい結果をマウスの左クリックで指定（ドラッグ）して，右クリックします。すると，以下のように，小さなウインドウが現れます。この中で「表のコピー」(Copy

Table）を選びます。

```
. tabstat rent floor,by(year) stat(mean sd)

Summary statistics: mean, sd
  by categories of: year (year)

    year       rent      floor

    1999    7.727941   40.80088
            1.878636   15.1876

    2004        9.65   53.88889
            2.857346   19.93959

   Total    8.716429   47.53186
            2.601055   18.85208
```

コピー(C)	Ctrl+C
表のコピー(C)	Ctrl+Shift+C
表をHTMLとしてコピー(H)	Ctrl+Shift+Alt+C
画像としてコピー	
全て選択(A)	Ctrl+A
結果のクリア	
ユーザ設定... (P)	
フォント...	
印刷... (P)	

次に，EXCELを開いて，シートの任意の場所で，「貼り付け」をクリックすると，Stataの結果を転写することができます。

MS Pゴシック　貼り付け
A2

	A	B	C	D
1				
2				
3	year	rent	floor	
4				
5	1999	7.727941	40.80088	
6		1.878636	15.1876	
7				
8	2004	9.65	53.88889	
9		2.857346	19.93959	
10				
11	Total	8.716429	47.53186	
12		2.601055	18.85208	
13				

● 注意！● ···

　次ページの左の図のように，よくばって，複数の表を貼り付けようとするとうまくいきません。次ページの右の図では，三つの表を同時に指定して，EXCELにコピーしてみたものです。こうすると，同じセルに複数の数値が並んでしまい，EXCELで加工しにくくなってしまいます。面倒でも一つずつ作業しましょう。

2.4

いよいよ分析へ

2変数間の関係について

　さて，これまでは1変量（1種類のデータ）のまとめ方について学んできました。しかし，実際にデータの整理に関して問題となるのは，2変量以上のデータがあり，それらのデータの関係を探りたいときではないでしょうか？　たとえば，所得と投資信託の購入額，支持政党と教育年数（学歴），喫煙の習慣と肺疾患の有無などの例が考えられるでしょう。

　本節では，やはり不動産賃貸物件のデータを用いて，占有面積当たり不動産賃貸料と築年数，および駅からの所要時間の関係を要約する方法について考えます。賃貸料は，古くなるほど安く，また駅から遠くなるほど安くなると考えられますが，賃貸料と築年数の関係と賃貸料と所要時間の関係のうちでは，いずれがより強い関係をもつのかを考えていきます。

表2-3は，ある地域の不動産賃貸物件10件の占有面積当たり賃貸料，築年数，駅からの所要時間を表すものです。2変数の関係を見る方法として，**散布図**がよく用いられます。たとえば，面積当たり賃貸料と築年数の関係をみるためには，図2.3のように縦軸に面積当たり賃貸料，横軸に築年数，および所要時間をとった平面上にデータを配置した散布図が用いられます。ここから面積当たり賃貸料と築年数，および所要時間の間には右下がりの関係があることがわかります。物件が新しいほど，駅から近いほど，快適であり利便性が高いので賃貸料が高くなると考えられます。

表2-3　ある地域の賃貸不動産物件情報

No.	面積当たり賃貸料	築年数	駅からの所要時間
1	0.37	13	6
2	0.31	40	8
3	0.32	47	10
4	0.26	82	8
5	0.25	74	10
6	0.29	78	13
7	0.33	60	15
8	0.25	97	14
9	0.23	142	16
10	0.29	96	16

単位：賃貸料：1万円，築年数：1ヶ月，所要時間：1分

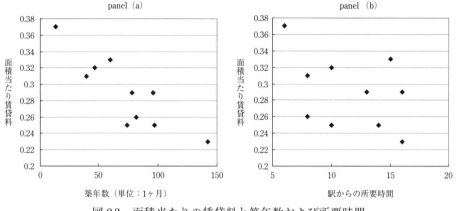

図2.3 面積当たりの賃貸料と築年数および所要時間

では，築年数と駅からの所要時間とでは，どちらのほうが，賃貸料との関係が強いと言えるのでしょうか？ 2変数の関係を数値的に把握するには共分散や相関係数を用います。

最初の指標は共分散です。

$$\text{共分散}: s_{XY} = \frac{1}{N-1}\sum_{i=1}^{N}(X_i - \overline{X})(Y_i - \overline{Y})$$

共分散とはXとYの偏差（平均値からの乖離）の積を合計し，それをデータ数−1で割ったものです。Xが増えるとYが増えるようなデータがあったとします。このときXが平均値よりも大きいときにYも平均値より大きくなる場合，XとYの偏差を掛け算したもの（積）は正の大きな値になります。この偏差積がプラスになるものが多ければ共分散はプラスで大きな値になります。つまり，XとともにYが増えるようなXとYの組み合わせであれば共分散はプラスの値になります。

ただし，共分散はデータの桁数に影響されます。そこで，標本数（データの数）や単位に影響されずに，二つの変数間の直線的傾向を測る指標として**相関係数**が使われます。

<table>
<tr><td>**相関係数の公式**</td><td>$r_{XY} = \dfrac{X と Y の共分散}{X の標準偏差 \times Y の標準偏差} = \dfrac{s_{XY}}{s_X s_Y}$</td></tr>
</table>

　相関係数は，共分散を2変数の標準偏差の積で割ったもので，以下のような特徴を持ちます。

　特徴Ⅰ．相関係数は，X, Y の単位の取り方には無関係ですが，

　　　　$-1 \leq r_{XY} \leq 1$

　　　という性質を持ちます（証明は省略）。

　特徴Ⅱ．データの散布状況と相関係数の目安は以下の図のとおりです。

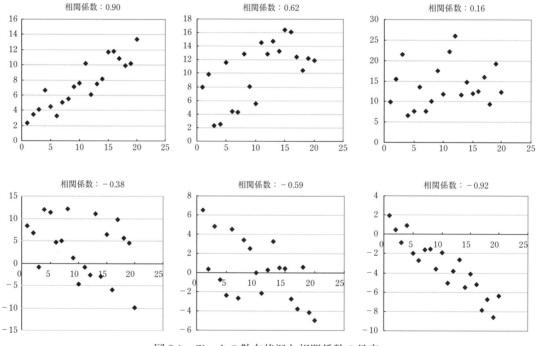

図2.4　データの散布状況と相関係数の目安

　特徴Ⅲ．X, Y が右上がりの関係にあるとき，$r_{XY} > 0$,

　　　　　X, Y が右下がりの関係にあるとき，$r_{XY} < 0$

すべての点が右上がりの直線上にあるとき $r_{XY}=1$
すべての点が右下がりの直線上にあるとき $r_{XY}=-1$

2.5 Stata で分析しよう
Stata による散布図・相関係数の出力

　散布図，相関係数を Stata で計算する方法について学びましょう。Stata を用いて散布図を作成するには，scatter コマンドを用います。以下の X と Y に具体的な変数名を入れると，グラフ・ウインドウが立ち上がり，縦軸を X，横軸を Y とする散布図が作成されます。

scatter X Y

　本章の冒頭で紹介したデータを用いて，賃貸料（rent）と床面積（floor）の関係をみてみましょう。Command ウインドウに，

scatter rent floor

と入力すると次のような散布図ができあがります。この散布図に，タイトルをつけたり，各々のデータにラベルをつけて，見やすい図を作成することもできますが，この点は327ページで説明していますので，そちらを参照してください。

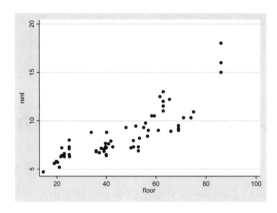

一方，相関係数は，correl コマンドで計算が可能です。

correl X Y Z

correl コマンドの後ろには，複数の変数を並べることで，各変数の総当たりの相関係数行列を作成できます。湘南台の賃貸物件を使って，以下のように，賃貸料（rent），駅からの時間距離（distance），築年数（age），床面積（floor）の相関係数を計測してみました。

```
. correl rent distance age floor
(obs=70)

                rent distance      age    floor

    rent      1.0000
distance      0.2770   1.0000
     age     -0.3451  -0.4640   1.0000
   floor      0.8454   0.0911  -0.0476   1.0000
```

賃貸料（rent）と床面積（floor）の相関係数は，0.845 と 1 に近く，強い正の相関があることがわかります。また，築年数（age）と駅からの時間距離（distance）の相関係数は，−0.464 であり，両者の間には負の相関があることが伺えます。つまり，築年数が高い物件ほど時間距離が短い，言い換えると，古い物件ほど駅に近く，新しい物件ほど駅から遠いという関係があることがわかります。

2.6 計画的に作業する
Do-file による作業のプログラム化

さて，ここまでの一連の作業を Do-file というファイルに記述して，作業をプログラム化しておきましょう。第3章以降では，WebページからサンプルのDo-fileをダウンロードできるようにしてあります。Do-file とは，Stata のコマンドを作業工程順に書き並べたファイルで，いくつものコマンドをまとめて実行する際，大変便利です。また，作業工程をすべて Do-file 上で記述する習慣をつけておけば，すべての作業をもう一度はじめからやり直すことができます。人間というものは，必ずミスをする動物ですから，作業を繰り返しているうちに，どこかでミスをしてしまうものです。そんな場合も，一連の作業を Do-file 上で記述しておけば，元に戻ってデータセットを修正することができるわけです。

Do-file の作成ですが，Stata では，「Do-file エディター」というツールが用意されています。

これをクリックすると，以下のような Do-file エディターが出てきます。ここに，Stata のコマンドを並べていくことで，Do-file エディターを作成します。たとえば，本章の冒頭にあったヒストグラムを作成するところまでの作業を Do-file によってプログラム化するためには，以下のように，Do-file エディターにコマンドを羅列していきます。

ここでは，サンプルの chapter2-1.do ファイルをみながら，順を追って説明します。次の図のとおり Do-file エディターのファイルのマークをクリックして，chapter2-1.do を開いてみてください。

既存の Do-file を開く

chapter2-1.do を参照

```
* 第 2 章のデータ読み込みと度数分布表作成・ヒストグラム

cd c:\data
import excel using rent-shonandai.xlsx,clear firstrow
replace auto_lock="1" if auto_lock="YES"
replace auto_lock="0" if auto_lock="NO"
destring auto_lock,replace
replace bus=0 if bus==.
replace rent=rent+service

gen distance=walk + bus

gen category=1 if rent>3 & rent<=6
replace category=2 if rent>6 & rent<=9
replace category=3 if rent>9 & rent<=12
replace category=4 if rent>12 & rent<=15
replace category=5 if rent>15 & rent<=18

histogram rent, width(3) by(year) freq start(0)
save chapter2.dta,replace
```

　一行目には，Do-file の内容を記したコメントが書かれています。コメントを記入する場合には，行頭に "*" を入れます。Stata は，"*" を入れた行は，読み飛ばしてくれま

す。また，以下のように"/*"と"*/"で囲まれた範囲も，Stataは無視します。"/*"と"*/"の間に改行があっても構いません。

```
/*  このプログラムでは
湘南台を最寄り駅とする
物件データを分析します。*/
```

　次の cd c:\data の "cd" は，change directry の略で，C ドライブの data フォルダーを参照せよという意味です。もし，ファイルが C ドライブの data フォルダー以外の場所においてある場合は，そのフォルダーを指定してください。フォルダー位置は，たとえば，Windows であれば，ドキュメントからフォルダーを探し出し，画面のようにフォルダー位置をクリックすると，フォルダーのアドレスが表示されますので，これを cd の後ろに記入します。

上の図の場合，cd D:\baci-data と入力します。なお，Mac の場合で，ユーザー名が Taro，デスクトップ上に data フォルダがある場合は

```
cd /Users/Taro/Desktop/data
```

と入力して下さい。

　さて，一連のコマンドを入力し終わったら，下図のようにディスクのマークをクリックするか，[ファイル] → [保存]，あるいは [名前を付けて保存] で保存してください。拡張子は，自動的に .do になります。

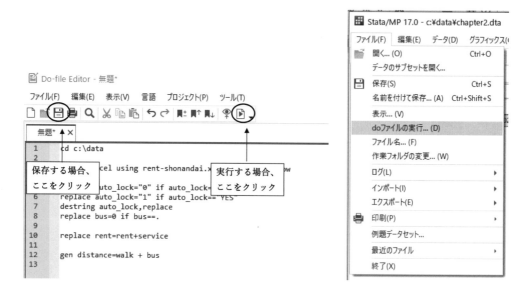

　なお，Do-file は，拡張子が do となっているテキストファイルですので，ノートパッドや秀丸などのテキスト・エディターで作成することも可能です。

　Do-file を実行するには，Do ファイル・エディタのメニューの右端のアイコンをクリックすると，Do-file に書き込んだ一連のコマンドが上から順に実行されます。スペルミスなどがあると止まってしまうので，適宜修正して，再度実行してみてください。また，[ファイル] → [Do ファイルの実行] で保存してある Do-file を指定して実行することもできます。

なお，コマンド・ウインドウに直接入力して実行したコマンドは，履歴ウインドウに表示されますが，これを Do ファイルに移行したい場合は以下のように操作してください。履歴ウインドウで Do ファイルに移行させたいコマンド群を，シフトキーを押しながら選択します（選択したコマンド履歴は色が変わります）。次に，右クリックして「選択範囲を Do ファイルエディタへ送る」を選択してください。

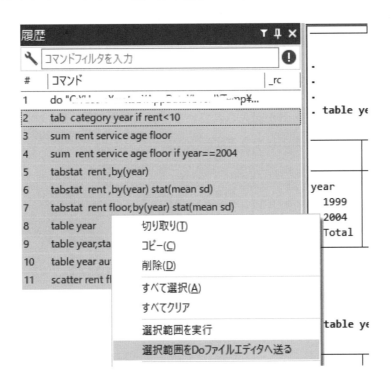

> ### Do ファイルの操作に関するショートカット
>
> Do ファイルの操作には以下のショートカットが利用できます。
> 　　　Do ファイルの保存：コントロール・キーと [s]
> 　　　Do ファイルの実行：コントロール・キーと [d]

2.7 logファイルによる作業結果の保存

　Stataによる作業結果は，Resultsウインドウに表示されますが，結果が長くなるとすべてを見ることができなくなります。そこで，Resultsウインドウに表示された結果をファイル上に記録する必要が出てくるわけです。

　作業記録の開始は，`log using` を使います。このあとのDo-file, chapter2-2.do のプログラムをみてください。四角で囲んだ箇所に，`log using` で始まるコマンドと，`log close` というコマンドが記入されています。この2文が，logファイルへの作業記録の開始と終了のコマンドになります。

　作業記録の開始

```
log using（ファイル名），[ オプション ]
```

　　　オプション

　　　　　　`replace`：同名のファイルがあれば，上書き

　　　　　　`append`：同名のファイルがあれば，加筆

　作業記録の終了

```
log close
```

　`log using`のオプションは，常に`append`にしておくと，logファイルが巨大になっていきますので，特に理由がない限り，`replace`にしておくことをお勧めします。また，記録をとる作業を開始したら，必ず，`log close`で作業記録を終了させてください。

2.6 節で説明した Do-file 上に，`log` コマンドを挿入した例が以下になります。

> chapter2-2.do 参照（Stata16 以前の場合 chapter2-2_v16.do 参照）

```
/* chapter2-2.do
第 2 章 ヒストグラム作成までの作業のプログラム */

cd c:\data
* chapter2-1.do ファイルで作成した DTA ファイルを呼び出す。
use chapter2.dta,clear
log using chapter2,replace

tab   category year if rent<10
sum   rent service age floor
sum   rent service age floor if year==2004
tabstat   rent ,by(year)
tabstat   rent ,by(year) stat(mean sd)
tabstat   rent floor,by(year) stat(mean sd)
table year
table year,c(mean rent)
table year auto_lock,c(mean rent)

log close
```

　この Do-file を実行すると，data フォルダーに chapter2.smcl というファイルが生成され，Result ウインドウに出てきた結果がファイル上に保存されます。

　このファイルを見るためには，以下の手順を踏みます。

1. ［ファイル］から［表示］を選択
2.「表示するファイルを選択する」という小さなウインドウが出てくるので，［参照］を選択

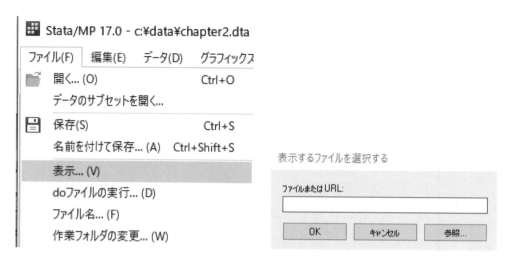

3. 「開く」（Choose File name）というウインドウが現れるので，log ファイルを保存したフォルダー（上記の例では C ドライブの data フォルダー）を指定すれば，log（smcl）ファイルが見つかるはずです。

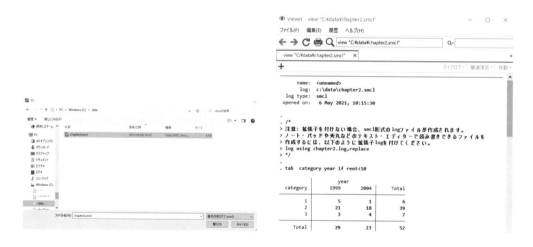

chapter2.smcl ファイルを開くと，以下のようなウインドウが現れ，プログラム中の

```
log using

    ～ log close
```

までの分析結果を再度見ることができます。

　なお, smclファイルのSMCLはStata Markup and Control Languageの略で, Word, ノート・パッドや秀丸などのテキスト・エディターでは, うまく読み込むことができません。もし, テキスト・エディターで加工したい場合は, 拡張子logにしておくといいでしょう。"chapter2-2.do" ファイルの例では,

```
log using chapter2.log,replace
```

と記載してください。この場合, chapter2.smclではなく, chapter2.logというファイルが生成されます。このファイルはテキスト・エディターで開くことができますが, Stataで開く場合は, smclファイルと同様, [ファイル]>[表示]で開くことができます。ここで, 次ページのように "SMCL Files（*.smcl）" をクリックして, Log Files（*.log）に変更しないと, 拡張子logのファイルは出てきませんのでご注意ください。

　作業記録をとっているときに，log using コマンドを使うと，以下のようなエラー・メッセージが出て Do-file がとまってしまいます。これは，log ファイルの記録中に，log using コマンドで，さらに別のファイルへの記入を命令することができないからです。

```
.
. log using chapter2.log,replace
log file already open
r(604);
```

　特に，Do-file が異常終了した場合には，注意してください。作業記録をとっている途中であれば，コマンド・ウインドウに直接 log close と入力して，作業記録を中止してください。異常終了時に，いちいち log close で作業記録を中止するのは面倒ですので，そんなときは，log ファイルによる記録開始の際に以下のように capture コマンドを追加する方法があります。

capture log using（ファイル名）,（オプション）

練習問題

1 Stata に付属のデータ nlsw88.dta（米国の労働者の賃金データ）を使って，以下の表・グラフを作成せよ。

(1) 賃金（wage）を使って以下のカテゴリー変数を作成し，度数分布表を作成せよ。さらに人種（race）ごと，あるいは学歴（大卒以上と大卒以下，collgrad）に比較せよ。

> 賃金が 4 ドル未満であれば 1
>
> 賃金が 4 ドル以上，8 ドル未満であれば 2
>
> 賃金が 8 ドル以上，12 ドル未満であれば 3
>
> 賃金が 12 ドル以上，16 ドル未満であれば 4
>
> 賃金が 16 ドル以上であれば 5

(2) 学歴（大卒以上と大卒以下，collgrad）別に賃金（wage）について，ヒストグラムを作成せよ。その際，縦軸を標本数にし，横軸は 0 からスタートさせ，データ幅は 4 とすること。

(3) 職種（occupation）別，および産業（industry）別に，賃金（wage），平均労働時間（hours）を計算せよ。

(4) 人種別職種別平均賃金，および人種別産業別平均賃金を計算し，どの人種，どの職種・産業で賃金が高いかを調べよ。

(5) 縦軸に賃金，横軸に教育年数（grade）をとった散布図を作成せよ。

(6) 賃金，労働時間，教育年数，就業経験年数（ttl_exp），勤続年数（tenure）の相関係数を計算せよ。

なお，nlsw88.dta を利用する際は，コマンドウインドウに，

```
sysuse nlsw88.dta,clear
```

と入力すればいい。

第0章
第1章
第2章
第3章
第4章
第5章
第6章
第7章
逆引き事典

nlsw88.dta に含まれる変数

idcode	個人番号	c_city	中心市街地に居住しているとき 1
age	年齢	industry	産業
race	人種	occupation	職種
married	婚姻状態（既婚 = 1）	union	労働組合に加入しているとき 1
never_married	婚姻経験がないとき 1 をとる	wage	賃金（時給）
grade	教育年数	hours	労働時間
collgrad	大卒・非大卒	ttl_exp	総就業経験年数
south	南部に居住しているとき 1 をとる	tenure	経験年数（同一企業）
smsa	大都市圏に居住しているとき 1		

2 東京城南地区および川崎市の賃貸物件データ（rent-jonan-kawasaki.xlsx）を用いて，以下の表を作成したい。

(1) 鉄道路線別オートロック付物件の比率

(2) 鉄道沿線別の平均賃貸料，平均築年数，平均占有面積

(3) 鉄道沿線別の賃貸料のヒストグラム（縦軸はパーセント）

(4) 賃貸料，1 平方メートル当たり賃貸料と駅からの時間距離（徒歩分数とバス所要時間の合計），ターミナルからの所要時間の相関（鉄道路線別に）

なお，賃貸料は，賃貸料と管理費の合計として再定義して計算すること。rent-jonan-kawasaki. xlsx に含まれる変数は以下のとおり。

rent	賃貸料（単位：1 万円）	catv	ケーブルテレビ付物件の場合に 1 をとる変数
service	管理費（単位：1 千円）	station	最寄駅名
walk	徒歩分数	terminal	主要ターミナル（品川・渋谷等）から所要時間
bus	バスを利用する場合の最寄駅からの所要時間（単位：1 分）	express	急行停車駅の場合に 1 をとる変数
floor	占有面積（単位：㎡）	line	最寄り駅の鉄道路線（京浜急行 keikyu， JR， 東急 tokyu）
age	築年数（単位：年）		
auto_lock	オートロック付の物件の場合に 1 をとる変数		

Stata による回帰分析

❖本格的な分析に向けて

　第3章では，統計的分析における最もポピュラーな分析手法の一つである回帰分析について学びます。回帰分析は，たとえば二つの変数 X と Y のうち，「X の変動が Y の変動をもたらす」というような2変数の関係を調べます。この関係を明らかにすることで，X の値が変化したときに Y の値がどれだけ変化するか予測することができるようになります。

　本章においても，賃貸不動産物件の賃貸料データを分析しながら学んでいきます。本章では，神奈川県藤沢市の湘南台地区に注目します。湘南台駅は慶応湘南藤沢キャンパス（SFC）の最寄り駅であり，また，相鉄線，横浜市営地下鉄の始発駅であり，また小田急線の乗り換え駅でもあります。そのため，近隣地区よりも人気があり賃貸料が高いと考えられます。これをデータを使って分析します。

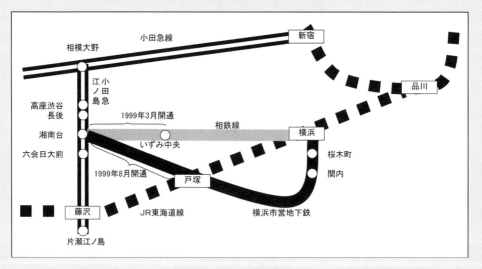

3.1 本格的な分析へ

回帰分析の考え方 初

● 注意！ ●
　3-1節では回帰分析の考え方について初心者向けの解説を行っています。Stataの使い方のみを学びたい読者は，3-2節に進んでください。

（例）アパート・オーナーのA氏は，所有するアパートの建て替えにあたりオートロックを設置すべきか迷っています。アパート周辺は治安に不安があり，オートロック設置により多少の家賃収入の上澄みが期待できるかもしれないからです。では，どの程度の家賃収入の上澄みが期待できるのでしょうか？

　表3-1は，ある地域の賃貸不動産物件10件のデータです。このうち，オートロックがついている物件は2件のみです。この2件と残りの8件の平均賃貸料を比べると，8.25（万円）と6.43（万円）でした。この差額1.83（万円）がオートロック付物件のプレミ

表3-1　オートロックの有無を中心にみた賃貸物件情報

No.	賃貸料 （万円）	占有面積 （㎡）	オートロック の有無	築年数	駅からの 所要時間
1	6.3	17	なし	13	6
2	6.2	20	なし	40	8
3	6.1	19	なし	47	10
4	6.5	25	なし	82	8
5	6.5	23	なし	74	10
6	7.5	27	なし	78	13
7	8	25	あり	60	15
8	6	23	なし	97	14
9	7.1	31	なし	142	16
10	8.5	29	あり	96	16

単位：賃貸料：1万円，築年数：1ヶ月，所要時間：1分

アムとみなせるでしょうか？ データをみてみると，オートロック付物件とオートロック無し物件では，占有面積がかなり違います。つまり，「占有面積が同じ物件で，オートロックの有無で賃貸料がどの程度異なるか」を調べる必要があります。この10件の物件には，オートロック付物件と同じ面積のオートロック無し物件はありません。したがって，占有面積と賃貸料の関係を調べ，「もし，占有面積が同じ物件があったとすれば，賃貸料はどの程度になるか」を考える必要があります。そこで，まず手始めに，占有面積が$1\,m^2$大きくなると，賃貸料はどの程度変化するか？ を考えてみましょう。

● 注意！● ···
　3-1節では，便宜上，10個の観測値による分析例を紹介しますが，実際には，結果の信頼性を確保する上では，最低でも20程度のデータ数が必要だとされています。詳しくは，推測統計の教科書を参照してください。

···

　表3-1のデータを散布図にしてみましょう。横軸に占有面積，縦軸に賃貸料をとってプロットしてみたのが図3.1です。
　両者には正の相関があるように見えます。実際，相関係数0.6978でした。つまり，賃貸料と占有面積の間には強い正の相関があることが読み取れます。

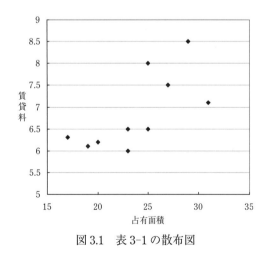

図3.1　表3-1の散布図

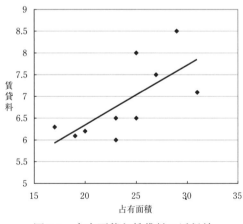

図3.2　占有面積と賃貸料の近似線

また，この散布図から賃貸料と占有面積に何か直線的な関係が読み取れそうです。そこで，散布図に近似線を引いてみたのが図 3.2 です。

この近似線は，人々が心の中で抱いている占有面積と賃貸料に関する関係式を近似していると考えましょう。「人々が心の中で抱いている占有面積と賃貸料に関する関係式」というものは，あくまで理論上のものですが，これを占有面積を X，賃貸料を Y，データの物件番号を添え字の i で表すと，以下のような数式で表すことができます。

$$Y_i = \alpha + \beta X_i + \varepsilon_i$$

これを**回帰方程式**と呼びます。そして，この Y は**被説明変数（従属変数）**，X は**説明変数（独立変数）**と呼ばれます。ε は**誤差項**と呼ばれ，Y の変動のうち X で説明できなかった部分です。

また，回帰方程式の切片と傾きである α，β は**回帰係数**と呼ばれます。α を特に定数項，β は傾きと呼ばれることもあります。この α と β がわかれば，ε をとりあえず無視して，占有面積 X に具体的な数値，たとえば $25\,\mathrm{m}^2$ を代入することで，賃貸料（Y）がどの程度になるか計算できることになります。さて，α と β はあくまで理論的なものですので，実際のデータを使って推定することになります。以下では，この α と β の推定値の求め方（3-1-1 項），α と β の推定値に関する仮説検定（3-1-2 項）について考えます。

3.1.1 回帰分析と最小二乗法

回帰係数の求め方にはさまざまな方法がありますが，最も一般的な方法は**最小二乗法**と呼ばれる方法です。以下で概要をみてみましょう。

最小二乗法の考え方

まず，αとβの求め方を考えましょう。図3.3の散布図と近似線をよく見てください。この図では何本もの近似線が引かれています。どの近似線を用いるのがよいのでしょうか？ このうち一つ近似度の良い直線を選ぶには，何らかの客観的基準が必要になります。今，αとβに具体的な値，たとえば，$\alpha = 5$，$\beta = 0.1$を与えたとします。これを仮にaとbとしておきます。このときに与えられた直線$a + bX_i$と被説明変数Y_iとの乖離をu_iと表しましょう。これを**残差**と呼びます。

● 注意！● ‥‥‥‥‥‥‥‥‥‥‥‥‥‥‥‥‥‥‥‥‥‥‥‥‥‥‥‥‥‥‥‥

誤差項と残差の違い

誤差項εは，求めようとする真の（理論上の）回帰式と実際のデータの差であり実際に算出することはできません。一方，残差uは，実際のデータから計算された回帰式からの乖離で，誤差項εと異なり残差uは計算で求めることができます。

‥‥

$$u_i = Y_i - (\alpha + \beta X_i)$$

散布図上で示すと，以下の図3.4のようになります。

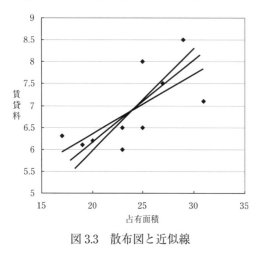

図3.3　散布図と近似線　　　　　　図3.4　散布図上で示した残差 u

今，a と b に，それぞれ 5 と 0.1 という数値を与えてグラフを書きましたが，a と b の組み合わせとしてもっと適切なものがあるかもしれません。つまり，何らかの基準を導入して検討する必要があります。一つの考え方は，直線 $a + bX_i$ と被説明変数 Y_i との乖離である残差 u_i を極力小さくするような a と b による近似線が望ましいです。この u_i は，X と Y の組み合わせの数だけ（ここでは 10 個）あるので，10 個の u_i すべてが極力小さくなるような a と b を求めることになります。これは言い換えれば，u_i の合計，

$$\sum_{i=1}^{N} u_i = \sum_{i=1}^{N} (Y_i - a - bX_i) \quad （ただし N = 10）$$

が 0 に近くなるような a と b を求めることとなります。ところが，まだ問題があります。この u_i は，正にも負にもなりうるということです。したがって，このままでは，正の u_i と負の u_i がうまく打ち消し合えば，個々の u_i が比較的大きな値をとっていても $\sum_{i=1}^{N} u_i$ はかなり小さい値になる可能性があります。そこで，u_i^2 とすることで，すべて正の数に変換した上で，その合計値が最小になるように a と b を求めましょう。つまり，残差の 2 乗和，

$$\sum_{i=1}^{N} u_i^2 = \sum_{i=1}^{N} (Y_i - a - bX_i)^2$$

を最小にするような a と b を求めればいいのです。この方法を**最小二乗法**（Ordinary Least Squares, **OLS**）と呼びます。

次の表 3-2 は，a と b にそれぞれ適当な数値を当てはめて，残差 u_i の合計（$\sum_{i=1}^{N} u_i$）と残差の 2 乗 u_i^2 の合計（$\sum_{i=1}^{N} u_i^2 = \sum_{i=1}^{N} (Y_i - a - bX_i)^2$）を計算したものです。ケース 1 では，$a = 3$，$b = 0.15$，ケース 2 では $a = 4$，$b = 0.10$ を，それぞれ代入したものです。ケース 1 よりもケース 2 のほうが，残差の 2 乗の合計値が小さいので，より望ましい組み合わせといえます。

残差の 2 乗の合計値を最小にする a と b の組み合わせですが，ちょっとした計算で導くことができます。本書では，Stata を使いこなすための最小限の知識を身につけることを前提としていますので，公式を示すのみに留めます。

表3-2 残差の合計と残差平方和の合計

No.	賃貸料	占有面積	ケース1		ケース2	
			u	u^2	u	u^2
1	6.3	17	0.75	0.56	0.10	0.01
2	6.2	20	0.20	0.04	-0.30	0.09
3	6.1	19	0.25	0.06	-0.30	0.09
4	6.5	25	-0.25	0.06	-0.50	0.25
5	6.5	23	0.05	0.00	-0.30	0.09
6	7.5	27	0.45	0.20	0.30	0.09
7	8	25	1.25	1.56	1.00	1.00
8	6	23	-0.45	0.20	-0.80	0.64
9	7.1	31	-0.55	0.30	-0.50	0.25
10	8.5	29	1.15	1.32	1.10	1.21
		合計	2.85	4.32	-0.20	3.72

備考 ケース1 $a=3, b=0.15$ ケース2 $a=4, b=0.10$

最小二乗法による回帰係数の公式

残差の2乗和,

$$\sum_{i=1}^{N} u_i^2 = \sum_{i=1}^{N} (Y_i - a - bX_i)^2$$

を最小にするような回帰係数 a と b は,以下の公式で計算することができます。

回帰係数の公式
$$b = \frac{\sum_{i=1}^{N}(X_i - \bar{X})(Y_i - \bar{Y})}{\sum_{i=1}^{N}(X_i - \bar{X})^2} = \frac{(X と Y の共分散)}{(X の分散)}$$
$$a = \bar{Y} - b\bar{X}$$

● 注意！● ···

より上級の分析手法をマスターするためには,この公式の導出などについても丁寧に確認しておく必要があります。本書で初めて回帰分析を学習する人は,参考図書などで学習することをお勧めします。

··

なお，ここで得られた a，b により描かれる回帰方程式は，$\hat{Y}_i = a + bX_i$ と表されます。$\hat{Y}_i$ は，ワイ・ハットと読みます。表3-1のデータで，賃貸料を Y，占有面積を X として回帰係数の公式を当てはめると，

$$\text{傾き：} \quad b = \frac{\sum_{i=1}^{N}(X_i - \bar{X})(Y_i - \bar{Y})}{\sum_{i=1}^{N}(X_i - \bar{X})^2} = \frac{2.685}{19.656} = 0.1366\cdots$$

となります。b がわかれば係数 a は簡単です。

$$\text{定数項（切片）：} \quad a = \bar{Y} - b\bar{X} = 6.87 - 0.1366 \times 23.9 = 3.6045\cdots$$

b の値の意味を考えてみましょう。b は回帰方程式 $Y_i = a + bX_i + u_i$ の X の係数です。この式において b は，グラフにおける傾きですので，「X が1上がると Y が b 上がる」という関係を示します。今の問題の場合，X が占有面積で Y が賃貸料でした。b は，およそ 0.14 万円ですので，$1\,\mathrm{m}^2$ 占有面積が増えると，賃貸料は 1,400 円上昇するという計算になります。

回帰直線と予測

最小二乗法によって近似線の当てはめを行い，Y の変動を X で説明することを，このあと 3-1-2 項で説明するパラメータの統計的推測を含めて**回帰分析**といいます。この得られた直線のことを**回帰方程式**といいます。今の例の場合ですと，以下のようになります。

$$\hat{Y}_i = a + bX_i$$

この $\hat{Y}$ は，回帰係数 a と b と実際の X から計算された値で Y の**理論値（予測値）**といいます。また，理論値 $\hat{Y}$ に対して，実際の Y の値は**実績値**と呼ばれることもあります。一方，残差 u は以下のように定義されますから，

$$u_i = Y_i - (a + bX_i)$$

残差 u_i と予測値 $\hat{Y}_i$, 実績値 Y_i は,

$$Y_i = \hat{Y}_i + u_i = a + bX_i + u_i$$

という関係にあります。

　この式を用いると, たとえば占有面積が $25\,\mathrm{m}^2$ のときの賃貸料を「予測」できます。X に 25 を代入することで以下のように計算できます。

$$\hat{Y}_i = a + bX_i = 3.6045 + 0.1366 \times 25 = 7.020$$

よって, 賃貸料はおよそ 70,000 円となります。

3.1.2　回帰分析の結果の評価

　実際の分析に際しては, 計算した回帰式がどの程度優れているのか評価したり, 他のデータや他の変数を用いた回帰式と比較したりといった作業が必要となる場合があります。こういった回帰式の評価作業は, 1)**決定係数**によるもの, 2)**回帰係数に関する統計的推測**によるもの, の2種類あります。1)は直感的にもわかりやすいのですが絶対的な基準がなく, 残念ながら万能とはいえません。一方, 2)はやや煩雑ですが絶対的な評価も相対的な評価も可能なので, こちらのほうが重視される傾向にあります。まず1)の決定係数から見ていきましょう。

決定係数

　さて実績値, 予測値, 残差の間には以下のような関係がありました。

$$Y_i = \hat{Y}_i + u_i = a + bX_i + u_i$$

ここで図3.5を見てください。

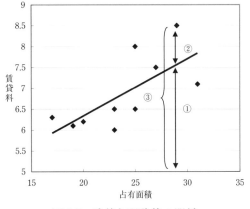

図3.5 残差と理論値の関係

図中の①〜③は，①…$\hat{Y}_i$，②…u，③…Yに対応します。

残差 u は X で説明されない部分を，**予測値** $\hat{Y}$ は X で説明された部分を表します。これらを用いて回帰方程式がどれぐらい説明力を持っているかを示す指標を作ることができます。

> **決定係数**
>
> $$R^2 = \frac{\sum_{i=1}^{N}(\hat{Y}_i - \bar{Y})^2}{\sum_{i=1}^{N}(Y_i - \bar{Y})^2}$$
>
> - 必ず，$0 \leq R^2 \leq 1$ になり，決定係数が 1 に近いほど説明力が高い
> - 決定係数が 0 に近いほど説明力がない
> - 説明変数の数が増えると，決定係数は上昇する

さて実際の分析に際しては，決定係数が特に重視されるケースとあまり重視されないケースがあります。これを少し具体的にみてみましょう。

まず，分析の目的が予測であれば，特に重視しなければなりません。たとえば，賃貸料と占有面積に関する回帰分析結果から賃貸料を予測する場合，決定係数が極端に低い

（すなわち，回帰直線と実績値が大きくかけ離れているものが多い）と，回帰直線上の点である予測値に注目する意義が薄れてしまいます。なぜなら決定係数が低いことは，予測自体の信頼性も低いことを示唆するからです。

しかしそれ以外のケース，たとえば賃貸料に占有面積は影響を与えているのか？という命題を検証するだけであれば，決定係数は必ず 1 に近づけるべきとまではいえません。

（例1）決定係数による回帰式の比較

決定係数に注目して，以下のような 2 種類の回帰分析の結果を比較してみましょう。

$$① （賃貸料）= a + b（占有面積）+ u$$
$$② （賃貸料）= a + b（築年数）+ u$$

図 3.6 では，表 3-1 に掲載されている数値から散布図を作成し，さらに回帰係数と決定係数（R^2）を計算したものです。

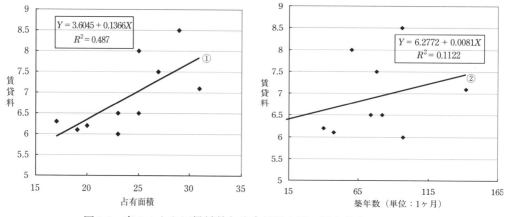

図 3.6　表 3-1 から回帰係数と決定係数を読み解き作成したグラフ

散布図上に描かれた回帰直線に注目してください。回帰式②（右図）よりも回帰式①（左図）のほうが，回帰直線の周りにデータが集中していて，賃貸料の散らばりをうまく説明している（フィットが良い）ことがわかります。決定係数は，

$$回帰式① : 0.477$$
$$回帰式② : 0.112$$

となっていますので，回帰式①のほうが，説明力が高いことがわかります。

回帰係数に関する統計的推測

　前節では最小二乗法による回帰係数の求め方，および当てはまりの指標として決定係数について説明しました。しかし，決定係数は単にどの程度の説明力の高い（フィットの良い）近似線が得られたかを示すに過ぎず，絶対的に回帰式が優れているか否かの判断まではできません。

　また説明変数が複数含まれている場合，どの変数が被説明変数を説明するにあたり決定的な役割を果たしているかどうかを考える際にも，決定係数での判断だけでは十分とはいえません。

　そこで，回帰方程式に確率分布を導入し，統計的推測の考え方を利用して，絶対的に回帰係数を評価する方法を考えます。まず出発点として，以下の問いの答えを考えてみることにしましょう。

　問題：得られた回帰係数について，**最も悪い状況は回帰係数が 0 になってしまうこと**であり，これは検討中の変数間の関係に全く関係が見られないことを意味する。この「**最悪の状況か，そうでないか」を検証**することで，回帰方程式が絶対的に優れているか否かの基準としよう。これを検証するにはどうしたらよいだろうか？

　指針：これを検証する際，回帰方程式に確率分布を導入し，回帰係数を統計量と考えます。回帰係数が統計量であるならば，「**回帰係数はひょっとするとゼロかもしれない**」という仮説を検証することで，上記の問題を検証していきます。

個々の係数がゼロである確率を計算する。

<u>手順</u>

① 係数と係数の標準誤差の比率である t 値を計算する。

$$t = \frac{係数}{係数の標準誤差}$$

② t 分布表から，確率を求める（この確率は，Stata では，P-value，P 値として表示される）。

③ 確率が 5% よりも小さければ，**係数はゼロではない**と結論付ける。

④ その係数は，被説明変数に対して影響力を持つ変数であると考える。

※ t 値がおおむね絶対値で 2 以上であれば，確率は 5% より小さくなることが知られています。2 を一つの目安とするといいでしょう。

t 値の直感的な意味

図 3.7 は，X と Y，Z と Y の関係を調べるために散布図に回帰直線を書き入れたものです。両者の定数項（切片）と傾きを良く見てください。傾きと定数項（切片）はほぼ同じになっています。しかし，Y の変動を説明するには，X と Z のいずれが優れているでしょうか？

回帰分析の基本は，「回帰式が実際のデータの動きをうまく描写しているか」という点につきます。この観点からすると，傾き b の回帰直線の周りにデータが集中しているほうの説明力が高い，ということができます。

回帰分析の際に，回帰係数の t 値という指標が重視されますが，これは以下のように定義されます。

$$t = \frac{b}{b \text{の散らばり}}$$

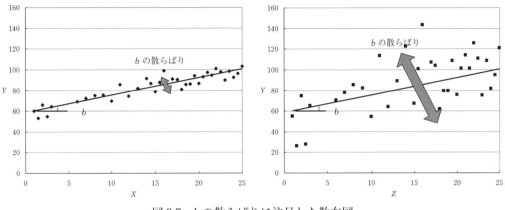

図3.7　b の散らばりに注目した散布図

「b の散らばり」が小さいほど説明力が高いわけですから，t 値は大きければ大きいほどいい，といえます。具体的には，

t 値が絶対値で 2 以上あるとき，その回帰係数は説明力を持つ

と考えます。t 値と「係数がゼロである確率（P 値）」の関係は，統計学の教科書についている t 分布表で調べることができます。t 分布表によると，t 値はおおむね 2 よりも大きければ，「『係数がゼロである』という仮説が支持される確率（P 値）は，5%以下」ということを意味するので「その回帰係数は説得力を持つ」と解釈します。Stata では t 値と一緒に P 値も出力されますので，t 値ではなく，P 値をみて判断することも可能です。慣習として，P 値が 0.05（5%），あるいは甘めにみて 0.1（10%）以下のとき，「回帰係数はゼロ」ではない，と判断します。つまり，

P 値が 0.05（あるいは 0.1）よりも小さいとき，その回帰係数は説明力を持つ

と解釈されます。

● 注意！●・・・

　※ P 値が 0.1 のときの t 値はおよそ 1.64 になります。よって，甘めに判断するならば，t 値がおよそ 1.64 を超えていれば，回帰係数は説明力を持っていると判断できます。

・・・

なお，t値が2よりも大きい，あるいはP値が0.05よりも小さいとき，その回帰係数は「十分な説明力を持つ」と判断しますが，これを「**回帰係数は統計的に有意である**」といいます。

（例2）例1の回帰式について，係数bのt値を計算してみました。

①（賃貸料）＝ 3.605 ＋ 0.137 ×（占有面積）　　　[2.756]

②（賃貸料）＝ 6.277 ＋ 0.008 ×（築年数）　　　[1.006]

[　]内の数値がt値です。②の回帰式の係数bのt値は2を下回っていて，統計的な信頼性が低いということがわかります。言い換えると，②の係数bは，ゼロである可能性が否定できない，といえます。一方，①の回帰式では，係数bのt値は2を上回っていますので，統計的な信頼性は十分に確保されていると考えます。

● **注意！**● ⋯⋯⋯⋯⋯⋯⋯⋯⋯⋯⋯⋯⋯⋯⋯⋯⋯⋯⋯⋯⋯⋯⋯⋯⋯⋯⋯⋯⋯⋯⋯

　回帰分析の結果を示す際にt値の代わりに**標準誤差**を示し，P値が十分小さいことを係数や標準誤差の隣に＊印をつけて示すことがあります。たとえば，P値が1%以下なら＊＊＊，5%以下なら＊＊，10%以下なら＊，という具合に＊印をつけます。具体例として p.110 の表 3-5 などを参照して下さい。

⋯⋯

係数がゼロになる確率とは？

　回帰分析の説明では与えられたデータをもとに係数bを計算する方法について紹介しました。この係数bを評価する際に，なぜ係数がゼロになる確率が出てくるのかについて直感的な説明を加えておきます。今回の例では一組のデータセットに対して係数bを求めましたが，化学実験や生物実験のように複数のデータが得られる状況を考えてみましょう。たとえば，新しく開発された肥料でミニトマトの収穫量が増える

かという実験を考えましょう。このとき，$Y = a + bX$ の Y は「ミニトマトの収穫量 − 平均的な収穫量」で，X は投与した肥料の量です。肥料に効果があれば係数 b はプラスになります。1回の実験で50株のミニトマトについてのデータが得られ，このデータから係数 b を1つ計算します。この実験を100回繰り返すと100の係数 b が得られます。ミニトマトの株によっては収穫量が平均値を上回る場合もあれば，肥料を与えないときと変わらない場合や少なるケースもあり，100個の係数 b はプラスになることもあればマイナスになることもあります。どんなときに新規開発された肥料に効果ありと判定を下せばいいでしょうか。以下の図は100回の実験で得られた100個の係数 b をヒストグラムにしたものです。係数 b がゼロ以下になったのは6回のみで，94回がプラスですので自信をもって新規開発された肥料には効果ありと断言できそうです。このように何組ものデータセットが得られるような状況の場合，係数 b は分布を持ち，その分布の形状が分かれば係数 b がゼロを上回る確率というものを計算できます。

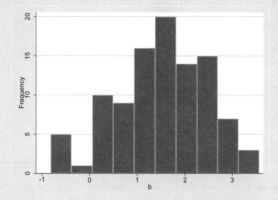

　本書で紹介する賃貸物件のデータは実験のデータとは異なり一組のデータセットから一つの係数 b しか得られません。しかし，最小二乗法の理論に基づくと，残差の散らばりの情報を用いて係数 b の散らばりを計算し，係数 b がゼロになる確率を計算することができます。この理論的な背景は計量経済学のテキストを参照してください。

ここまで，回帰分析を進めていく上で最低限必要な用語を説明しました。以下では，実際に Stata を使って回帰分析を進めるテクニックを紹介します。

3.2 Stata でやってみよう
Stataによる回帰分析

● 注意！● ⋯⋯⋯⋯⋯⋯⋯⋯⋯⋯⋯⋯⋯⋯⋯⋯⋯⋯⋯⋯⋯⋯⋯⋯⋯⋯⋯⋯⋯

　第3章以降では，テキストの説明に沿って，テキストの内容を再現する Do-file を用意しています。EXCEL ファイルとともに Do-file をダウンロードし，実行することで結果を再現できます。

⋯⋯⋯⋯⋯⋯⋯⋯⋯⋯⋯⋯⋯⋯⋯⋯⋯⋯⋯⋯⋯⋯⋯⋯⋯⋯⋯⋯⋯⋯⋯⋯⋯⋯

　この 3-2 節では，1章，2章で使用した "rent-shonandai.xlsx" を用いて，回帰分析を行います。まず，"rent-shonandai.xlsx" を読み込んでおいてください。また，賃貸料 "rent" は，以下のように，管理費 "service" を足したものにしておいてください。

replace rent＝rent+service

chapter3-1.do ファイルを参照

chapter3-1.do

```
cd C:\data
import excel using rent-shonandai.xlsx,clear firstrow
replace auto_lock="1" if auto_lock="YES"
replace auto_lock="0" if auto_lock="NO"
destring auto_lock,replace
replace bus=0 if bus==.
replace rent=rent+service
gen distance=walk + bus
****************************
* 3-2-1 Stata による回帰分析
reg rent floor
predict y_hat
list rent y_hat in 1/10
```

```
****************************
* 3-2-2 Stata による回帰分析
reg rent floor age
reg rent floor age walk
reg rent floor age

predict y_hat1
predict u, resid

sort u
list rent y_hat1 u in 1/10
****************************
* 3-2-3 ダミー変数
reg rent floor age auto_lock
```

第0章
第1章
第2章
第3章
第4章
第5章
第6章
第7章
逆引き事典

3.2.1 基本的な操作方法

Stata で回帰分析を実行するには，regress コマンド（reg と省略可能。以下，reg と表記します）を使います。

reg [被説明変数] [説明変数]

たとえば，3-1 節で扱ったように賃貸料と占有面積の関係であれば，以下の要領で計算できます。

reg rent floor

すると，result ウインドウに以下のような結果が表示されます。"Coef." が回帰係数，"t" が t 値を示します。"R-squared" が決定係数です。

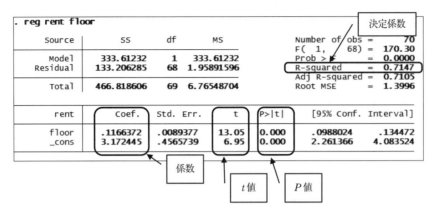

予測値は，predict コマンドで計算することができます。

predict　[新しい変数名]

[新しい変数名] には $\hat{Y}_i = a + bX_i$ によって計算される予測値が格納されます。たとえば，予測値を y_hat という変数として計算する場合，以下のように入力します。

```
. predict y_hat
(option xb assumed; fitted values)

. list rent y_hat in 1/10

       rent     y_hat
 1.     4.7   4.862519
 2.     5.2   5.621827
 3.     5.6   5.376889
 4.     5.8   5.481862
 5.     5.7   5.542513

 6.     6.3   5.691809
 7.     6.3   6.104705
 8.     6.4   7.846098
 9.     6.5   6.084877
10.     6.8   7.371385
```

なお，list コマンドの "in 1/10" は，最初の 10 件のみを表示せよという意味です。ここでは list コマンドで y_hat を確認しましたが，Browser でも確認できます。

3.2.2 説明力をあげるためには？：重回帰分析

3-1-2 項で説明したとおり，回帰分析を用いて予測を行う場合，ある程度の説明力を確保する，すなわち決定係数が高い結果でないといけません。3-2-1 項で紹介した例では，決定係数 0.7147 でしたが，さらに決定係数を 1 に近づける方法を考えてみましょう。

回帰分析において説明力を上げる方法としては，複数の説明変数を用いる重回帰分析があります。重回帰モデルの回帰式は，以下のような関数で表されます。

$$Y = a + b_1 X_1 + b_2 X_2 + u$$

このときの回帰係数，たとえば b_1 は以下の数式から計算されます。

$$b_1 = \frac{\sum (X_2 - \overline{X}_2)^2 \sum (X_1 - \overline{X}_1)(Y - \overline{Y}) - \sum (X_1 - \overline{X}_1)(X_2 - \overline{X}_2) \sum (X_2 - \overline{X}_2)(Y - \overline{Y})}{\sum (X_1 - \overline{X}_1)^2 \sum (X_2 - \overline{X}_2)^2 - \sum (X_1 - \overline{X}_1)(X_2 - \overline{X}_2)}$$

実際には，コンピュータに計算を任せてしまいますので，これらの公式は，まぁこんなもんだと思っておいてください。それでは，賃貸料の回帰方程式を以下のように拡張しましょう。

$$[賃貸料] = a + b_1 [占有面積] + b_2 [築年数] + u$$

回帰係数の意味を少し考えておきましょう。占有面積は，広くなるほど賃貸料が高くなると考えられるので，係数 b_1 の符号はプラスになります。一方，築年数は，古くなるほど賃貸料は低くなると考えられるので，係数 b_2 の符号はマイナスになります。このように重回帰分析では，各説明変数の係数に関する予測を事前にまとめておくという手順を必ず踏んでください。

（例 3）

　Stata では，reg コマンドで説明変数を複数並べていくことで，重回帰分析が可能です。たとえば，築年数 age を説明変数に追加する場合，以下のように入力します。

```
. reg rent floor age

      Source |       SS       df       MS              Number of obs =      70
-------------+------------------------------           F(  2,    67) =  140.80
       Model | 377.098455        2  188.549228          Prob > F      =  0.0000
    Residual | 89.7201504       67  1.33910672          R-squared     =  0.8078
-------------+------------------------------           Adj R-squared =  0.8021
       Total | 466.818606       69  6.76548704          Root MSE      =  1.1572

------------------------------------------------------------------------------
        rent |      Coef.   Std. Err.      t    P>|t|     [95% Conf. Interval]
-------------+----------------------------------------------------------------
       floor |   .1146286    .007398    15.49   0.000     .099862    .1293952
         age |  -.096165    .0168752    -5.70   0.000    -.129848   -.0624819
       _cons |   4.008965   .4050317     9.90   0.000    3.200518    4.817411
------------------------------------------------------------------------------
```

　占有面積の係数はプラス，築年数の係数はマイナスで，それぞれ広ければ広いほど，新しければ新しいほど賃貸料は高くなることを意味します。t 値はいずれも 2 を上回り，P 値は 0 になっていますので，推定された回帰係数は十分信頼性があるといえます。また，築年数の係数から 1 年古くなると 0.096（万円）賃貸料が下がることがわかります。決定係数も 0.7147 → 0.8078 で上昇しているので説明力は向上しているようです。したがって，ここで提示した重回帰モデルで分析結果の改善に成功したといえます。

ヘドニック・アプローチ

　今回の推定式のように被説明変数に賃貸料（価格），説明変数に物件属性（製品特性）を導入した推計モデルのことを**ヘドニック賃料（価格）関数**と呼び，都市経済学や産業組織論の分野でよく用いられます。

　ここで，重回帰モデルにおける分析結果の見方をまとめておきましょう。

┌───┐
│ **回帰分析の結果の見方のポイント** │

(1)　符号条件：係数の符号が予想どおりか

(2)　t 値：各係数の信頼性の指標，絶対値でおよそ2以上必要

　　　（あるいは，P 値が10％以下である。）

(3)　決定係数は十分高いか
└───┘

自由度調整済み決定係数

　実は決定係数には，説明変数の数が増えると，たいして説明力が向上していなくても必ず決定係数が上がるという性質があります。したがって，説明変数の数が増えた場合，決定係数が上がったからといって説明力が上がったとはいえないかもしれません。具体例として，最寄り駅からの徒歩分数（駅からの所要時間），walk を説明変数に加えた以下の回帰分析（reg rent floor age walk）の結果を見てください。

（例 4）

```
. reg rent floor age walk

      Source |       SS       df       MS              Number of obs =      70
-------------+------------------------------           F(  3,    66) =   92.50
       Model | 377.124526      3   125.708175           Prob > F      =  0.0000
    Residual | 89.6940793     66    1.3590012           R-squared     =  0.8079
-------------+------------------------------           Adj R-squared =  0.7991
       Total | 466.818606     69   6.76548704           Root MSE      =  1.1658

------------------------------------------------------------------------------
        rent |      Coef.   Std. Err.      t    P>|t|     [95% Conf. Interval]
-------------+----------------------------------------------------------------
       floor |    .114252   .0079334    14.40   0.000     .0984124    .1300915
         age |   -.095856   .0171458    -5.59   0.000    -.1300888   -.0616232
        walk |  -.0052434   .037857     -0.14   0.890    -.0808274    .0703406
       _cons |   4.048156   .4965409     8.15   0.000     3.05678     5.039532
------------------------------------------------------------------------------
```

　時間距離，walk の係数の t 値は，2を下回っているので，この係数には十分な信頼性がある（説明力を持っている）とはいえません。ところが，決定係数は $0.8078 \rightarrow 0.8079$ に上昇しています（例3と例4の R-squared の囲みに注目）。そこで，この問題に対処するために考えられたのが，以下の**自由度調整済み決定係数**（自由度調整済み決定係数 Adjusted R-squares）です。

$$\boxed{\text{自由度調整済み決定係数} \quad \overline{R}^2 = 1 - (1 - R^2)\,\frac{n-1}{n-k}}$$

上の算式の n はデータ数, k は説明変数の数です。説明変数の数が増えると, 分母が小さくなり第2項が絶対値で大きくなり, 自由度調整済み決定係数にマイナスの力が働くことがわかります。説明変数の数が二つ以上あるときには, こちらを注目すると覚えておいてください。

（例3）と（例4）の自由度調整済み決定係数を比較してみましょう。例3では0.8021であるのに対して, 例4では, 0.7991に低下しています（例3と例4の下線部分に注目）。

重回帰モデルによる予測値

重回帰モデルにおいても予測値の計算方法は同じです。

$$\hat{Y} = a + b_1 X + b_2 X + b_3 X$$

$\hat{Y}$ は, 回帰係数 a, b と実際の X の値から計算された値で, これを Y の**理論値**（**予測値**）といいます。また理論値 $\hat{Y}$ に対して, 実際の Y の値を**実績値**と呼ぶのは前述のとおりです。

（例5）賃貸料の回帰方程式から「お買い得物件」を探す

賃貸料関数の推計結果を用いて, その理論値（予測値）について検討してみましょう。さらに理論値と実績値の乖離（すなわち残差）を計算し, 乖離が最も大きい「お買い得物件」を探してみましょう。その前に推計結果を再掲します。

```
. reg rent floor age

      Source |       SS       df       MS              Number of obs =      70
-------------+------------------------------           F(  2,    67) =  140.80
       Model |  377.098455      2  188.549228           Prob > F      =  0.0000
    Residual |  89.7201504     67  1.33910672           R-squared     =  0.8078
-------------+------------------------------           Adj R-squared =  0.8021
       Total |  466.818606     69  6.76548704           Root MSE      =  1.1572

-------------+----------------------------------------------------------------
        rent |     Coef.   Std. Err.      t    P>|t|     [95% Conf. Interval]
-------------+----------------------------------------------------------------
       floor |   .1146286    .007398    15.49   0.000     .099862    .1293952
         age |  -.096165    .0168752    -5.70   0.000    -.129848   -.0624819
       _cons |   4.008965   .4050317     9.90   0.000    3.200518    4.817411
------------------------------------------------------------------------------
```

この係数から理論値と残差を計算してみましょう。それぞれ以下のように定義されます。

$$理論値：\hat{Y} = a + b_1 [占有面積] + b_2 [築年数]$$
$$残差：u = Y - (a + b_1 [占有面積] + b_2 [築年数])$$

Stata で残差を系列として出力するには，

```
predict  ［新しい変数名］, resid
```

と入力します。ここでは，

```
predict u, resid
```

と入力し，残差を u という変数で定義しています。次の表では，u を小さいものから順に並び替えて list コマンドで実績値（rent），予測値（y_hat）とともに表示しています。なお，並び替えは，

```
sort  ［変数名］
```

と入力することで，小さい順にデータを並び替えてくれます。Browse ウインドウで，データを眺めてみましょう。

	rent	service	age	floor	bus	walk	auto_lock	year	distance	y_hat	y_hat1	u
1	8.9	.4	6	66	10	5	0	2004	15	10.8705	10.99746	-2.097463
2	6.9	.3	14	53	10	5	0	2004	15	9.354218	8.73797	-1.83797
3	7.2	.2	9.758904	50	5	3	0	1999	8	9.004306	8.801929	-1.60193
4	7.3	.3	12.50959	51.05	0	10	0	1999	10	9.126775	8.65777	-1.35777
5	7.3	.3	15	53	0	10	0	2004	10	9.354218	8.641806	-1.341805
6	5.2	0	0	21	10	1	0	1999	11	5.621827	6.416165	-1.216166
7	6.4	.3	11.25479	40.07	12	4	0	1999	16	7.846098	7.519815	-1.119815
8	10.3	.5	11.25479	74	0	10	0	1999	10	11.8036	11.40916	-1.109164
9	8.2	.3	8.758904	53.46	0	10	0	1999	10	9.40787	9.294709	-1.09471
10	8.4	.5	10.7589	56.7	10	3	0	1999	13	9.785775	9.473777	-1.073777
11	6.5	.3	11	40	10	3	0	2004	13	7.837934	7.536294	-1.036294
12	10.9	.3	7	75	10	1	0	2004	11	11.92024	11.93295	-1.032954

　ここから「お買い得物件」を探してみましょう。「お買い得物件」とは，理論価格に比べて実際の価格が大幅に安くなっているものですので，残差が最も小さなものを探すことになります。この場合，残差の小さいものから順番に並び替えてありますので，最初の物件が−2.097 万円となっており，「およそ 21,000 円もお得！」といえます。

　この一番上の物件（No.1）の属性に注目すると，築年数 6 年で，占有面積（floor）が 66 m^2 もあることがわかります。類似の物件がないのでわかりにくいですが，No.10 の物件は 56.7 m^2 で，築年数が 10 年を超えていますが，賃貸料は 84,000 円します。それに対して，No.1 の物件は，89,000 円ですから，同じような値段で，広くて，新しいといえます。このように回帰分析を使えば属性が複数あって比較が難しい場合に，「総合的」にみてどの程度魅力的かどうかの判定が下せるのです。

> ### 大きい順に並び替える
>
> 　sort コマンドの場合，小さい順にデータを並び替えますが，大きい順にデータを並び替えたい場合，gsort ‐［変数名］と入力します。

　ただし今回の賃貸料の理論値の計算では，占有面積と築年数しか考慮されていませんでした。しかし実際の価格は，駅からの距離，オートロックやエアコンの有無によっても変わってくるはずです。次節以降では，それらの要因を考慮する方法を考えます。

3.2.3　質的な情報を取り込むには：ダミー変数の導入

　ここでは，賃貸物件の質的な属性，たとえばオートロックの有無やエアコンの有無といった物件の質的な属性の違いが賃貸料に及ぼす影響について分析する方法を考えます。

　図3.8は，湘南台近辺の賃貸物件の賃貸料と占有面積に関する散布図です。図中の◆と▲は，それぞれ，オートロック付物件とオートロック無しの物件を示します。この図から，オートロック付物件は，比較的占有面積が大きく，また同程度の占有面積の物件であっても，オートロック付物件のほうが賃貸料が高いことが伺えます。

　ではオートロックの有無により，どの程度賃貸料は変わってくるのでしょうか？　単純にオートロックの有無で平均賃貸料を比較すると，オートロック付物件が10.9万円，オートロック無しの物件が7.6万円ですが，この差には，オートロック付物件が比較的，占有面積が広いために賃貸料が高いという要素が含まれています。すなわちわれわれが知りたいのは，同じ占有面積の物件において，オートロックの有無でどの程度，賃貸料が異なるかということです。

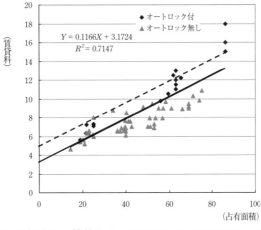

図3.8　湘南台近辺の賃貸物件の賃貸料と専有面積を扱った散布図

図 3.8 には，2 本の近似線が引かれています。点線は，オートロック付物件のみについて，賃貸料と占有面積の近似線を引いたものです。傾きはほぼ同じですが，定数項（切片）が高くなっています。このように，同一データセットに定数項（切片）が異なると考えられるグループが存在する場合，ダミー変数を用いることで分析が可能となります。
　推定式は以下のように定式化されます。

$$[\text{賃貸料}] = a + b[\text{占有面積}] + \gamma[\text{オートロック付ダミー}] + u$$

ここで，[オートロック付ダミー] とは，

$$\text{オートロック付ダミー} = 1 \text{ if オートロック付}$$
$$= 0 \text{ if オートロック無}$$

という変数になります。
　ダミー変数は，一般に数量化できない変数を説明変数に加える場合用いられるもので，ここではオートロック付，オートロック無し，という賃貸物件の質的情報を示す変数となります。データセットは次の表 3-3 のように，オートロックの有無に応じて 0，あるいは 1 をとる変数を用意します。この変数は，もともと Yes と No で構成される変数でしたが，第 2 章の 34 ページで 0/1 によって構成される変数に変更済みです。

表 3-3　賃貸物件の質的情報

rent	service	age	floor	bus	walk	year	auto_lock
4.6	0.1	12.76164	14.49	10	6	1999	0
5.2	0	0	21	10	1	1999	0
5.4	0.2	9.920548	18.9	7	3	1999	0
5.6	0.2	8.673973	19.8		7	1999	0
5.6	0.1	5.917808	20.32		13	1999	0
5.8	0.5	6.421918	21.6		5	1999	1
6	0.3	2.50137	25.14		3	1999	0
6.1	0.3	11.25479	40.07	12	4	1999	0

このデータを用いて，以下の回帰式を推定してみましょう。

$$[\text{賃貸料}] = a + b_1 [\text{占有面積}] + b_2 [\text{築年数}] + \gamma [\text{オートロック付ダミー}] + u$$

Stata の推計結果は以下のようになります。

```
. reg rent floor age auto_lock

      Source |       SS       df       MS              Number of obs =      70
-------------+------------------------------           F(  3,    66) =  174.19
       Model |  414.470202      3  138.156734          Prob > F      =  0.0000
    Residual |  52.3484033     66  .793157625          R-squared     =  0.8879
-------------+------------------------------           Adj R-squared =  0.8828
       Total |  466.818606     69  6.76548704          Root MSE      =  .89059

-------------+----------------------------------------------------------------
        rent |      Coef.   Std. Err.      t    P>|t|     [95% Conf. Interval]
-------------+----------------------------------------------------------------
       floor |   .1050379   .0058626    17.92   0.000     .093333    .1167429
         age |  -.0627299   .0138707    -4.52   0.000    -.0904238   -.0350361
   auto_lock |   1.753996    .255527     6.86   0.000     1.24382    2.264172
       _cons |   3.680977   .3153584    11.67   0.000     3.051344    4.310611
------------------------------------------------------------------------------
```

[auto_lock] の係数は，1.754 で，t 値は 6.86 です。t 値は絶対値で十分に 2 よりも大きく，P 値は 0%ですので係数の推計値には十分な信頼性があると言えます。この係数が，1.754 ということは，占有面積と築年数を調整したうえで，オートロック付物件はオートロック無し物件を基準にして，賃貸料が 17,500 円ほど高いことを示します。

ダミー変数を複数追加する場合

次に最寄り駅による賃貸料の違いについて分析してみましょう。最寄り駅により平均賃貸料が異なるのは，それぞれの地区によって，物件の広さや新しさが異なるからもしれません。そこで，占有面積や築年数の違いを回帰分析で調整した後の，賃貸料の違いを調べてみましょう。

ここで用いるデータには，P.66 の路線図で示されている湘南台駅近隣の 4 つの駅，高座渋谷，長後，湘南台，六会の四つの駅を最寄り駅とする物件が含まれていますので，四つのダミー変数を作成し，これらを説明変数に追加する方法が考えられますが，四つのダミー変数を同時に入れてはいけません。というのは，**ダミー変数は，ダミー変数が1になっているグループが，ある基準のグループと比べてどの程度異なるかを示すもの**

なので，基準となるグループのダミー変数は説明変数に加えてはいけません。たとえば，長後駅を基準とする場合，

[kozashibuya]：高座渋谷駅を最寄り駅とする物件なら 1，そうでなければ 0

[shonandai]：湘南台駅を最寄り駅とする物件なら 1，そうでなければ 0

[mutsuai]：六会駅を最寄り駅とする物件なら 1，そうでなければ 0

の三つのダミー変数を加えます。

　次の例では，高座渋谷駅，長後駅，湘南台駅，六会駅の四つのダミー変数を作成し，Stata で回帰分析を行ったものです。最寄り駅ダミーは，自動的に一つ除外された上での結果が示されます。現状では，六会駅ダミー（mutsuai）が除外されています。どのダミー変数が除外されるかは，Stata が勝手に決めてしまいます。

chapter3-2.do 参照

```
. reg rent floor age kozashibuya chogo shonandai mutsuai
note: mutsuai omitted because of collinearity

      Source |       SS           df       MS          Number of obs   =       221
-------------+----------------------------------        F(5, 215)       =    222.70
       Model |  1282.28993         5   256.457985       Prob > F        =    0.0000
    Residual |   247.59306       215   1.15159563       R-squared       =    0.8382
-------------+----------------------------------        Adj R-squared   =    0.8344
       Total |  1529.88299       220   6.95401357       Root MSE        =    1.0731

-------------+----------------------------------------------------------------------
        rent |      Coef.   Std. Err.      t    P>|t|     [95% Conf. Interval]
-------------+----------------------------------------------------------------------
       floor |   .1097025   .0038613    28.41   0.000     .1020917    .1173133
         age |  -.0894759   .0090766    -9.86   0.000    -.1073665   -.0715853
 kozashibuya |  -1.189961   .3404823    -3.49   0.001    -1.861072   -.5188501
       chogo |  -1.230022   .3043776    -4.04   0.000    -1.829968   -.6300759
   shonandai |   .1928878   .2901613     0.66   0.507    -.3790373    .7648128
     mutsuai |          0  (omitted)
       _cons |   4.089025   .3290325    12.43   0.000     3.440482    4.737568
-------------+----------------------------------------------------------------------
```

　そこで次は，あらかじめ長後駅ダミーを除外して，三つの最寄り駅ダミーを追加してみましょう。

```
. reg rent floor age kozashibuya shonandai mutsuai

      Source |       SS       df       MS              Number of obs =     221
-------------+------------------------------           F(  5,   215) =  222.70
       Model |  1282.28988     5  256.457976           Prob > F      =  0.0000
    Residual |  247.593058   215  1.15159562           R-squared     =  0.8382
-------------+------------------------------           Adj R-squared =  0.8344
       Total |  1529.88294   220  6.95401336           Root MSE      =  1.0731

------------------------------------------------------------------------------
        rent |     Coef.   Std. Err.      t    P>|t|     [95% Conf. Interval]
-------------+----------------------------------------------------------------
       floor |  .1097025   .0038613    28.41   0.000     .1020917    .1173133
         age | -.0894759   .0090766    -9.86   0.000    -.1073665   -.0715853
  kozashibuya |  .0400612   .2507085     0.16   0.873       -.4541    .5342225
    shonandai |   1.42291   .1733384     8.21   0.000      1.08125     1.76457
      mutsuai |  1.230022   .3043776     4.04   0.000     .6300758    1.829968
        _cons |  2.859003   .2343199    12.20   0.000     2.397145    3.320861
------------------------------------------------------------------------------
```

この場合，最寄り駅ダミーの係数は，長後駅近隣物件と比較して，どの程度賃貸料が高いのか，安いのかを示します。たとえば湘南台を最寄り駅とする物件では，14,000円程度，賃貸料が高いことを示します。

3.2.4 係数の変化に関するダミー変数の導入

　これまでの分析では，グループ間で定数項が異なるという仮説を下に，ダミー変数を追加する方法について説明してきました。しかし事例によっては，定数項よりも，むしろ係数がグループ間で異なるというような状況も考えられます。次の図3.9は，年齢とともに賃金がどのように変化するかを示す賃金−年齢プロファイルを男女間で比較したものです（製造業企業の高卒の管理・事務・技術労働者についての比較）。男性の場合，年齢とともに賃金が上昇しているのに対して，女性では，さほど大きな変化はありません。

　このような場合に，年齢と賃金に関する回帰分析を行うと，賃金に対する年齢の影響を示す係数が男女間で異なると考えられます。このような仮説を検証する場合，ダミー変数と年齢の積（これを**交差項**と呼びます）を説明変数に追加します。表3-5を見てください。このデータには　賃金（wage），年齢（age），女性ダミー（female），女性ダミー・年齢の交差項（female_age）の四つが含まれています。女性ダミー・年齢の交差項は，

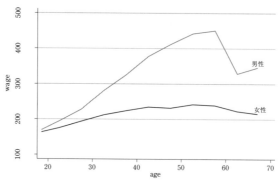

図 3.9　賃金－年齢プロファイル

出所：平成 19 年賃金構造基本調査（厚生労働省），賃金は所定内現金給与。
なおこのグラフの作成方法については，困ったときの逆引き事典
231 〜 252 ページを参照のこと。

女性ダミーと年齢の掛け算になっていることを確認してください。

表 3-4　男女間で異なる管理・事務・技術労働者の賃金に対する年齢の影響
（w-census.dta の一部抜粋）

wage	age	female	female_age	wage	age	female	female_age
169.4	18.5	0	0	163.1	18.5	1	18.5
194.3	22.5	0	0	174.9	22.5	1	22.5
227.8	27.5	0	0	193.6	27.5	1	27.5
280.7	32.5	0	0	211.9	32.5	1	32.5
325.5	37.5	0	0	223.8	37.5	1	37.5
377.8	42.5	0	0	234.6	42.5	1	42.5
411.5	47.5	0	0	231.6	47.5	1	47.5
441.9	52.5	0	0	241.7	52.5	1	52.5
450.6	57.5	0	0	238.7	57.5	1	57.5
328.9	62.5	0	0	222.6	62.5	1	62.5
346.3	67	0	0	215.1	67	1	67

このデータを用いて，以下の賃金関数を推計してみましょう。

$$wage_i = a + b_1\,age_i + b_2\,female_i + b_3\,female\_age_i + u_i$$

female_age は次のコマンドで作成します。

$$gen\ female\_age=female*age$$

　ここでの推定は管理・事務・技術労働者に限定しますので生産労働者ダミー（production）がゼロのデータに限定して分析します。

　推計結果は以下のとおりです。 以下は， chapter3-3.do ファイルを参照

```
. reg  wage age female female_age if production==0

      Source |       SS           df       MS      Number of obs =      22
-------------+----------------------------------   F(  3,    18) =   19.48
       Model |  126494.588         3  42164.8627   Prob > F      =  0.0000
    Residual |  38967.8728        18  2164.88182   R-squared     =  0.7645
-------------+----------------------------------   Adj R-squared =  0.7252
       Total |  165462.461        21  7879.16481   Root MSE      =  46.528

        wage |      Coef.   Std. Err.      t    P>|t|     [95% Conf. Interval]
-------------+----------------------------------------------------------------
         age |   4.608417   .8994056     5.12   0.000     2.718836    6.497998
      female |   35.56544   57.63793     0.62   0.545    -85.52735    156.6582
  female_age |  -3.406666   1.271952    -2.68   0.015    -6.078937    -.734395
       _cons |   127.0873   40.75617     3.12   0.006      41.4618    212.7129
```

　女性ダミー female の係数の t 値（0.62）は 2 を下回り，統計的に有意でないのに対して，女性ダミーと年齢の交差項 female-wage の t 値（−2.68）は絶対値で 2 を上回り，統計的に有意な係数が得られました。この係数は −3.4067 ですが，これは何を意味するのでしょうか？ 交差項 female_age の係数は，基準である男性の年齢と賃金の係数に比べて，女性の年齢と賃金の係数がどの程度異なるかを示します。今，age の係数は 4.6 なので，女性の年齢の係数は，4.6 − 3.4 = 1.2 であると考えられます。整理すると，

　　　　男性の賃金と年齢の関係　wage = 127 + 4.6age
　　　　女性の賃金と年齢の関係　wage = 127 + 1.2（= 4.6 − 3.3）age

のように考えることができます。図 3.9 をもう一度見てください。男性については，年齢とともに賃金が大きく上昇するのに対して，女性では上昇幅が小さくなっています。

上記の回帰分析の結果は，男女の賃金−年齢プロファイルに対応していることがわかります。このようにダミー変数は，定数項のみならず，係数がグループ間で異なるかどうかという分析にも利用することが可能です。

3.2.5 非線形モデル：二次関数

さて，図3.9の年齢−賃金プロファイルをみると，年齢と賃金の関係は直線的ではなく，一定の年齢に達するとむしろ低下することがうかがえます。このように被説明変数と説明変数が非線形の関係にあるような場合，どう対処すればいいでしょうか？　一つの方法は，二次関数による近似です。たとえば，$y = a + b_1 X + b_2 X^2$ という関数の場合，b_2 の係数がプラスかマイナスかで関数の形状が変わってきます。つまり，係数がプラスの場合下に向かって凸型であるのに対して，係数がマイナスの場合，上に凸型のグラフになります。

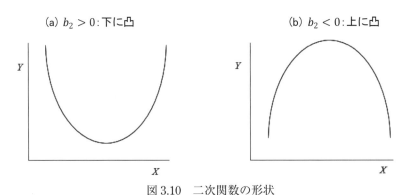

(a) $b_2 > 0$：下に凸　　　　(b) $b_2 < 0$：上に凸

図3.10　二次関数の形状

今回の賃金と年齢の関係は図3.10 (b) のようになっていますので，年齢の二乗値を説明変数に追加するとその係数はマイナスになることが期待されます。

Stata では年齢の二乗は以下のように計算します。

```
gen age2=age^2
```

そして，次の二つの回帰式を推計しましょう。

```
reg wage age
reg wage age age2
```

以下のような推計結果を得ます。

chapter3-3.do を参照

```
. reg wage age female

      Source |       SS           df       MS      Number of obs   =        44
-------------+----------------------------------   F(2, 41)        =     24.09
       Model |  151984.21          2   75992.1049   Prob > F        =    0.0000
    Residual | 129337.891         41   3154.58271   R-squared       =    0.5402
-------------+----------------------------------   Adj R-squared   =    0.5178
       Total | 281322.101         43   6542.37444   Root MSE        =    56.166

------------------------------------------------------------------------------
        wage | Coefficient  Std. err.      t    P>|t|     [95% conf. interval]
-------------+----------------------------------------------------------------
         age |   1.821881   .5428495     3.36   0.002     .7255743    2.918188
      female |  -102.8909   16.93459    -6.08   0.000     -137.091   -68.69082
       _cons |   216.1963   26.01548     8.31   0.000      163.657    268.7357
------------------------------------------------------------------------------
```

```
. reg wage age age2 female

      Source |       SS           df       MS      Number of obs   =        44
-------------+----------------------------------   F(3, 40)        =     27.02
       Model |  188366.135          3   62788.7117   Prob > F        =    0.0000
    Residual |  92955.9657        40   2323.89914   R-squared       =    0.6696
-------------+----------------------------------   Adj R-squared   =    0.6448
       Total | 281322.101         43   6542.37444   Root MSE        =    48.207

------------------------------------------------------------------------------
        wage | Coefficient  Std. err.      t    P>|t|     [95% conf. interval]
-------------+----------------------------------------------------------------
         age |   13.52225   2.993577     4.52   0.000     7.472006    19.57249
        age2 |  -.1371928   .0346734    -3.96   0.000    -.2072704   -.0671151
      female |  -102.8909   14.53491    -7.08   0.000    -132.2671   -73.51476
       _cons |   .1116632   59.00066     0.00   0.998    -119.1331    119.3564
------------------------------------------------------------------------------
```

　賃金の二乗値（age2）の係数はマイナスですので，賃金と年齢の関係は図 3.10(b) のように上に凸型の形状になっていることが確認できます。また，自由度調整済み決定係

数に注目すると，wage と age の回帰分析では 0.518 でしたが，age2 を追加した推計では 0.645 まで上昇していることが確認できます。

3.2.6 多重共線性

　賃金の決定要因に関する事例をもう一つ見ておきましょう。日本企業では，年齢とともに賃金があがることが知られていますが，中途採用の人もいることを踏まえると，同じ会社で何年働いたかのほうが重要であると考えることもできます。そこで，賃金（wage）の決定要因として年齢（age）と勤続年数（tenure）のどちらが強い影響をもっているかを調べてみましょう。具体的には，wage-census.dta を使って次の式を推定します。

$$wage_i = a + b_1 age_i + b_2 tenure_i + b_3 female_i + u_i$$

　female は女性ダミーです。実際に推計した結果が以下に示されています。

プログラム例は chapter3-4.do を参照

```
. reg wage age tenure female

      Source |       SS           df       MS      Number of obs   =        44
-------------+----------------------------------   F(3, 40)        =    115.80
       Model |  252274.691         3   84091.5637   Prob > F        =    0.0000
    Residual |  29047.4097        40   726.185242   R-squared       =    0.8967
-------------+----------------------------------   Adj R-squared   =    0.8890
       Total |  281322.101        43   6542.37444   Root MSE        =    26.948

------------------------------------------------------------------------------
        wage |      Coef.   Std. Err.      t    P>|t|     [95% Conf. Interval]
-------------+----------------------------------------------------------------
         age |  -3.451561   .518843    -6.65   0.000    -4.500182   -2.402941
      tenure |   12.11185   1.030633   11.75   0.000     10.02886    14.19484
      female |  -64.18805   8.767151   -7.32   0.000    -81.90712   -46.46898
       _cons |   261.7424   13.06986   20.03   0.000     235.3273    288.1576
------------------------------------------------------------------------------
```

自由度調整済み決定係数が高く係数はどれも統計的に有意で，一見結果は良好に見えます。たしかに，勤続年数 tenure の係数はプラス，女性ダミーの係数がマイナスになっていて期待通りの結果といえますが，年齢の係数はマイナスになっており，解釈しにくい結果といえます。なぜこのような結果になったのでしょうか。

　年齢の係数がマイナスになってしまったのは**多重共線性**という問題が発生しているから，と考えられます。年齢と勤続年数はどちらも時間の経過とともに増加していきます。中高年労働者ほど転職が少ないとすれば，両者の間には強い相関がみられることが予想されます。実際，相関係数を計算すると，0.848 と強い正の相関があることがわかります。

```
. correl age tenure
(obs=44)

                       age     tenure

           age      1.0000
        tenure      0.8475    1.0000
```

　このように強い相関がある 2 つの変数を同時に説明変数に加えると多重共線性という問題が発生しますは，主な症状としては，以下のようなものがあげられます。

- 係数の符号が理論と合わない
- 決定係数が大きいのに t 値が小さい
- 観測値を増やすと係数が変動する
- 説明変数を減らすと，係数が変動する

　多重共線性について，もう少し考察しておきましょう。少し抽象的になりますが，計算による説明をしていきます。次のような回帰式を考えましょう。

$$Y_i = a + b_1 X_{1i} + b_2 X_{2i} + b_3 X_{3i} + u_i$$

ここで，X_{2i} と X_{3i} の間に以下の数式で示されるように比例関係があるとしましょう。

$$X_{3i} = \delta X_{2i}$$

これを最初の回帰式に代入すると，

$$Y_i = a + b_1 X_{1i} + b_2 X_{2i} + b_3 \delta X_{2i} + u_i$$
$$= a + b_1 X_{1i} + (b_2 + b_3 \delta) X_{2i} + u_i$$
$$= a + b_1 X_{1i} + \eta X_{2i} + u_i,$$

ここで $\eta = b_2 + b_3 \delta$ です。ここで推計されるのは b_1 と η となり，最初の回帰式の b_2 と b_3 を得ることは出来ません。これは X_{2i} と X_{3i} が完全相関するというかなり極端な例ですが，そうでなくとも説明変数間の相関が強くなるほど，係数はうまく推定が出来なくなる可能性が高まっていきます。

では，どのように対処すればいいのでしょうか。およそ三つの対処法が考えられます。

1)　何もしない

2)　相関のある 2 つの変数のうち一つを除く

3)　サンプル数を増やす，定式化を変更する

「何もしない」，とはどう意味でしょうか。説明変数の間に相関があると「多重共線性が」と心配する人がいますが，分析の中心的な変数ではなく，また，深刻な症状が出ていなければそのまま放置しても構いません。しかし，最も関心のある説明変数で多重共線性の症状が出ている時には悠長なことは言っていられません。そこで，相関のある 2 つの変数のうち一つを除くという方法がより現実的かもしれません。上記の例であれば，年齢 age と勤続年数 tenure は「経験豊富な従業員」という共通の情報を含んでいると考えられます。よって，片方の変数を除去することで多重共線性の問題を回避できます。次の推計結果は勤続年数 tenure を説明変数から除去した推定結果です。今度は年齢 age の係数がプラスになりました。

```
. reg wage age female

      Source |       SS           df       MS      Number of obs   =        44
-------------+----------------------------------   F(2, 41)        =     24.09
       Model |  151984.21         2   75992.1049   Prob > F        =    0.0000
    Residual |  129337.891        41   3154.58271   R-squared       =    0.5402
-------------+----------------------------------   Adj R-squared   =    0.5178
       Total |  281322.101        43   6542.37444   Root MSE        =    56.166

------------------------------------------------------------------------------
        wage |      Coef.   Std. Err.      t    P>|t|     [95% Conf. Interval]
-------------+----------------------------------------------------------------
         age |   1.821881   .5428495     3.36   0.002     .7255743    2.918188
      female |  -102.8909   16.93459    -6.08   0.000     -137.091   -68.69082
       _cons |   216.1963   26.01548     8.31   0.000      163.657    268.7357
------------------------------------------------------------------------------
```

　最後の 3）サンプル数を増やす，定式化を変更する，ですが，今回の例では男女別，生産，非生産労働者別年齢階級（11 階級）別の賃金で観測数 44 のデータでした。これをもっと大きなデータ，たとえば産業別であったり複数年次のデータ，あるいは個人レベルのデータを用意すれば結果が改善することがあります。次の例は，Mincer and Higuchi（1988）によって推計された 1979 年の「就業構造基本調査」（総務省）による個人レベルのデータによる賃金関数の推計結果です。サンプル数は 21,140 あります。説明変数には就学年数（E），年齢の代わりに就業経験年数（X）と同一企業内の勤続年数（T），そして，それぞれの二乗項が加えられていますが，いずれも X と T そのものの係数がプラス，二次項はマイナスで上に凸の二次関数になっていることが分かります。

$$ln(wage) = 4.414 + 0.4491E - 0.0114E^2 + 0.0390X - 0.0007X^2 + 0.0629T - 0.0008T^2$$

$$(10.15) \quad (-6.51) \quad (8.87) \quad (-6.85) \quad (14.80) \quad (-5.89)$$

　　R^2：0.129

　　注：カッコ内は t 値

出所：Mincer and Higuchi（1988）Wage Structures and Labor Turnover in the United States, Journal of the Japanese and International Economy, 2(2), 97-133.

3.2.7　対数変換した回帰式の係数の意味

　実際の回帰分析では，変数をそのまま用いるのではなく，対数をとった変数を説明変数や被説明変数に利用する場合があります。たとえば，次の(1)～(3)式では，係数 b の意味が変わってきます。

(1)　　$Y = a + b X + u$

(2)　　$\ln(Y) = a + b \ln(X) + u$

(3)　　$\ln(Y) = a + b X + u$

　(1)は，今まで何度も出てきた通常の回帰モデルです。この場合，「X が1増えると Y は b 増える」と考えます。一方，(2)のように，両辺を対数変換した変数を用いるモデルを両対数モデルと呼びますが，係数 b は変化率を表すと考えることができます。つまり，「X が1%増えると Y は b %増える」と解釈します。(3)の場合は，片対数モデルと呼ばれることもあるのですが，「X が1増えると Y は $(b \times 100)$ %増える」と読みます。なお，「X が1％変化したときに Y は何％変化するか」を示す指標を弾力性と呼ぶことから，(2)式の回帰係数は「弾力性」とか「弾性値」と呼ばれることがあります。

 成長率と対数差分は近似的に等しくなる，という性質を使います。

$$\ln X_1 - \ln X_0 = \ln \frac{X_1}{X_0} \approx \frac{(X_1 - X_0)}{X_0}$$

片対数モデルは，

$$\ln Y = a + b X + u$$

です。

　今，0時点から第1時点までの変化に注目すると，

$$\ln Y_1 - \ln Y_0 = b(X_1 - X_0) + u_1 - u_0$$

左辺は，

$$\ln Y_1 - \ln Y_0 \approx \frac{(Y_1 - Y_0)}{Y_0}$$

なので，パーセント表示するためには両辺を 100 倍し，X が 1 増えると，Y は $(b \times 100)$ ％増えると解釈できます。なお，この近似は Y の変化幅が微小のときにのみ成立します。ダミー変数が 0 から 1 に変化したときの影響を評価する際などは注意が必要です。詳しくは分析事例 4 を参照して下さい。

両対数モデル

(2)の例として，以下のような，1980 年から 2002 年にかけての雇用者数の変動を説明する回帰モデルの推計結果をご紹介しましょう（ chapter3-5.do ファイルを参照 ）。

$$\ln(L) = a + b_1 \ln(Y) + b_2 \ln(WP) + b_3\, d1990s + b_4 \ln(Y)\, d1990s + u$$

ここで，L：雇用者数（国民経済計算，産業計（内閣府）），Y：GDP（国民経済計算，産業計（内閣府）），WP：実質賃金（雇用者一人当たり雇用者所得／GDP デフレータ，国民経済計算，産業計（内閣府）），$d1990s$ は 1990 年以降 1 をとるダミー変数（1990 年代ダミー）です。また，利用したデータは，年次（暦年）データです。この推定式では，1990 年代ダミーと GDP の交差項（lnyX90s）を追加していますので，1980 年代と 1990 年代で，生産量変動に対する雇用の反応が異なるかどうかを検証することになります。

Stata で，変数を対数に変換するには，以下のように入力します。

```
gen lny=log(Y)
gen lnl=log(L)
gen lnwp=log((comp_emp/l)/gdp_def)
gen lnyX90s=lny*d1990s
gen d1990s=0
replace d1990s=1 if year2=1990
```

なお，Stata では $\log(X)$ の代わりに $\ln(X)$ と入力しても自然対数を返します。

推計結果は以下のとおりです。すべての係数の t 値は絶対値で 2 を上回っており，統計的に有意な係数が得られました。

```
. reg lnl lny lnwp d1990s lnyx90s

      Source |       SS       df       MS              Number of obs =      23
-------------+------------------------------           F(  4,    18) =  307.38
       Model |  .175041777      4  .043760444           Prob > F      =  0.0000
    Residual |  .002562552     18  .000142364           R-squared     =  0.9856
-------------+------------------------------           Adj R-squared =  0.9824
       Total |   .17760433     22  .008072924           Root MSE      =  .01193

-------------+----------------------------------------------------------------
         lnl |      Coef.   Std. Err.      t    P>|t|     [95% Conf. Interval]
-------------+----------------------------------------------------------------
         lny |   .7866932   .1252657     6.28   0.000     .5235198    1.049867
        lnwp |  -.9147552   .3005617    -3.04   0.007    -1.546212   -.2832986
      d1990s |  -4.323834    1.72421    -2.51   0.022    -7.946264   -.7014038
     lnyx90s |   .3335629   .1322411     2.52   0.021     .0557346    .6113912
       _cons |  -2.426933    1.85902    -1.31   0.208     -6.33259    1.478723
```

さて，係数の意味ですが，lny の係数が 0.79 というのは Y，すなわち GDP が 1% 増えたときに雇用者数 L は，0.79% 増加するという意味を持ちます。ただし，この回帰式では lny と 1990 年代のダミー変数の交差項が含まれていますので，0.79 は 1980 年代における雇用の生産量に対する弾性値といえます。1990 年代の雇用の生産量に対する弾性値は，交差項の係数が 0.33 ですので，$0.79 + 0.33 = 1.12$ となります。1990 年代に入って，雇用の生産量に対する弾性値が上昇したという事実は何を意味するのでしょうか？

一つの解釈として，かつてわが国では多くの企業で終身雇用制が堅持されてきましたが，この傾向が 1990 年以降のバブル経済崩壊後，崩れてきたと言われています。企業が株式市場からの資金調達を進めた結果，株主の声をより重視するようになり，たとえば生産量が減少したとき，これまではできるだけリストラを控えていた企業も，雇用を削減し収益を確保するようになったと考えられます。そのため 1990 年代に入って，雇用の生産量に対する弾性値が大きくなったのでしょう。

片対数モデル

（3）の例として，二国間貿易額のデータを使った自由貿易協定（Free Trade Agreement, 以下 FTA）の貿易創出効果に関する事例を考えてみましょう。FTA は日豪自由貿易協定のような二国間協定もあれば，一時大きな議論をよんだ環太平洋経済連携協定

（TPP）のような複数の国が参加する地域貿易協定があります。自由貿易協定が締結されると日本からの輸出が拡大し輸出企業が潤う一方で輸入が増えることにより輸入競合品の生産者の利潤が減少する可能性があり，その締結をめぐっては政治的な争点になることもあるので，メディア等で取り上げられる機会も増えています。

　では，FTAの締結でどの程度貿易額が増加するのでしょうか。実際のデータで分析する方法について考えてみましょう。今，i国とj国間の貿易額（*Trade*）はi国とj国の経済規模とi国j国間の距離（*lnDistance*）で決まると考えます。被説明変数は貿易額の対数値（*lnTrade*），説明変数は輸出国のGDP（$lnGDP_{ex,i}$）と輸入国のGDPの対数値（$lnGDP_{im,j}$），これらの変数に加えて，二国間でFTAが締結されていれば1，そうでなければ0というFTAダミーを追加します。

$$lnTrade_{ij} = \beta lnGDP_{ex,i} + \beta_2 lnGDP_{im,j} + \gamma lnDistance_{ij} + \eta FTA_{ij} + \varepsilon_{ij}$$

　このような二国間の貿易額を二国の経済規模と貿易コスト（距離）で分析するモデルのことを重力モデル（グラビティー・モデル）と呼び，本書では5章でも登場します[1]。ここでFTAダミーは対数値ではないのでこの係数は片対数モデルとして解釈します。

　ここで利用するデータは2015年におけるG20とASEAN諸国の二国間貿易額，距離やGDP等のデータ（gravity-g20asean.dta）です。二国間貿易額はIMFのDirection of Trade，輸出国，輸入国のGDPはWorld BankのWorld Development Indicatorから，二国間の距離はCEPII Gravity Databaseから取得されています。推計結果に進む前に，次の図で示されるデータの構造を確認しておきましょう。たとえば，図の下線部のようにArgentinaとFranceのTradeはアルゼンチンのフランスからの輸入額，GDPexは輸出国であるフランスのGDP，GDPimは輸入国アルゼンチンのGDP，distanceはアルゼンチンとフランスの距離を示します。この二国間にFTAは存在しないのでFTAダミーはゼロになっています。

---

[1]　重力モデルの詳細についてはWeb Appendixに解説があります。

	Importer	Exporter	Trade	distance	GDPex	GDPim	FTA
1	Argentina	Australia	267.97408	12044.57	1.34e+12	5.83e+11	0
2	Argentina	Brazil	13099.981	2391.846	1.77e+12	5.83e+11	1
3	Argentina	Canada	461.75072	9391.461	1.55e+12	5.83e+11	0
4	Argentina	China, P.R.: Mainland	11742.518	19110.13	1.10e+13	5.83e+11	0
5	Argentina	France	1450.2629	10932.34	2.42e+12	5.83e+11	0
6	Argentina	United Kingdom	558.49275	11136.96	2.86e+12	5.83e+11	0
7	Argentina	Indonesia	314.32342	15581.88	8.62e+11	5.83e+11	0
8	Argentina	India	724.29205	15676.29	2.10e+12	5.83e+11	0
9	Argentina	Italy	1370.0626	11214.01	1.82e+12	5.83e+11	0
10	Argentina	Japan	1223.23	18310.16	4.12e+12	5.83e+11	0

　次の推計結果は 2015 年の主要先進 7 か国，主要新興 11 か国に ASEAN 加盟国を加えた国々の二国間貿易額と GDP や国家間距離を用いた重力モデルの推計結果です。

chapter3-6.do を参照

```
. reg lnTrade lnGDPex lnGDPim lndistance FTA

      Source |       SS           df       MS      Number of obs   =       342
-------------+----------------------------------   F(4, 337)       =    205.38
       Model |  625.272019          4  156.318005   Prob > F        =    0.0000
    Residual |  256.501448        337  .761131894   R-squared       =    0.7091
-------------+----------------------------------   Adj R-squared   =    0.7057
       Total |  881.773467        341  2.58584594   Root MSE        =    .87243

------------------------------------------------------------------------------
     lnTrade |      Coef.   Std. Err.      t    P>|t|     [95% Conf. Interval]
-------------+----------------------------------------------------------------
     lnGDPex |   .7925471   .0444392    17.83   0.000     .7051339    .8799604
     lnGDPim |   .8024657   .0444392    18.06   0.000     .7150525     .889879
  lndistance |  -.8209524   .0842574    -9.74   0.000    -.986689   -.6552157
         FTA |    .512276   .1288842     3.97   0.000     .258757    .7657949
       _cons |   -29.0803   2.006844   -14.49   0.000   -33.02782   -25.13278
------------------------------------------------------------------------------
```

　FTA の係数は 0.51 となっています。今，被説明変数が対数値になっていますので前述（3）の片対数モデルの係数の解釈のとおり，X が 1 増えると Y は b × 100％ 増えると解釈します。つまり，この係数は二国間で自由貿易協定が締結されていると貿易額が 51％ 大きいということを示します。

● 注意！● ⋯⋯⋯⋯⋯⋯⋯⋯⋯⋯⋯⋯⋯⋯⋯⋯⋯⋯⋯⋯⋯⋯⋯⋯⋯⋯⋯

　片対数モデルで説明変数がダミー変数の場合で，かつ係数が比較的大きい値の場合，「ダミー変数が 0 から 1 になると Y は係数× 100％増える」という解釈はあまり正確ではありません。この点については分析事例 5 を参照してください。

⋯⋯⋯⋯⋯⋯⋯⋯⋯⋯⋯⋯⋯⋯⋯⋯⋯⋯⋯⋯⋯⋯⋯⋯⋯⋯⋯⋯⋯⋯⋯⋯⋯

3.3 美しい表作成のコツ
回帰分析の結果のとりまとめ

　回帰分析の結果は，EXCEL で整理して，WORD などに貼り付けます。いくつかの回帰分析の結果を掲載する場合，分析結果を一つの表に比較しやすいように整理した表を作成する必要があります。書籍や学術雑誌では表 3-5 のようなスタイルがよく用いられます（ここでのデータは odakyu-enoshima.xlsx です）。

　この表の 1 列目は説明変数，2 列目は，floor と age を説明変数とする回帰分析の結果を示しています。たとえば，floor の横の数値 0.114 は，

$$rent = a + b_1 \, floor + b_2 \, age + u$$

という回帰式の係数 b_1 に対応します。その下のカッコ内の数値は標準誤差です。また，係数の隣の * は，統計的な有意水準を示していて，*** であれば，有意水準 1％で統計的に有意（係数がゼロである確率が 1％以下，t 値は絶対値でおよそ 2.5 以上）であることを示します。** であれば 5％（t 値はおよそ 2 以上），* であれば 10％（t 値はおよそ 1.6 以上）に対応します。

　Stata から「コピー＆ペースト」で出力結果を EXCEL に移して，表としてまとめるのは，結構面倒な作業です。こんなときに使えるコマンドを 2 つ紹介します。一つ目は，Stata17 から利用できるようになった collect コマンドです。かなり細かいカスタマイズが可能であること，後述する outreg2 コマンドと異なり，複数の結果表を一つの

表3-5

VARIABLES	(1) rent	(2) rent	(3) rent
floor	0.114***	0.104***	0.104***
	(0.00451)	(0.00380)	(0.00351)
age	− 0.102***	− 0.0709***	− 0.0718***
	(0.0106)	(0.00916)	(0.00843)
distance	− 0.0414**	− 0.0514***	− 0.0362***
	(0.0164)	(0.0134)	(0.0130)
auto_lock		2.059***	1.600***
		(0.195)	(0.193)
kozashibuya			− 0.0516
			(0.224)
shonandai			0.912***
			(0.164)
mutsuai			0.890***
			(0.273)
Constant	4.083***	4.054***	3.411***
	(0.295)	(0.240)	(0.260)
Observations	221	221	221
R-squared	0.779	0.854	0.879

Standard errors in parentheses
*** p<0.01, ** p<0.05, * p<0.1

EXCELファイルの異なるシートに出力できるなど自由度が高いコマンドです。ただ，やや複雑なので玄人向きかもしれません。もう一つは outreg2 コマンドです。outreg2 コマンドは，ネット上で提供されているプログラムをダウンロードして利用します。インストール方法については，困ったときの逆引き事典の 295 ページ以降で説明していますので，そちらを参考にインストールを済ませてください。

collect の使い方

Stata17 から利用可能になった複数の推計結果を取りまとめて表として Word，EXCEL，Latex 形式で出力するコマンドです。細かいカスタマイズができるのが売りな

のですが，やや複雑なので，詳細は逆引き事典で紹介しています。最初はサンプル・プログラムをコピペし，必要に応じて調整するのがよいでしょう。以下では，湘南台駅を最寄り駅とする不動産物件の賃貸料を被説明変数とする回帰分析の結果を取りまとめるプログラムの例を見ながら，その使い方について説明します。

chapter3-7-collection.do の一部抜粋

```
1   collect clear
2   collect _r_b _r_se, tag(model[(1)]): reg rent floor age
3   collect _r_b _r_se, tag(model[(2)]): reg rent floor age distance
4   collect _r_b _r_se, tag(model[(3)]): reg rent floor age distance auto_lock
5   collect _r_b _r_se, tag(model[(4)]): reg rent floor age distance auto_lock
    kozashibuya shonandai mutsuai
6   collect layout (colname#result result[r2 r2_a N]) (model)
7   collect style cell result, nformat(%6.3f)
8   collect style cell result[_r_se], sformat("(%s)")
9   collect style header result[_r_b _r_se], level(hide)
10  collect stars _r_p 0.01 "***" 0.05 "** " 0.1 "*  " 1 "   ", attach(_r_b)
11  collect preview
12  collect export results.xlsx,replace
```

　まず，1行目の collect clear は，過去に collect コマンドで作成した表があればそれを削除しろというもので，「おまじない」みたいなものだと思ってください。

　2〜5行目では表に組み込みたい回帰分析を実施しています。reg の前の collect _r_b _r_se は分析結果の係数と標準誤差を記憶しておけ，という意味です。どこに記憶するかというと，tag のカッコ内，model [(1)] 〜 model [(4)] に格納します。

　6行目は，ここまでの結果を表にしますよという宣言で，result [r2 r2_a N] は決定係数，自由度調整済み決定係数，サンプル数を表示せよという意味になります。

　ここまでを実行すると Stata の Result ウインドウには以下のような表が出てきます。よく整理されているのですが，係数や標準誤差の桁数はこんなに要りませんし，変数名の下に Coefficient や Std. error が毎回表示されるのは不格好です。また標準誤差に（）をつけたり，有意水準に合わせて *** もつけておきたいところです。7行目以下はこうした点をカスタマイズしています。

```
. collect layout (colname#result result[r2 r2_a N]) (model)

Collection: default
      Rows: colname#result result[r2 r2_a N]
   Columns: model
   Table 1: 27 x 4
```

	(1)	(2)	(3)	(4)
floor				
Coefficient	.1122904	.1142027	.1038459	.1040549
Std. error	.0044983	.0045087	.0037998	.0035133
age				
Coefficient	-.0964614	-.102018	-.0708727	-.0717996
Std. error	.0105443	.0106489	.0091585	.0084331
distance				
Coefficient		-.0414	-.0514334	-.0361675
Std. error		.0164472	.0134244	.0129581
auto_lock				
Coefficient			2.058898	1.600204
Std. error			.1950994	.193175
kozashibuya				
Coefficient				-.0515765
Std. error				.2235953
shonandai				
Coefficient				.9115129
Std. error				.163591
mutsuai				
Coefficient				.8899935
Std. error				.2733351
Intercept				
Coefficient	3.65965	4.083459	4.054298	3.410714
Std. error	.2447077	.2946171	.2398828	.2595725
R-squared	.7728387	.7792832	.854369	.8790112
Adjusted R-squared	.7707546	.7762318	.8516721	.875035
Number of observations	221	221	221	221

　7行目の nformat は数値の桁を調整します。%6.3f というのは全体で 6 桁，小数点以下 3 桁まで表示せよという意味です。もし全体で 8 桁，小数点以下を 2 桁にしたければ %8.2f と入力します。桁の調整方法については逆引き事典の P.313（有効桁数の調整）も参照してみてください。8 行目は標準誤差（_r_se）にカッコを付けています。

9行目では，変数名の下のcoefficient, Std Dev を非表示にしています。これも「おまじない」として必ず入れるようにしてください。

10行目では，p値に基づいて，有意水準ごとに * をつけています。以下の例では，1%水準なら ***，5%水準なら **，10%水準なら * と設定してあります。

11行目で出来上がった表を画面表示（プレビュー）し，12行目で出来上がった表をEXCEL 出力し，これで完成です。うまくいけば EXCEL ファイルに以下のように結果が表示されます。

	A	B	C	D	E
1		(1)	(2)	(3)	(4)
2	floor	0.112***	0.114***	0.104***	0.104***
3		(0.00)	(0.00)	(0.00)	(0.00)
4	age	-0.096***	-0.102***	-0.071***	-0.072***
5		(0.01)	(0.01)	(0.01)	(0.01)
6	distance		-0.041**	-0.051***	-0.036***
7			(0.02)	(0.01)	(0.01)
8	auto_lock			2.059***	1.600***
9				(0.20)	(0.19)
10	kozashibuya				-0.052
11					(0.22)
12	shonandai				0.912***
13					(0.16)
14	mutsuai				0.890***
15					(0.27)
16	Intercept	3.660***	4.083***	4.054***	3.411***
17		(0.24)	(0.29)	(0.24)	(0.26)
18	R-squared	0.773	0.779	0.854	0.879
19	Adjusted R-squared	0.771	0.776	0.852	0.875
20	Number of observations	221.	221.	221.	221.

なお，6行目から9行目までは collect style save で保存しておいて，別の機会に利用することができます。たとえば，以下のように myreg という名前で保存し，

```
collect style save myreg, replace
```

collect style use で呼び出すことができます。

```
collect style use myreg, replace
```

ただし，* 印を設定した 10 行目の collect starts は保存されませんので再度設定する必要があります。

　ちょっと複雑なコマンドですが，まずはサンプル・プログラムの太字の部分のみ調整すれば応用可能ですのでぜひ試してみてください。また逆引き事典の P.346 に collect コマンドの補足説明があるので併せ参照してください。

outreg2 の使い方

　outreg2 コマンドは出力したい回帰分析コマンドの直後に記載します。

```
reg y x1 x2 x3
outreg2 using ex-outreg2.xls,excel replace
reg y x1 x2 x3 x4
outreg2 using ex-outreg2.xls,excel append
```

outreg2 using（ファイル名）,excel（オプション）

　オプションには，既存のファイルに上書きする場合は replace，既存のファイルに追加する場合は append を付けます。その他，さまざまなオプションを付け加えることで表の見せ方を細かく指定することができます。オプションの細かい使い方については逆引き事典の「4 分析結果の取り纏め」（342 ページ）を参照してください。ここでは標準的な出力例（ chapter3-7_outreg2.do ファイルを参照 ）を示します。Do ファイルを実行すると，作業フォルダーに result1.xls が生成されます。あるいは，Result ウインドウの outreg2 コマンドの下，青字で表示される EXCEL 形式のファイル（ここでは，result1.xls）をクリックすると，EXCEL が起動し，回帰分析の結果を確認できます。

● 注意！● ‥‥‥
　outreg2 は，EXCEL2007 以降で使われる "xlsx" 形式には対応していません。拡張子に "xlsx" を指定すると "xml" 形式のファイルが生成されます。このファイルは

EXCELで開くことができますが，指定した拡張子でファイルが生成されないので注意してください。

第0章 第1章 第2章 **第3章** 第4章 第5章 第6章 第7章 逆引き事典

```
. reg rent floor age distance auto_lock kozashibuya shonandai mutsuai

      Source |       SS           df       MS            Number of obs   =       221
-------------+----------------------------------         F(7, 213)       =    221.07
       Model |  1344.78421          7  192.112031         Prob > F        =    0.0000
    Residual |  185.098772        213   .86900832         R-squared       =    0.8790
-------------+----------------------------------         Adj R-squared   =    0.8750
       Total |  1529.88299        220  6.95401357         Root MSE        =    .93221

        rent |      Coef.   Std. Err.      t    P>|t|     [95% Conf. Interval]
-------------+----------------------------------------------------------------
       floor |   .1040549   .0035133    29.62   0.000     .0971295    .1109802
         age |  -.0717996   .0084331    -8.51   0.000    -.0884227   -.0551766
    distance |  -.0361675   .0129581    -2.79   0.006     -.06171    -.010625
   auto_lock |   1.600204    .193175     8.28   0.000     1.219424    1.980983
 kozashibuya |  -.0515765   .2235953    -0.23   0.818    -.4923195    .3891665
    shonandai |   .9115129    .163591     5.57   0.000     .5890482    1.233978
      mutsuai |   .8899935   .2733351     3.26   0.001     .3512051    1.428782
        _cons |   3.410714   .2595725    13.14   0.000     2.899054    3.922374

. outreg2 using result1.xls,excel append
result1.xls          ┌─────────────┐
dir : seeout         │ ここをクリック │
                     └─────────────┘
```

	A	B	C	D	E
1					
2		(1)	(2)	(3)	
3	VARIABLE	rent	rent	rent	
4					
5	floor	0.114***	0.104***	0.104***	
6		(0.00451)	(0.00380)	(0.00351)	
7	age	-0.102***	-0.0709***	-0.0718***	
8		(0.0106)	(0.00916)	(0.00843)	
9	distance	-0.0414**	-0.0514***	-0.0362***	
10		(0.0164)	(0.0134)	(0.0130)	
11	auto_lock		2.059***	1.600***	
12			(0.195)	(0.193)	
13	kozashibu			-0.0516	
14				(0.224)	
15	shonandai			0.912***	
16				(0.164)	
17	mutsuai			0.890***	
18				(0.273)	
19	Constant	4.083***	4.054***	3.411***	
20		(0.295)	(0.240)	(0.260)	
21					
22	Observatio	221	221	221	
23	R-squared	0.779	0.854	0.879	
24	Standard e				
25	*** p<0.01				
26					

3.4 頑健な標準誤差 発展

3.4.1 最小二乗法における誤差項に関する仮定

回帰式 $Y = a + bX + u$ を最小二乗法で推計しXがYに与える影響（b）を正確に計測する際に誤差項が満たすべき条件がいくつかあります。本節では「誤差項が均一（均一分散）である」という仮定について紹介します。この仮定は言い換えれば「誤差項に規則性」がないという仮定です。たとえば，2015年の47都道府県の所得（income）と教

育支出（educ）の関係を分析（educ-income.dta）するために以下の回帰式,

$$educ_i = \alpha + \beta\, income_i + u_i$$

を推計したとします。すると，47 の残差を得ます。最小二乗法では誤差項に規則性がないことが仮定されているので，残差にも規則性がないことが望ましいと言えます。しかし，この回帰式の場合，所得で説明できない教育支出の散らばりはすべて残差に含まれるので，所得以外の何らかの変数と残差の散らばりが相関をもつことが考えられます。図 3.11 は上記の回帰式の残差の二乗と 2015 年の国勢調査による人口を散布図にしたものです。両者の間には緩やかな右上がりの相関がありそうです。なぜ，教育支出を所得で説明する回帰式の残差の二乗と人口の間に相関がみられるのでしょうか？　これは，たとえば同じ所得水準の都道府県であっても，人口が多い地域ほど多様な世帯が居住しており，教育支出の散らばりが大きくなっていると考えられます。この図で示された残差の二乗と人口が相関は，誤差項に何らかの規則性が存在する可能性を示唆するものです。このように「誤差項が規則性を持たない」という前提条件が満たされない状態のこ

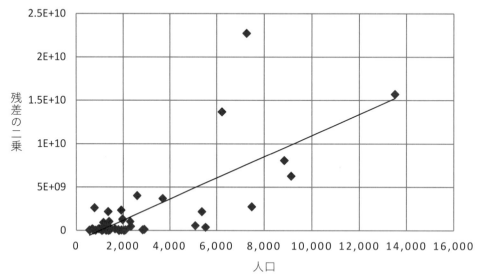

図 3.11　残差の二乗と都道府県の人口

とを**不均一分散**と呼びます。ここでは，詳しい理論的な背景は割愛しますが，このような場合，**標準誤差が過小評価され，係数と標準誤差の比率で定義されるt値が過大評価される場合がある**ことが知られています。つまり，不均一分散であることを無視して分析すると，本来，「統計的に有意ではない」のに，誤って「有意な関係である」と判定してしまうことになる可能性があります。

では不均一分散にはどのように対処すればいいのでしょうか？

(3.4.2) 加重最小二乗法

第一の方法は，加重最小二乗法です。上記の所得（income）と教育支出（educ）の関係のように残差の二乗が人口と相関していると考えられる場合，人口をウエイトとして最小二乗法を行うことで標準誤差が過小評価（そしてt値が過大評価）されることを回避する方法があります。今，誤差項の分散が人口に依存する $\mathrm{Var}(u_i) = \sigma_i^2 = \delta POP_i$，つまり $\frac{\sigma_i^2}{POP_i} = \delta$ と仮定します。このとき，

$$\frac{educ_i}{\sqrt{pop_i}} = \alpha \frac{1}{\sqrt{pop_i}} + \beta \frac{income_i}{\sqrt{pop_i}} + \frac{u_i}{\sqrt{pop_i}}$$

のように被説明変数, 説明変数を $\sqrt{pop_i}$ で割る（つまり，$1/\sqrt{pop_i}$ をウエイトとする）と，誤差項の分散は，

$$Var\left(\frac{u_i}{\sqrt{pop_i}}\right) = \frac{\sigma_i^2}{pop_i} = \delta$$

のように一定（δ）になります。

Stata では，ウエイトを Z とするとき

```
reg y x1 x2 x3 [aweight=Z]
```

とオプションを指定することで以下のモデルを推計できます。

$$\sqrt{Z_i}\,Y_i = \alpha\sqrt{Z_i} + \beta\sqrt{Z_i}\,X_i + \sqrt{Z_i}\,u_i$$

　上記の分散が人口に比例するような場合は，$Z = 1/pop_i$ として推計を行います。なお，より複雑なウエイトを置く最小二乗法のことを一般化最小二乗法（Generalized Least Squares, GLS）と呼びますが，加重最小二乗法はその一形態と言えます。

3.4.3　頑健な標準誤差

　第二の方法は，**頑健な標準誤差**の利用です。この方法は，標準誤差を計算するときに，説明変数の散らばり具合（平均からの偏差の二乗）をウエイトにすることで，標準誤差の計算を補正する方法です。

均一分散の標準誤差

$$s_\beta = \frac{\left(\dfrac{1}{n-2}\right)\displaystyle\sum_{i=1}^{n}\hat{u}_i^{\,2}}{\displaystyle\sum_{i=1}^{n}(x_i-\bar{x})^2}$$

頑健な標準誤差（Robust standard Error）

$$s_{\beta,\,robust} = \frac{\displaystyle\sum_{i=1}^{n}(x_i-\bar{x})^2\,\hat{u}_i^{\,2}}{\left[\displaystyle\sum_{i=1}^{n}(x_i-\bar{x})^2\right]^2}$$

Stata では，reg コマンドの後ろに robust オプションをつけることで推計が可能です。

```
reg ［被説明変数］ ［説明変数］, robust
```

　先ほどの educ と income の推計結果を見てみましょう。最初が通常の最小二乗法，次が加重最小二乗法，最後が robust オプションをつけた頑健な標準誤差を用いた推計です。最小二乗法の場合，income の標準誤差（Std. Err.）が 0.0004187，t 値は 26.11 です。一方，加重最小二乗法の場合は，0.0005773，t 値は 19.57，頑健な標準誤差の場合は 0.0009859 とほぼ倍，そして t 値が 11.09 になっており，最小二乗法による標準誤差

が小さく，t値が大きくなっていることが確認できます。

プログラム例 chapter3-8.do

```
. reg educ income

      Source |       SS           df       MS      Number of obs   =        47
-------------+----------------------------------   F(1, 45)        =    681.52
       Model |  1.4594e+12          1  1.4594e+12   Prob > F        =    0.0000
    Residual |  9.6365e+10         45  2.1414e+09   R-squared       =    0.9381
-------------+----------------------------------   Adj R-squared   =    0.9367
       Total |  1.5558e+12         46  3.3822e+10   Root MSE        =     46276

-------------+----------------------------------------------------------------
        educ | Coefficient  Std. err.      t    P>|t|     [95% conf. interval]
-------------+----------------------------------------------------------------
      income |   .0109293   .0004187    26.11   0.000     .0100861    .0117726
       _cons |   1141.544   8496.135     0.13   0.894    -15970.55    18253.64
------------------------------------------------------------------------------
```

```
. *加重最小二乗法
. reg educ income [aweight=1/pop]
(sum of wgt is .0319868035655118)

      Source |       SS           df       MS      Number of obs   =        47
-------------+----------------------------------   F(1, 45)        =    382.98
       Model |  2.9149e+11          1  2.9149e+11   Prob > F        =    0.0000
    Residual |  3.4251e+10         45   761128688   R-squared       =    0.8949
-------------+----------------------------------   Adj R-squared   =    0.8925
       Total |  3.2574e+11         46  7.0814e+09   Root MSE        =     27589

-------------+----------------------------------------------------------------
        educ | Coefficient  Std. err.      t    P>|t|     [95% conf. interval]
-------------+----------------------------------------------------------------
      income |   .0112971   .0005773    19.57   0.000     .0101344    .0124598
       _cons |  -5438.118   5378.847    -1.01   0.317    -16271.67    5395.437
------------------------------------------------------------------------------
```

```
. * 頑健な 標準誤差
. reg educ income,robust

Linear regression                               Number of obs   =        47
                                                F(1, 45)        =    122.89
                                                Prob > F        =    0.0000
                                                R-squared       =    0.9381
                                                Root MSE        =     46276

-------------+----------------------------------------------------------------
             |               Robust
        educ | Coefficient  std. err.      t    P>|t|     [95% conf. interval]
-------------+----------------------------------------------------------------
      income |   .0109293   .0009859    11.09   0.000     .0089437    .012915
       _cons |   1141.544   9364.462     0.12   0.904    -17719.45    20002.54
------------------------------------------------------------------------------
```

では，加重最小二乗法と頑健な標準誤差のどちらを使うのが望ましいのでしょうか。加重最小二乗法には一つ問題があります。今回の場合，残差の二乗が人口と比例することを前提に議論を進めましたが，現実には，残差の二乗がどんな変数と相関を持っており，どのようなウエイトを用いればいいかがわかっているケースはほとんどありません。均一分散かどうかをチェックする検定もあります。たとえば，通常の回帰分析で推定し，その残差をいろいろな変数に回帰して均一分散かどうかをチェックする Breusch-Pagan テストなどがあります。しかし，この検定は二つの理由で使われなくなっています。第一の理由は，この検定を実施する際に，残差と相関しそうな変数を分析者が選択する必要があり，どうしても恣意性が入る上に，検定の結果から，どのようにウエイトを作るべきかについて明瞭な答えが導かれるわけではないという問題があります。そして第二に，実際の経済関連の観察データでは均一分散のケースのほうが稀なので，最初から不均一分散を前提としたほうが無難で，そうするとわざわざ検定する必要はないからです。

　こうした問題も踏まえ，最近では，学術誌に掲載される論文，そして教科書において，頑健な標準誤差がスタンダードな方法として紹介されるようになってきています。本章のここまでの分析例では，robust オプションをつけない結果を紹介してきましたが，今後はこのオプションをつけた結果を紹介していきます。

クラスター標準誤差 発展

　「不均一分散が疑われる場合には頑健な標準誤差を使うべき」という説明をしたところですが，最近では「**頑健な標準誤差を発展させたクラスター標準誤差を使うべき**」という考え方が主流になりつつあります。ここでは技術的な議論に立ち入ることは避けつつ，クラスター標準誤差とは何か，そして Stata ではどう使えばいいかを簡単に説明します。

　ここでは Acemoglu et al. (2016) で分析された，米国の産業別（392 産業）データ用いて，1991 年から 2011 年の間の中国からの製品輸入の変化（$dIMP$）が米国製造業の雇用者数の変化（dL）に及ぼす影響に関するデータを例に議論を進めていきます。なお，この分析事例については第 6 章でもう一度登場しますので詳細はそちらで説明します。

$$dL_{it} = a + b\,dIMP_{it} + u_{it}$$

　ここでは 392 業種と非常に細かい産業分類で分析が行われています。産業分類には 1 桁（農業，製造業など），2 桁（中分類，食品製造業，情報通信機器製造業など），3 桁（小分類，電子計算機製造業，自動車・同付属品製造業など），4 桁（細分類，パーソナルコンピュータ製造業，外部記憶装置製造業，自動車車体製造業，自動車部品製造業など）があり，Acemoglu らの研究は 4 桁分類のデータで分析が行われています。説明変数は中国からの製品輸入の変化のみですので，この説明変数で捉えられない観察できない雇用に影響を及ぼすショックはすべて誤差項に含まれます。この観察できない雇用ショックがランダムに発生している場合は，何もオプションをつけないシンプルな標準誤差でよいのですが，観察できない雇用ショックに伴う誤差変動に産業間で何らかのパターンがみられる場合は，「頑健な標準誤差」の説明で紹介したとおり，不均一分散が生じる可能性があり通常の最小二乗法では標準誤差が過小評価されてしまう可能性があります。

　頑健な標準誤差では，不均一分散の根源である，観察できない雇用ショックの発生パターンについて分析者の恣意性を排除して機械的に処理していました。一方で，上記の例では分析者がある程度観察できない雇用ショックの発生パターンに予想を立てることが可能です。たとえば 1991 ～ 2011 年の間には，情報通信機器製造業ではハードウェア主体のものづくりからソフトウェア主体のものづくりに製品技術が変化したと言われています。自動車製造業

では自動車の電子制御化が進み電子部品メーカーが自動車部品をてがけるようになりました。こうした技術革新は当然各産業の雇用に影響を及ぼすと考えられます。ポイントはこうした技術革新はある程度関連のある産業に共通して影響する可能性があるということです。たとえば自動車の電子制御化であれば，自動車車体製造業にも自動車部品製造業にも影響を与えます。よって，技術革新は類似性の高い業種グループ（クラスター）に共通の影響をもたらし，その結果として誤差項はグループ内で相関が発生する可能性が高いと考えます。クラスター標準誤差は，この例では「類似する産業グループごとに誤差項が相関することを想定した頑健な標準誤差」になります。chapter6-1.do 参照

　Stata では reg コマンドを利用する場合は，vce（cl グループ ID）というオプションをつけます。cl は cluster の略，グループ ID には上記の例の場合，類似する産業グループということで 3 桁分類の業種コード（sic3）を使います。以下は，クラスター標準を指定した推計結果の比較です。"Std. Err. Adjusted for 135 clusters in sic 3" と表記されていますが，これは 135 の小分類産業分類でグループ化しグループ内の相関を考慮した標準誤差を計算している，という意味になります。

```
. reg dL dIMP , vce(cl sic3)

Linear regression                          Number of obs   =        392
                                           F(1, 134)       =      57.59
                                           Prob > F        =     0.0000
                                           R-squared       =     0.1122
                                           Root MSE        =       3.51

                               (Std. Err. adjusted for 135 clusters in sic3)

                           Robust
        dL       Coef.    Std. Err.      t     P>|t|    [95% Conf. Interval]

      dIMP   -1.132328    .1492109    -7.59    0.000   -1.427441   -.8372145
     _cons   -2.282684    .2691058    -8.48    0.000   -2.814928   -1.750439
```

　より詳しく知りたい人は関連文献を参照してほしいのですが，日本語の教科書でクラスター標準誤差についての詳細な説明は，上級者向けの説明になりますがアングリスト・ピスケ（2013）の第 8 章にあります。英語のテキストであれば行列表記を伴う教科書になってしまいますが，Hansen（2021）の 4.23 節の説明が比較的コンパクトにまとまっています。

アングリスト・ピスケ（2013）『「ほとんど無害」な計量経済学　応用経済学のための実証分析ガイド』NTT 出版

Bruse Hansen（2021）*Econometrics*, Princeton University Press

https://www.ssc.wisc.edu/~bhansen/econometrics/Econometrics.pdf

第0章
第1章
第2章
第3章
第4章
第5章
第6章
第7章

逆引き事典

Column 分析事例 1

大相撲における年功序列賃金制

　日本では年齢，あるいは勤続年数とともに賃金が上昇する賃金制度を導入している企業が多いことが知られています。こうした仕組みは，大相撲でも採用されていることが中島隆信氏の『大相撲の経済学』により指摘されています。大相撲といえば，すべての力士が番付によって序列化され，勝てば先輩力士よりも早く昇進できる，極めてわかりやすい実力主義だと言われています。たとえば，最近優勢なモンゴル勢などは日本人先輩力士を打ち負かして，横綱や大関を独占していることからも明らかです。しかし，報酬制度に関して言うと，そうでもないらしいのです。以下，『大相撲の経済学』における分析を紹介しましょう。

　その前に，力士の報酬制度について簡単に説明しておきます。力士の報酬は「二階建て」になっていて，番付に比例する給与と過去の実績に基づく褒賞金によって構成されます。給与は横綱なら月給300万円，大関なら250万円という具合（2019年の改定給与額）に，番付に比例します。番付は，成績に依存しますので，完全な成果主義になっています。一方で，褒賞金は，過去の実績に依存します。たとえば，勝ち数が負け数を上回ると，勝ち越した分だけ点数がもらえて，力士は，勝ち越し数×0.5点のポイントが与えられます。横綱に勝つと10ポイント，優勝すると30ポイントという具合に，戦績がよければ増えていきます。そして力士には，1ポイント当たり4000円の褒賞金が，年6回の本場所ごとに支給されます。ここで重要なのは，負け越しても時間が経過しても，十両・幕内力士である限り，ポイントは減らないという点です。すなわち褒賞金は，年配の力士で成績が芳しくなくても，過去の実績があれば，十両・幕内力士である限り，支給されるという年功システムになっているのです。

　実際に，『大相撲の経済学』では，以下のような回帰分析により，褒賞金の決定要因を分析しています。

第 0 章

第 1 章

第 2 章

第 3 章

第 4 章

第 5 章

第 6 章

第 7 章

逆引き事典

$$(褒賞金) = a + b_1 (在籍年数) + b_2 (現在の番付) + b_3 (番付最高位) + b_4 (幕下付け出し) + u$$

結果は，以下の表のようにまとめられます。

	係数	t 値
定数項	15982	0.345
在籍年数	15611*	4.667
現在の番付	3612	0.994
過去の番付最高位	68266*	3.021
幕下付け出し	45269	1.556

データ数：40，自由度調整済み決定係数：0.643
注）＊は 1% 水準で統計的に有意であることを示す。

在籍年数と番付最高位という過去の実績を示す変数が統計的に有意であるのに対して，現在の番付の影響は統計的には有意ではありません。すなわち，褒賞金は過去の戦績に強く依存していることがわかります。

出典：中島隆信著『大相撲の経済学』，東洋経済新報社，2003 年

プロ野球の打者と投手の交換比率

　野球は一時期に比べ人気が衰えたと言われていますが，わが国のプロ・スポーツの中では，圧倒的な規模と根強い人気をもっています。プロ野球は，4 月に開幕で 11 月の日本シリーズで幕を下ろしますが，11 月以降も，新人選手の獲得のドラフト会議や戦力強化のための選手の交換（トレード）の話題で，しばし新聞・テレビは賑わいます。野球チームの勝率は，打撃の強さである打率が高いほど，あるいは打者を抑える投手の防御率が低いほど，高くなります。そこで，各チームは，打者と投手をバランスよく育成・獲得していく必要があります。オフ・シーズンになると，野球チームの指揮官たちは，自身の経験や知識に基づきチーム・メンバーの構成を検討します。ところが，「どの程度の能力の打者と，どの程度の能力の投手が，チームの勝率に対して同じ貢献をもたらすか」と質問すると，意外と答えはまちまちになるそうです（詳しくは谷岡氏の論文参照）。

　ここでは，谷岡（1995）を参考に，プロ球団の勝率と戦力データを回帰分析にかけて，この問いについて分析してみましょう。データは 1994 年から 2004 年の各チームの戦力データ（チーム平均打率など）を用いています。データは，日本プロ野球機構の Web ページから採取しました。回帰分析で用いる変数は，被説明変数が「勝率」（win_rate, %表示），説明変数は「防御率」（era, 投手の成績，低いほど成績がよい，%表示），「打率」（batting, 打者の成績，高いほどよい，%表示），ホームラン数（homerun）を用いました。推計結果は以下のとおりです。　chapter3-9.do を参照

```
. reg win_rate era batting homerun

      Source |       SS       df       MS              Number of obs =     132
-------------+------------------------------           F(  3,   128) =  105.18
       Model |  4048.53388      3  1349.51129           Prob > F      =  0.0000
    Residual |  1642.23285    128  12.8299441           R-squared     =  0.7114
-------------+------------------------------           Adj R-squared =  0.7047
       Total |  5690.76673    131  43.4409674           Root MSE      =  3.5819

-------------+----------------------------------------------------------------
    win_rate |      Coef.   Std. Err.      t    P>|t|     [95% Conf. Interval]
-------------+----------------------------------------------------------------
         era |  -9.547285   .6586674   -14.49   0.000    -10.85057   -8.243999
     batting |   2.957363   .2862902    10.33   0.000     2.390888    3.523837
     homerun |    .057328   .0104485     5.49   0.000     .0366538    .0780021
       _cons |   1.852479    7.07322     0.26   0.794     -12.1431    15.84805
------------------------------------------------------------------------------
```

　得られた係数はいずれも統計的に有意で，防御率（era）が低いほど，かつ打率（batting），ホームラン数（homerun）が大きいほど勝率が高くなる，という予想通りの結果が得られています。

この係数の意味を考察してみましょう。打率の係数がおよそ3になっていますが，これはチーム打率が1％上がると，勝率も3％上がることを示しています。またホームランの係数は0.057ですから，ホームランが20本増えると勝率が1％あがることがわかります。ここで少し思考実験をしてみましょう。野球の場合，良い選手をたくさん抱えていても試合に出られるのは9人までです。ホームランを量産する選手を1人獲得しても，誰かをメンバーからはずす必要があります。たとえば，打率3割ホームラン年間50本の打者を獲得して，代わりに打率3割ホームラン年間10本の選手をレギュラーからはずしたとします。ホームラン年間50本というのは，ホークスの元監督の王貞治氏の年間55本，ヤクルトのバレンティン選手の年間60本に迫るものであり，巨人，ヤンキースで活躍した松井秀喜選手が巨人時代に残した記録と同じです。これほどまでのホームラン・バッターを獲得するとなると，かなりの資金が必要となると考えられます（松井選手のメジャーリーグ移籍前の年俸は6億1000万円，2021年時点の野手の最高年俸はソフトバンクの柳田選手で同額の6億1000万円）。その一方で，勝率への貢献は，チームのホームラン数の増加+40本×0.057で2.28％となります。勝率+2％で6億円は高いでしょうか？　安いでしょうか？

参考文献：谷岡一郎「3割打者と防御率3.0の投手のトレードはどちらが得か」大阪商業大学商経論集101号，1995年

※本書では，ごく簡単な例しか紹介していませんが，プロ野球についてはさまざまな分析が行われています。関心のある読者は，以下の文献，およびそこで引用されている文献にあたってみてください。

樋口美雄編著『プロ野球の経済学』日本評論社，1993年

大竹文雄「プロ野球選手の生産性と監督」『ビジネスレビュー』第40巻 第4号 1993年5月 pp.2-9

Fumio Otake, Yasushi Okusa, "The Relationship between Supervisor and Worker; The Case of Professional Baseball in Japan, *Japan and the World Economy*, Vol.8, No.4, 1996, pp.475-488

Fumio Otake, Yasushi Okusa, "Testing the Matching Hypothesis: The Case of Professional Baseball in Japan with Comparison to the US," *Journal of the Japanese and International Economics*, Vol.8, No.2, 1994, pp.204-219

キャビン・アテンダントの賃金構造

　キャビン・アテンダントは，かつては，「ステータス」の極めて高い，女性の憧れの職業の一つでした。その魅力は，外国語を操り，個人では滅多に出かけられない海外に足しげく飛んで，しかも給与などの待遇が一般企業のOLに比べて破格によかったからとされています。しかし，航空産業は，ローコスト・キャリア（LCC）の台頭など厳しい国際競争にさらされ，待遇も悪化していると言われています。本コラムでは，キャビン・アテンダントの賃金データを用いて，賃金構造がどのように変化したかを，回帰分析を用いて調べてみましょう。

　使用するデータは 2003 年と 2013 年の厚生労働省「賃金構造基本調査」第 3 巻で，職種別，年齢階層別，企業規模別の賃金データです。このデータから年齢階層別・企業規模別の平均時間給（wage）を計算し，これを被説明変数とします。わが国では，賃金水準は企業規模や性別，勤続年数に強く依存して決まっているとされています。本コラムでも，先行研究にならって，中小企業ダミー（従業員数 100 ～ 999 人：sme）と勤続年数（tenure）を説明変数とする回帰モデルを推定します。また，2003 年から 2013 年にかけて，航空業界の競争が激しくなっていると考え，勤続年数の係数が 2003 年と 2013 年で異なるか検証します。具体的には，2013 年ダミーと勤続年数の交差項（tenure_d2013）を説明変数に追加します。最後に，2013 年の定数項変化をとらえる 2013 年ダミー（d2013）を加えます。まとめると，推定する回帰モデルは以下のようになります。

$$W = a + b_1(勤続年数) + b_2(勤続年数 \times 2013 年ダミー)$$
$$+ b_3(中小企業ダミー) + b_4(2013 年ダミー) + u_i$$

　ここでは Web ページから，wage-ca.dta をダウンロードして活用します。交差項は，

```
gen tenure_d2013=tenure*d2013
```

で作成します。

　結果は以下のとおりです。中小企業ダミー，sme はプラスになりましたが t 値が低く，有意ではありません。一方，2013 年ダミーと勤続年数の交差項（tenure_d2013）の係数はおよそ－1.4 となっています。これは，勤続年数の係数が 2013 年は 1.4 小さい，すなわち 2013 年の勤続年数の係数は，0.6（＝2.0－1.4）に低下していることを示しています。 chapter3-10.do ファイルを参照

```
. reg  wage tenure sme d2013 tenure_d2013

      Source |       SS           df       MS            Number of obs   =        27
-------------+----------------------------------        F(4, 22)        =     24.80
       Model |  5222.05023         4   1305.51256        Prob > F        =    0.0000
    Residual |  1158.12516        22   52.6420528        R-squared       =    0.8185
-------------+----------------------------------        Adj R-squared   =    0.7855
       Total |   6380.1754        26   245.391361        Root MSE        =    7.2555

------------------------------------------------------------------------------------
        wage |      Coef.   Std. Err.      t    P>|t|     [95% Conf. Interval]
-------------+----------------------------------------------------------------------
      tenure |   2.045332   .2331575     8.77   0.000     1.561793    2.528871
         sme |    1.70265   3.058389     0.56   0.583    -4.640061    8.045361
       d2013 |   10.06123   4.390506     2.29   0.032     .9558834    19.16659
tenure_d2013 |  -1.355035   .2818642    -4.81   0.000    -1.939586   -.7704847
       _cons |   12.73019   3.907727     3.26   0.004     4.626057    20.83432
------------------------------------------------------------------------------------
```

勤続年数	2003	2013
1	14.7	23.4
3	18.7	24.6
5	22.7	25.8
10	32.7	28.8
15	42.7	31.8

　得られた係数から，勤続年数 1，3，5，10，15 年の従業員の平均賃金を計算してみましょう。計算は，2003 年の勤続 5 年の従業者の給与であれば，定数項（_cons）＋tenure の係数×5，2013 年の勤続年数 10 年の従業者の賃金であれば，定数項（_cons）＋（tenure の係数マイナス tenure_d2013 の係数）×10 という具合に計算します。2003 年から 2013 年にかけて，賃金と勤続年数の関係が大きく変化し，待遇が悪化したことがわかります。

分析事例4

国境コストの推定

　国際貿易を阻害する要素には様々なものがあります。代表格は関税ですが，それ以外にも国境における税関を通過する際の通関手続きに伴う書類作成コスト，あるいは時間的なコスト，外国の衛生基準や安全基準を調整するためのコストなどがあります。こうした様々なコストによりどの程度取引は阻害されているのでしょうか。言い換えると，こうした国境コスト（Border cost）が一切除去されると国際貿易はどの程度増加するのでしょうか。この問いに対して，カナダの国内取引とアメリカ向け貿易額のデータを使って分析したカナダ・ロイヤル銀行のマッカラム氏の研究を紹介しましょう（McCallum, 1995，肩書は論文執筆時点のもの）。

　通常，国際貿易データというと国家間の取引額が記録されたデータを指しますが，McCallum（1995）では，カナダの州間取引とカナダ各州のアメリカ各州との取引額についてのデータを用い，国内取引と国際貿易を比較することで国境のコストを計測しています。分析のアイデアとしては，カナダのある州から同じ距離にある2つの州，一つはカナダ国内の州，もう一つは米国内の州，各々の2つの州間の貿易額を比べます。もし，カナダ国内の州との取引よりも国境を跨ぐ米国内の州との取引が少なければ，それは国境を跨ぐことに伴うコストであると考えます。具体的には，カナダの東海岸のケベック州と西海岸の2地域，カナダ・ブリティッシュ・コロンビア州と米国ワシントン州まので距離はともに4,000 kmほど離れていますが，ワシントン州との取引がブリティッシュ・コロンビア州との取引に比べてどの程度少ないかを調べることで国境のコストを計測しようというものです。

　分析に使うのは重力モデルです。

$$lnTrade_{ij} = \alpha + \beta_1 GDP_i + \beta_2 GDP_j + \beta_3 lnDistance + \gamma\delta + \varepsilon_{ij}$$

ブリティッシュ
コロンビア州

ケベック州

ワシントン州

カナダ

0   1000km
1/8,186,300

$lnTrade_{ij}$ はカナダ国内，あるいはカナダ―アメリカの州の間の貿易額，GDP は州別 GDP，Distance は距離です。δ はカナダ国内の取引であれば 1 をとるダミー変数で，その係数は国内取引と国際貿易の差を示します。

　推計結果は次の表のとおりです。(1)列目は米加自由貿易協定締結直前の 1988 年のデータによるもの，(2)列目は Feenstra (2002) によって推計された 1993 年のデータによるものです。GDP の係数がプラスで Distance の係数がマイナスであることから，GDP は貿易額を増やす一方で距離が離れれば離れるほど貿易額が少なくなることを示しています。国内取引と国際貿易の差を示す δ の係数はプラスで統計的に有意になっていますから，同じ距離・同じ経済規模の取引相手であっても，国境を跨ぐ取引（国際貿易）よりも国内取引のほうが，取引額が大きいと解釈できます。δ の係数は 1988 年のデータに基づく推計結果では 3.09 でしたが，米加自由貿易協定締結後である 1993 年では係数は 2.8 にまで低下しています。この分析結果は陸続きの米加国境の取引であっても国境コストは貿易取引に大きな影響を及ぼしていることを示唆します。

なお，ダミー変数が0から1になると被説明変数Yである貿易額がどの程度増える
かですが，係数がやや大きな値をとっているので「Yは係数×100％増える」と解釈す
るのは問題があります。ややテクニカルですが，次頁のコラムで紹介しています。

	(1)	(2)
$lnGDP_i$	1.21	0.122
	(0.03)	(0.04)
$lnGDP_j$	1.06	0.98
	(0.03)	(0.03)
$lnDistance_{ij}$	−1.42	−1.35
	(0.06)	(0.07)
δ	3.09	2.8
	(0.13)	(0.12)
R^2	0.81	0.76
サンプル数	683	679

注）カッコ内は標準誤差

なお，国境効果の推計値については，その後，さまざまな検討が行われています。そ
の概要はフィンストラ（2021）のP.190-195で紹介されています。

参考文献

McCullum, J., (1995) National Borders Matter, American Economic Review, 85, pp.615-
623.

Feenstra, R., (2002) Berder Effects and the Gravity Equation：Consistent Methods for
Estimation, Scottish Journal of Political Economy, 49, pp.491-506.

ロバート・フィンストラ（2021）『上級国際経済学第2版』日本評論社

対数モデルにおけるダミー変数の係数の解釈 　発展

　対数モデルにおいてダミー変数の影響，すなわちダミー変数が 0 から 1 に変化したときの被説明変数 Y への影響を評価する場合には，係数× 100%ではなく （exp（係数）− 1）× 100%で計算するのが正しい方法になります。ややテクニカルな説明になりますが，以下でその理由を説明します。今，以下のモデルを推定したとしましょう。

$$lnY_i = a + b_1 lnX_i + b_2 D_i + \varepsilon_i$$

このとき，D = 0 ときの lnY_i の予測値 （lnY_i'） と D = 1 ときの lnY_i の予測値 （lnY_i''） はそれぞれ，

1) $lnY_i' = a + b_1 lnX_i$
2) $lnY_i'' = a + b_1 lnX_i + b_2$

となります。2) から 1) をひくと，$lnY_i'' - lnY_i' = b_2$ になります。Y の変化幅が微小である場合は，対数差分 $lnY_i'' - lnY_i'$ は，Y の変化率，$(Y_i'' - Y_i')/Y_i'$ の近似値になります。しかし，関心のある説明変数がダミー変数で，かつ，ダミー変数の係数が大きくダミー変数が 0 から 1 に変化した際の Y の変化幅が大きいとき，対数差分は変化率の近似として適切でない場合があります。

　これを詳しく見るために，$lnY_i'' - lnY_i' = ln(Y_i'' - Y_i')$，$exp(lnY) = Y$ である （exp については後述） ことを利用すると，

$$exp(ln(Y_i''/Y_i')) = exp(b_2)$$
$$Y_i''/Y_i' = exp(b_2)$$
$$Y_i''/Y_i' - 1 = (Y_i'' - Y_i')/Y_i' = exp(b_2) - 1$$

となり，ダミー変数の影響は（exp（係数）−1）×100％で計算するのが正しいことがわかります。

　なお，ダミー変数の係数（b_2）が小さいときは，Yの変化率への影響を係数×100％でみても，exp（係数）−1でみてもあまり変わりませんが，係数が大きくなるとその乖離幅が大きくなります。たとえば，$b_2 = 0.01$ のときは，$\exp(b_2) − 1 = 0.01005$ ですが，$b_2 = 1$ のときは，$\exp(b_2) − 1 = 1.7$ と係数×100％と（exp（係数）−1）×100％の乖離幅が大きくなります。このような場合，係数 b_2 をYの変化率の近似値として使うのはあまり適切ではありません。

　なお，exp は指数関数で，以下のような性質があります。

$$e^x = \exp(X)$$
$$\exp(lnX) = X$$
$$\exp(0) = 1, \exp(1) = 2.718$$

ここでは差し当たり対数値を，対数をとる元の値に戻す関数と覚えておけばよいでしょう。

　さて，McCallum（1995）の国境効果の δ の貿易額への影響を計算すると，1988年では22倍（＝exp(3.09)−1），米加自由貿易協定が締結された後の1993年では16.4倍（＝exp(2.80)−1）となります。これは1988年では，カナダ国内の州同士の貿易額はカナダと米国の国境を跨ぐ取引の22倍，自由貿易協定締結後である1993年では少し下がるものの16倍に相当することを示します。

分析事例5

地震危険度と家賃

　地震による被害を抑制するためには建築物の耐震性を高めることが重要です。そのため，これまでに様々な耐震性に関する関連法令の見直しが行われてきました。特に1981年には耐震設計基準が大幅に改定されました。こうした基準改定が行われると，旧耐震基準に基づいた建築物については建て替えや改修を促していく必要があります。家主による耐震化投資を促すにあたっては，耐震化投資が収益的かどうか，また収益的でない場合はどの程度補助が必要かを検討することが重要です。日本大学の中川雅之氏らのグループは，1981年の建築基準法の改正による耐震基準改定に注目し，新耐震基準導入の有無による家賃の比較を行っています（Nakagawa, et al. 2007，あるいは同一データを用いた山鹿，2002も参照）。サンプルは，リクルート社によって収集された2002年1月における東京都23区の賃貸物件情報です。分析に当たっては，1998年に公表されたハザード・マップから得られた町丁目ごとの地震危険度（5段階評価で数値が大きいほど危険度が高い）の影響についても考察されています。

　推定式は本文でも紹介したヘドニック・モデルで，被説明変数が賃貸料，説明変数に物件属性や東京駅までの所要時間，地震危険度，新耐震基準ダミー（1981年以降に建てられた物件なら1をちるダミー変数），マンション・アパートの別（前者は耐火構造の共同住宅，後者は準耐火構造の共同住宅），鉄骨・鉄筋鉄骨・木造（鉄筋鉄骨がもっと耐久性・耐震性に優れ，鉄骨，木造がそれに続く）などの建物構造の違いなども考慮されています。推定結果は以下の表に示されています。

				新耐震基準導入前後の 地震危険度の感応度		
1)	マンション・ダミー	0.070 ***	(0.002)		導入前	導入後
2)	新耐震ダミー	0.071 ***	(0.005)			
3)	地震危険度×鉄骨ダミー	− 0.030 ***	(0.003)	鉄骨	− 0.030	− 0.020
4)	地震危険度×鉄筋鉄骨ダミー	− 0.018 ***	(0.002)	鉄筋鉄骨	− 0.018	− 0.010
5)	地震危険度×木造ダミー	− 0.037 ***	(0.002)	木造	− 0.037	0.010
6)	新耐震ダミー×地震危険度×鉄骨ダミー	0.010 ***	(0.003)			
7)	新耐震ダミー×地震危険度×鉄筋鉄骨ダミー	0.011 ***	(0.002)			
8)	新耐震ダミー×地震危険度×木造ダミー	0.046 ***	(0.002)			
	決定係数	0.900				
	サンプル数	82,410				

注）カッコ内は頑健な標準誤差，*** は1％水準で統計的に有意であることを示す。
その他の説明変数には物件属性等の変数を含む。

　推定結果から，2) の新耐震基準ダミーの係数がプラスで有意であることから，新耐震基準の物件は賃貸料が高くなっていることが分かります。地震危険度には鉄骨・鉄筋鉄骨・木造ダミーが掛け合わせられています（3)〜5)）が，係数はいずれもマイナスで，地震危険度が高くなるほど賃貸料が低くなることがわかります。係数の大きさに注目すると耐久性・耐震性に劣る 5) 木造物件で特にその影響は大きくなっていることがわかります。さらに，新耐震基準ダミーと地震危険度・建物構造ダミーの3つの変数の交差項が加えられています（6)〜8)）が，この係数は新耐震基準の導入により地震危険度の賃貸料に対するマイナスの影響が緩和されるかどうかを示しています。つまり，建物構造別の新耐震基準導入後の地震危険度の影響は，それぞれ3)＋6)，4)＋7)，5)＋8)の係数の和になります。右の表は新耐震基準導入前後の地震危険度の係数を建物構造別に示したものです。耐震基準導入により地震危険度の違いの賃貸料への影響度合いが小さくなっていることがわかります。

また，推計された係数から，旧耐震基準の物件（1981年以前の物件）を新耐震基準に改装した場合の賃貸料の予測値を計算することもできます。以下の表は，東京都墨田区の地震危険度5の地域に立地する木造アパートの1階の物件の築年数ごとの予測賃貸料です。実際には，1980年以前，つまり築22年以上の新耐震基準物件は存在しないわけですが，ここでは各説明変数に設定した数値を，新耐震基準ダミーには1を代入し，推計された係数を用いて，もし築22年以上の物件が新耐震基準であれば賃貸料はどの程度になるかについての予測値を計算しています。この表から旧耐震基準の物件が耐震化投資により35％ほど賃貸料の上昇することが分かります。さらに，Nakagawa et al.（2007）では，耐震化投資の費用便益分析を行い，耐震化補助事業の評価についても言及しています。

築年数	1	5	10	21	22	30	40	50
新耐震基準	94.0	88.7	86.5	84.2	84.0	83.1	82.2	81.6
旧耐震基準					62.3	61.6	60.9	60.4

注）賃貸料の予測値の計算には，最寄り駅からの徒歩分数を9分，東京駅からの所要時間を30分，床面積30 m² を想定している。単位：1000円
出所：Nakagawa et al.（2007）Table 3 より著者作成

参考文献

Nakagawa, M., Saito, M., Yamaga, Hisaki., 2007, Earthquake Risk and Housing Rents：Evidence from the Tokyo Metropolitan Area, Regional Science and Urban Economics, 37（1）, pp.87-99.

山鹿久木・中川雅之・齊藤誠，2002，「地震危険度と家賃―耐震対策のための政策インプリケーション」日本経済研究，No.46，pp.1-21.

練習問題

1 東京城南地区および川崎市の賃貸物件データ（rent-jonan-kawasaki.xlsx）を用いて，以下の回帰分析を実施せよ。なお賃貸料は，賃貸料と管理費の合計として再定義してから分析を始めること。

(1) 賃貸料（rent）を被説明変数として，占有面積（floor），築年数（age），オートロックの有無（auto_lock），ケーブルテレビの有無（catv），駅からの時間距離（walk と bus の合計），ターミナルからの時間距離（terminal）の変数を組み合わせて，説明力の高い回帰方程式を探せ。その際，統計的に有意でない説明変数は，回帰式から除くこと。

(2) (1)で得られた回帰式を用いて，賃貸料の理論値を計算し，大森駅（omori）を最寄り駅とする物件の中で，実際の賃貸料よりも賃貸料の理論値が最も大きく上回る物件（お買い得物件）を探せ。

(3) 鉄道路線ダミー（JR線ダミーと東急ダミー）を作成し，東急沿線の物件の家賃が割高であるかどうか検討したい。回帰式には，賃貸料（rent）を被説明変数とし，鉄道路線ダミーと占有面積（floor），築年数（age），駅からの時間距離（walk と bus の合計），ターミナルからの時間距離（terminal），急行停車駅ダミー（express）を説明変数とする回帰式を推定せよ。

(4) 駅から徒歩圏内にある物件に比べて，バスを利用する物件は不便なので賃貸料が低くなると考えられる。そこで，バスを利用する物件（bus>0 の物件）であれば1をとるダミー変数を作成し，(3) で得られた回帰式に説明変数として追加せよ。

2 Stata に付属のデータ nlsw88.dta（米国の労働者の賃金データ）を使って，以下の問いに答えよ。（nlsw88.dta の使い方は第2章練習問題，p.82 を参照）

(1) 週当たりの給与（wage と hous の積，salary）を，一度も結婚したことのない人（never_married が1）と婚姻歴のある人で比較すると，前者のほうが高くなるという。どの程度，差があるか平均賃金を比較せよ。

また，この給与の格差は，一度も結婚していない人と婚姻歴のある人の属性によるもの

かもしれない。たとえば，一度も結婚していない人は学歴が高く，結婚よりも仕事を優先させているのかもしれない。そこで，婚姻歴の有無と，学歴，大卒・非大卒，総就業経験年数を比較せよ。

(2) 以下の三つの回帰式を推定し，never_married の係数を比較せよ。

i) $\text{Salary} = a + b_1 \text{never\_married}$

ii) $\text{Salary} = a + b_1 \text{never\_married} + b_2 \text{grade}$

iii) $\text{Salary} = a + b_1 \text{never\_married} + b_2 \text{grade}$
$\qquad + b_3 \text{（黒人ダミー）} + b_4 \text{（その他の人種ダミー）}$

iv) $\text{Salary} = a + b_1 \text{never\_married} + b_2 \text{grade} + b_3 \text{ttl\_exp}$
$\qquad + b_4 \text{（黒人ダミー）} + b_5 \text{（その他の人種ダミー）}$

(3) (1)の比較と(2)の回帰分析から，なぜ「一度も結婚したことのない人」の平均週当たり給与が高いのかを考察せよ。

(4) 学歴によって賃金が異なることは広く知られているが，その影響は産業によっても異なると考えられる。金融業などの産業では，学歴が高いことで賃金に格差がみられるかもしれない。そこで，金融・保険・不動産業ダミー（fire = 1 if industry == 7）を作成し，以下の回帰式から，金融・保険・不動産業とそれ以外の業種の間で，大卒プレミアムがどの程度異なるか比較せよ。

$\text{wage} = a + b_1 \text{ttl\_exp} + b_2 \text{union} + b_3 \text{south} + b_4 \text{smsa} + b_5 \text{fire}$
$\qquad + b_6 \text{collgrad} + b_7 \text{（collgrad} \times \text{fire）}$

第0章

第1章

第2章

第3章

第4章

第5章

第6章

第7章

逆引き事典

離散選択モデル

❖質的データの分析

　第4章では，アンケート調査などの質的な質問項目（離散的な変数，カテゴリー変数，ダミー変数）を被説明変数にするモデルの推定する方法，および結果の見方を紹介します。最初に，2値選択モデルであるプロビット，ロジット・モデルを，次に，打ち切りデータで利用するトービット・モデルのコマンドを紹介します。被説明変数が3つ以上のカテゴリー変数の場合には多項選択モデルが使われますが，これは逆引き事典で紹介していますので併せて参照してください。

4.1

二値選択のモデル

プロビット，ロジット・モデル

　第3章では，質的な情報を回帰分析の説明変数に取り入れる際に，質的情報を 0/1 の値に置き換えたダミー変数を利用する方法を説明しました。しかし，以下のようなテーマのようにダミー変数を被説明変数として分析する場合，特別な処置を講じる必要が出てきます。

　以下は，$Y=$ 企業の海外生産拠点の有無（海外拠点を持つ企業の場合 1 をとるダミー変数）と $X=$ 企業規模の関係を示すグラフです。

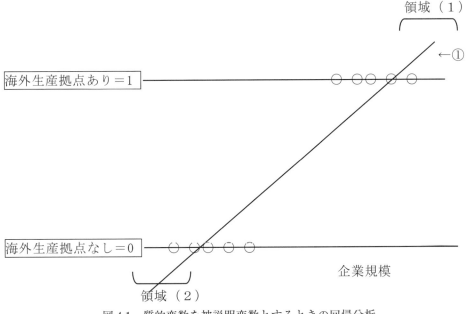

図4.1 質的変数を被説明変数とするときの回帰分析

　この2つの変数の関係を最小二乗法で分析しようとすると，①のような近似直線を当てはめることになります。この場合，領域（1）や領域（2）に示されるように，予測値（理論値）が0から1の範囲を逸脱する領域が出てきてしまうため，正確な予測ができないという問題が生じます[1]。そこで，非線形の近似曲線をあてはめる方法が採用されます。たとえば，図4.2の②のような近似曲線をあてはめた場合，予測値（理論値）が0から1の範囲に収まります。この非線形の近似曲線として，ロジスティック曲線をあてはめたものを**ロジット・モデル**，正規分布の分布関数（累積密度関数）をあてはめたものを**プロビット・モデル**と呼びます。

---

[1]　これに加えて，領域（1）・領域（2）では，Xとともに誤差が拡大していくという性質により，誤差項が均一に分布でなければならないという最小二乗法の前提条件が満たされないという問題が生じます。3章の3.4節を参照して下さい。

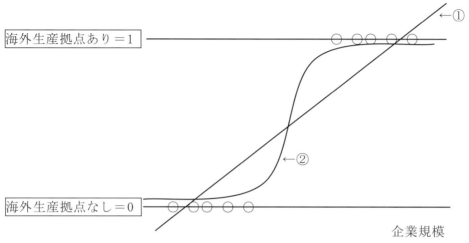

図4.2　質的変数に非線形モデルを導入したときのイメージ

　ロジット・モデルやプロビット・モデルでは，潜在変数モデルと呼ばれる選択行動モデルを理論背景として考えます。たとえば，Y^* を海外生産によって得られる潜在的な利益とし，企業規模（X）との関係を以下のような線形関数で表します。

$$Y^* = a + bX + u$$

そして，潜在変数 Y^* が 0 を超えると，Y が 1 になり，Y^* が 0 を下回るとき Y は 0 になるとします。つまり，海外生産拠点を所有する（$Y=1$）ときの条件は，

$$Y^* > 0 \quad \Leftrightarrow \quad a + bX + u > 0$$
$$\Leftrightarrow \quad u > -a - bX$$

Y が 1 をとる確率を $\mathrm{P}(Y=1)$ とすると，

$$\mathrm{P}(Y=1) = \mathrm{P}(Y^* > 0) = \mathrm{P}(u > -a - bX)$$

　ある変数が一定の条件を満たす確率は，適当な確率分布を当てはめることにより，その分布関数（累積密度関数）から計算することができます。この確率分布として，ロジ

スティック分布を適用したものがロジット・モデル，標準正規分布をあてはめたものが
プロビット・モデルです。推定については，最尤法と呼ばれる推定法が用いられ，大抵
の統計パッケージにはコマンドが用意されています。

ロジスティック関数と標準正規分布の分布関数 [発展]

ロジスティック曲線とは，以下のように表されます。

$$Y = \frac{a}{1 + b\exp(cX)}$$

たとえば，$a=1$，$b=1$，$c=1$のとき，Xを-4から$+4$まで変化させるとYは次
のグラフのように変化します。

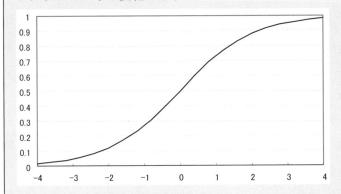

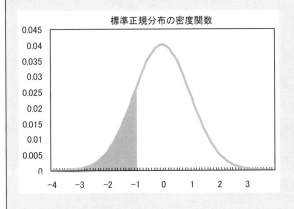

標準正規分布の密度関数

標準正規分布の分布関数（累積密
度関数）も，ロジスティック曲線
と似た形状をしています。

　真ん中の図は標準正規分布の密
度関数で，たとえば，$-\infty < x \leqq -1$
の確率は図中のグレーの面積とし
て表されます。

　下の分布関数は、各々の$-\infty <$

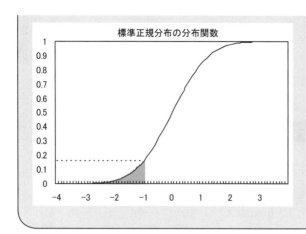

$x \leqq X$ に対応する確率を示します。

　なお，ここでの係数 b は，X と Y^* の関係を示すものであって，X と確率の関係を表しているわけではないということに注意が必要です。よって，推計式は，X と Y の間に非線形の関係があることを考慮して，

$$Y_i = \phi(\beta X_i) + \varepsilon_i$$

のように記述することがあります。また，X が変化したときに確率がどの程度変化するかを知りたいときには，係数とデータから計算される**限界効果**に注目します。限界効果についてはコラムを参照してください。

限定効果について

　Y^* を海外生産によって得られる潜在的な利益（潜在変数）とし，企業規模（X）との関係を以下のような線形関数で表します。海外直接投資には膨大な下準備が必要になるので，豊富な人材をもつ，4規模の大きい企業のほうが有利になります。

$$Y^* = a + bX + u$$

　そして，潜在変数 Y^* が 0 を超えると，Y が 1 になり，Y^* が 0 を下回るとき Y は 0 になるとします。つまり，海外拠点を持つ（$Y=1$）ときの条件は，

第0章

第1章

第2章

第3章

第4章

第5章

第6章

第7章

逆引き事典

$$Y^* > 0 \quad \Leftrightarrow \quad a + bX + u > 0$$
$$\Leftrightarrow \quad u > -a - bX$$

Y が1をとる確率を $P(Y=1)$ とすると，

$$P(Y=1) = P(Y^* > 0) = P(u > -a - bX) = 1 - F(-a - bX) \qquad (※1)$$

$$P(Y=0) = P(Y^* \le 0) = P(u \le -a - bX) = F(-a - bX) \qquad (※2)$$

と表せます。ここで，F は分布関数（累積密度関数）で，$F(Z)$ と標記するとき，z が $-\infty < z \le Z$ の範囲をとるときの確率，$P(-\infty < z \le Z)$ を示します。

　ここで，X が1増えたときに確率がどの程度変化するかは，（※1）を X で微分することで求められます。分布関数（累積密度関数）は，密度関数 f を積分したものであることに注意すると，

$$\frac{dp(Y=1)}{dX} = \frac{d(1 - F(-a - bX))}{dX} = bf(-a - bX)$$

となります。確率 P と X の関係を知るためには，密度関数 f で $(-a - bX)$ を変換した上で，係数 b をかける必要があることがわかります。なお，Stata では，コマンド一つで簡単に限界効果を出力できるようになっています。

　ここでは，事例として，電気メーカーの海外進出状況のデータ，"fdi-firm.dta" を用いてプロビット，ロジット・モデルを推定するコマンドを紹介します[2]。

　プロビット，ロジットの推計は，以下の probit，logit コマンドを使います。基本的な使い方は，最小2乗法の reg コマンドと同じです。robust オプションをつけ

---

[2] "fdi-firm.dta" は，1994〜1999 年の電気機械製造業に属する上場企業の財務関連（売上，利益，国内外の従業員数）データです。収録されている変数は，fid：企業コード，year：年次，sales：売上高，profit：営業利益，slsprofit：売上利益率，wage：従業員あたり賃金俸給，rdsls：研究開発費対売上高比率，labor：従業者数，lf：海外従業者数です。データソースは，財務項目や従業者数などについては各企業の有価証券報告書，海外従業者数は東洋経済新報社「海外進出企業総覧」です。

ることにより標準誤差は3.4節で紹介した頑健な標準誤差で計算しています。

　　　　プロビット　probit y x1 x2 x3, robust

　　　　ロジット　logit y x1 x2 x3, robust

　　　　限界効果　margins, dydx(_all)

以下，具体的に"fdi-firm.dta"を使った事例を見てきましょう。

```
chapter4-1.do ファイル参照
```

```
cd c:\data
use fdi-firm.dta,clear

* 海外生産拠点の有無に関するダミー変数
* (変数 LF は海外従業者数)
gen dum_fdi=0
replace dum_fdi=1 if lf>0

probit dum_fdi slsprofit wage labor,robust
margins, dydx(_all)
logit dum_fdi slsprofit wage labor,robust
margins, dydx(_all)
predict p_hat,pr
sum dum_fdi p_hat

tobit lf slsprofit wage labor,ll(0) vce(robust)
reg lf slsprofit wage labor
```

　　まず，海外生産拠点の有無のダミー変数 dum_fdi を作成します。次に，これを被説明変数とするモデルを推定します。説明変数は，slsprofit（売上利益率），wage（賃金），labor（従業者数）です。

　　結果は以下のとおりです。

```
. probit dum_fdi slsprofit wage labor,robust

Iteration 0:   log pseudolikelihood = -1265.5801
Iteration 1:   log pseudolikelihood =  -1180.589
Iteration 2:   log pseudolikelihood = -1180.4174
Iteration 3:   log pseudolikelihood = -1180.4174

Probit regression                          Number of obs    =        1,919
                                           Wald chi2(3)     =       135.53
                                           Prob > chi2      =       0.0000
Log pseudolikelihood = -1180.4174          Pseudo R2        =       0.0673

                           Robust
    dum_fdi       Coef.   Std. Err.      z    P>|z|    [95% Conf. Interval]

  slsprofit     .080225   .3279691    0.24   0.807    -.5625826    .7230327
       wage    .1859764   .0192959    9.64   0.000     .1481571    .2237957
      labor    .0000254   5.23e-06    4.86   0.000     .0000152    .0000357
      _cons   -1.665016   .1324507  -12.57   0.000    -1.924614   -1.405417


. logit dum_fdi slsprofit wage labor,robust

Iteration 0:   log pseudolikelihood = -1265.5801
Iteration 1:   log pseudolikelihood = -1181.2701
Iteration 2:   log pseudolikelihood = -1180.9103
Iteration 3:   log pseudolikelihood = -1180.9101
Iteration 4:   log pseudolikelihood = -1180.9101

Logistic regression                        Number of obs    =        1,919
                                           Wald chi2(3)     =       114.92
                                           Prob > chi2      =       0.0000
Log pseudolikelihood = -1180.9101          Pseudo R2        =       0.0669

                           Robust
    dum_fdi       Coef.   Std. Err.      z    P>|z|    [95% Conf. Interval]

  slsprofit    .1257524   .5227904    0.24   0.810    -.8988979    1.150403
       wage    .3029406   .0324955    9.32   0.000     .2392505    .3666307
      labor    .0000454   .0000119    3.80   0.000      .000022    .0000688
      _cons   -2.708758   .2237569  -12.11   0.000    -3.147314   -2.270203
```

擬似決定係

　結果の見方は，通常の最小2乗法と基本的に同じです。ただし，t値の代わりにz値という値が表示されますが，これはt値とほぼ同様に考えて結構です。プロビットでもロジットでも，slsprofitは，係数はプラスですが統計的には有意ではありません。一方，wageとlaborの係数はプラスで，かつ統計的に有意であることがわかります。モデルの説明力については，通常の決定係数ではなく，擬似決定係数（Pseudo R2）に注目します。この値も1に近いほど説明力が高いと解釈します。この推定結果では，係数の大

きさには特に意味を持ちません。説明変数が1大きくなったとき，確率がどの程度変化するかは，前述の限界効果に注目します。

まず，ロジット・モデルの限界効果から見て行きましょう。margins コマンドは，直前の分析結果の限界効果を計算してくれます。

以下はプロビット・モデルの限界効果です。

```
. margins,dydx(_all)

Average marginal effects                      Number of obs     =     1,919
Model VCE      : Robust

Expression    : Pr(dum_fdi), predict()
dy/dx w.r.t. : slsprofit wage labor

                          Delta-method
                 dy/dx    Std. Err.      z     P>|z|     [95% Conf. Interval]

    slsprofit   .0281198   .1149518     0.24    0.807    -.1971816    .2534212
         wage   .0651868   .0063458    10.27    0.000     .0527493    .0776243
        labor   8.91e-06   1.80e-06     4.96    0.000     5.39e-06    .0000124
```

次の結果はロジット・モデルの限界効果です。

```
. margins,dydx(_all)

Average marginal effects                      Number of obs     =     1,919
Model VCE      : Robust

Expression    : Pr(dum_fdi), predict()
dy/dx w.r.t. : slsprofit wage labor

                          Delta-method
                 dy/dx    Std. Err.      z     P>|z|     [95% Conf. Interval]

    slsprofit   .0268674   .1116908     0.24    0.810    -.1920425    .2457773
         wage   .0647242   .0064924     9.97    0.000     .0519994     .077449
        labor   9.69e-06   2.49e-06     3.89    0.000     4.81e-06    .0000146
```

wage の隣，dy/dx の列にはプロビットの場合は 0.0652 という数値が入っていますが，これは賃金が 1（単位：100 万円）上がると，企業が海外生産拠点を持つ確率が 6.5% 上昇するということを意味します。また，ロジット・モデルの場合は wage の限界効果は 0.0647 とプロビット・モデルとほぼ同じ数値が出ています。このようにプロビット・モデルとロジット・モデルの結果は，きわめて類似していることが分かります。

そしてプロビット，ロジット・モデルで予測値を計算するには predict コマンドを付けますが，pr オプションをつけることで予測確率を計算できます。以下では，ロジット・モデルの推計後に predict コマンドで p_hat という変数を作成し予測値を格納しています。

```
. predict p_hat, pr

. sum dum_fdi p_hat

    Variable |       Obs        Mean    Std. Dev.       Min        Max
-------------+--------------------------------------------------------
     dum_fdi |     1,919    .3710266    .4832055          0          1
       p_hat |     1,919    .3710266    .1404384    .0625078    .961037
```

4.2 打ち切りデータの分析
トービット・モデル

トービット・モデルは，自動車購入額や株の保有高のように，所有していなければ 0，所有しているときは実数値をとる変数を被説明変数として分析する際に用いられます。こうした変数は，0 以下にならないという意味で質的な側面を持つ変数で，0 以上のとき実数値をとるという意味では量的な側面を持つ変数です。これを打ち切りデータと呼びます。図は，Y 自動車購入額（縦軸）と X 所得（横軸）の関係を示すものですが，低所得階層では自動車購入額がゼロとなっている世帯が多いことが分かります。こうした変数に，回帰直線を当てはめると，質的選択モデルの分析と同様の問題が生じます。

こうしたデータのことを0で切断されたデータと呼びます。

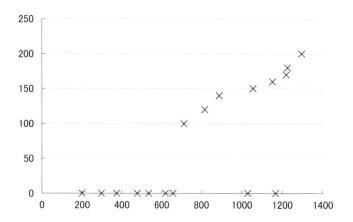

トービット・モデルは，以下のようなモデルを推定します。

$$Y = \begin{cases} Y^* & Y^* > 0 \\ 0 & Y^* \leq 0 \end{cases}$$

$$Y^* = a + bX + u$$

トービット・モデルの推定ですが，以下の tobit コマンドを用います。

データに下限があるとき

```
tobit y x1 x2 x3, ll(x) vce(robust)
```

データに上限があるとき

```
tobit y x1 x2 x3, ul(x) vce(robust)
```

カンマ以降のオプションですが，ll(x) と ul(x) については以下の事例を説明しながら紹介していきます。vce(robust) は標準誤差を頑健な標準誤差で計算するためのオプションです。

　ここでは，事例として，海外従業者数（LF）の決定要因を tobit コマンドで分析し

てみましょう。被説明変数である海外従業者数は，海外に生産拠点を持たない企業の場合，0の値をとります。つまり，被説明変数は0で切断されている（0以下の数値を取らない）といえます。この場合，被説明変数の下限（lower limit）は0であることをStataに認識させるためにオプション 11(0) を付けますおきます（ll は lower limit の略）。もし，被説明変数に上限値がある場合，たとえばエアコンの普及率であれば100％が上限なので ul(100) と記入します。では結果を見ていきましょう。

`. tab dum_fdi`

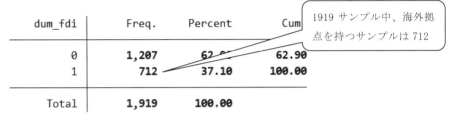

dum_fdi	Freq.	Percent	Cum.
0	1,207	62.90	62.90
1	712	37.10	100.00
Total	1,919	100.00	

> 1919 サンプル中、海外拠点を持つサンプルは 712

`. tobit lf slsprofit wage labor,ll(0) vce(robust)`

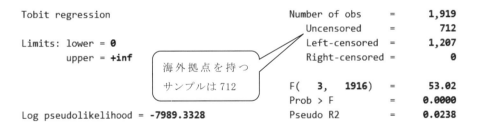

```
Tobit regression                    Number of obs    =      1,919
                                    Uncensored       =        712
Limits: lower = 0                   Left-censored    =      1,207
        upper = +inf                Right-censored   =          0

                                    F(   3,   1916)  =      53.02
                                    Prob > F         =     0.0000
Log pseudolikelihood = -7989.3328   Pseudo R2        =     0.0238
```

> 海外拠点を持つサンプルは 712

lf	Coef.	Robust Std. Err.	t	P>|t|	[95% Conf. Interval]	
slsprofit	3783.664	2751.501	1.38	0.169	-1612.587	9179.916
wage	999.7955	166.7553	6.00	0.000	672.7544	1326.836
labor	.4403417	.036715	11.99	0.000	.3683362	.5123473
_cons	-12120.81	1979.595	-6.12	0.000	-16003.2	-8238.428
var(e.lf)	6.83e+07	2.46e+07			3.38e+07	1.38e+08

推定結果の下には，切断されたサンプル数が表示されています。ここから，1919件中，712件が0の値をとっていることがわかります。なお，tobitの場合，説明変数が1増えたときの影響は係数に注目すればOKで，marginsコマンドを利用する必要はありません。

　比較のために，以下に最小二乗法による推定結果を示しています。随分と結果が異なることが分かります。たとえば，wageの係数は，tobitの場合，999.795であるのに対して，regコマンドによる最小二乗法の結果では，係数は43.96で，また，統計的にも有意でありません。

```
. reg lf slsprofit wage labor, robust

Linear regression                               Number of obs   =      1,919
                                                F(3, 1915)      =      47.40
                                                Prob > F        =     0.0000
                                                R-squared       =     0.2824
                                                Root MSE        =     4511.1

                            Robust
         lf       Coef.   Std. Err.      t    P>|t|     [95% Conf. Interval]

  slsprofit    1674.402   782.4719     2.14   0.032     139.8157    3208.989
       wage    43.96027   46.90021     0.94   0.349    -48.02059    135.9411
      labor   .3383858    .029671    11.40   0.000      .280195    .3965766
      _cons    215.5724    349.562     0.62   0.538    -469.9897    901.1346
```

分析事例 6

女性役員がいる企業の特徴

　日本では女性社長や女性役員が少ないことが知られています。日本政府の成長戦略で
も，少子高齢化の進む我が国において，女性活躍の機会を拡大するためには，女性社長・
役員を増やしていくことが重要とされています。こうした政策目標を達成するためには，
まずどのような企業に女性社長・役員がいるのかを把握することが重要と言えます。そ
こで，一橋大学の森川正之氏は，経済産業研究所が実施した独自のアンケート調査と
2011 年時点の経済産業省「企業活動基本調査」を組み合わせたデータで，日本企業に
おける女性取締役の有無と人数の決定要因を分析しています（Morikawa, 2016）。サン
プル企業は従業員 50 人以上の 3200 社で上場企業のみならず非上場企業，そして，製造
業や卸小売業，サービス業非上場企業が含まれています。

　Morikawa（2016）では以下のような推計式をプロビット・モデル，あるいはトービッ
ト・モデルで推計しています。

$$Y_i = \phi(\beta X_i) + \varepsilon_i$$

　被説明変数 Y_i には 3 つの変数，①女性役員がいれば 1 をとるダミー変数，②役員総
数占める女性役員の比率，③女性社長ダミー，を用いています。①と③は，ダミー変数
ですので Probit モデルで，②は比率ですから最小値 0 で最大値が 1 になりますので
Tobit モデルで推定が行われています。説明変数 X_i には，従業者数で測った企業規模，
企業年齢，外資比率，上場企業ダミー，子会社ダミー（親会社を持つ企業ダミー），オー
ナー企業ダミー，労働組合ダミー，役員数が含まれています。

　推計結果は次の表に示されています。主な結果をかいつまんで紹介すると，①女性役
員ダミー，②女性役員比率を被説明変数とする推計式より，上場企業や老舗企業，親会
社の子会社，労働組合のある企業では，女性取締役がいない傾向があることがわかりま
す。一方で，①～③の推計式のいずれでもオーナー企業ダミーと役員数の係数がプラス

で有意であり，女性の取締役や CEO がいる可能性が高いことが分かります。また，ここには示されない追加的な分析として Morikawa（2016）では①と②の推計式に，女性社長ダミーを説明変数に加えた推計を行っています。これは海外の先行研究で，既に女性が取締役会にいる企業は追加的に女性を取締役に登用する確率が低いという実証結果があり，日本でも同様の結果がみられるかを調べています。追加的な分析からは，女性社長ダミーは統計的に有意ではなく，日本企業では，すでに女性取締役がいる企業で追加的に取締役に任命しないという「形だけの女性登用」が見られないと指摘しています。

　さて，これらの結果を踏まえ，どうすれば女性役員・取締役の数を増やすことができるのでしょうか。まず，企業規模が大きく，歴史のある上場企業では女性役員は少ない一方で，若い企業やオーナー企業では女性役員が多いことがわかります。これを踏まえ，Morikawa（2016）は，女性役員がいる企業を大幅に増やすには，老舗企業に働きかけるよりも，新規企業の参入を促すことがより重要かもしれないと結論付けています。また，役員数が多い企業ほど女性役員がいる確率，あるいは女性役員比率も高いので，役員数を増やすことも取締役会の男女構成を変化させるのに有効かもしれないと付け加えています。

	①女性役員ダミー Probit 限界効果	②女性役員比率 Tobit 係数	③女性社長ダミー Probit 限界効果
企業規模	− 0.0098	− 0.019	0.0022
	(0.008)	(0.0137)	(0.0019)
企業年齢	− 0.0014 ***	− 0.0026 ***	− 0.0002 *
	(0.0004)	(0.0007)	(0.0001)
外資比率	0.0002	0.0000	
	(0.0009)	(0.0017)	
子会社ダミー	− 0.1279 ***	− 0.2682 ***	− 0.0046
	(0.0153)	(0.0345)	(0.0042)
上場企業ダミー	− 0.103 ***	− 0.2572 ***	− 0.0076
	(0.017)	(0.0666)	(0.0033)
オーナー企業ダミー	0.1582 ***	0.2933 ***	0.0108 ***
	(0.0148)	(0.0299)	(0.004)
労働組合ダミー	− 0.081 ***	− 0.1523 ***	− 0.0005
	(0.0141)	(0.0297)	(0.004)
役員数	0.0139 ***	0.015 ***	
	(0.0026)	(0.0047)	
産業ダミー	Yes	Yes	Yes
サンプル数	3057	3057	3049
疑似決定係数	0.1548	0.1858	0.0315

注）カッコ内は頑健な標準誤差，*** は 1 ％，** は 5 ％，* は 10 ％水準で統計的に有意であることを示す。

Morikawa, M., "What Types of Companies Have Female Directors? Evidence from Japan," Japan and the World Economy, Vols. 37-38, pp. 1-7, 2016.

練習問題

1 Stata 社提供の米国の労働者データ "union.dta" を用いて，どのような労働者が労働組合に参加しているかを，`probit`，および `logit` コマンドで分析せよ。データセットは，PC がインターネットに接続されていれば，

    `webuse union.dta,clear`

と入力することで利用可能である。データに含まれる変数の定義は，"describe" で確認することができる。

2 Stata 社が提供する女性の就業状態に関するデータ "laborsup.dta" を用いて，女性の教育水準（fem_educ），子供の数（kids），その他の所得（other_inc）が，女性の就業（fem_work）に及ぼす影響を，`probit`，および `logit` コマンドで分析せよ。

  なお，データは，`webuse laborsup.dta,clear` で利用可能である。

3 2 と同じデータを用いて，女性の教育水準（fem_educ），子供の数（kids），その他の所得（other_inc）が，女性の収入（fem_inc）に及ぼす影響について分析したい。このデータでは，女性が就業していない場合（fem_work）の女性の収入（fem_inc）は 10 と記録されているので，10 を下限とする打ち切りデータであるので tobit モデルを利用すること。また，通常の最小 2 乗法による回帰モデル reg とも比較せよ。

第2部
因果推論

　第2部では因果推論のための様々な分析手法を扱いますが，これまで紹介した相関係数などの記述統計指標や回帰分析ではどんな問題があるのかを考えてみましょう。そもそも，なぜデータ分析を行うのでしょうか？　たとえば，株価はどんな社会経済変数と相関を持っているかを知るために色々な変数と株価の相関を調べようという動機もあるかもしれません。しかし，それを意思決定に役立てるのであれば，原因と結果の関係，すなわち因果関係を明らかにすることが重要です。というのは，単に二つの変数の間に相関があることを発見できたとしても，2つの変数が相互に影響しあう状態（**同時決定性・逆の因果性**）にあるため，どちらが原因でどちらが結果なのか判別することが困難であったり，あるいは**第三の変数**の影響で相関があるようにみえているだけということもありうるからです。このように因果関係を特定できない相関関係のことを「見せかけの相関」と呼びます。第2部では，因果関係を特定する手法を紹介していきますが，それに先立ち因果関係の特定が困難となる「見せかけの相関」が発生するメカニズムについて考えておきましょう。

1. 同時決定・逆の因果性

　たとえば，ホテルの宿泊料と宿泊者数の関係を知りたいとしましょう。ミクロ経済学の初歩の初歩で習った通り，宿泊料が下がると需要が増えるので宿泊者数は増えるかもしれません。しかし，宿泊者数が増えて残室が減ってくると宿泊料は上昇します。このように宿泊料と宿泊者数の間には強い相関があると考えられますが，両者は**同時決定**です。このような場合，相関係数や通常の回帰分析からは，ホテルや旅館が宿泊料をあげたときに宿泊者数がどの程度変化するかと

いった因果効果を計測するには工夫が必要です。

　もう一つの例として，犯罪発生率と交番の数の関係を考えてみましょう。交番は日本固有のシステムで，他国ではあまりみられないユニークな制度とされています。日本の治安がいいのは交番の存在よるものといった議論もみられます。では，交番の数と当該地区の犯罪発生率の関係を調べることで，交番を増やすと犯罪をどの程度減らすことができるかを論じることはできるでしょうか？　これも実は単純ではありません。というのは，交番を設置することによって当該地域の犯罪が減少するという効果がある一方で，警察は交番を犯罪発生率の高い地域に積極的に設置している可能性もあります。今知りたいのは，交番の新規設置→犯罪発生率という因果関係ですが，犯罪発生率→交番の新設という**逆の因果性**が存在する場合は，交番の数と犯罪発生率の相関を見ただけではその因果関係について論じることはできないのです。

2．第三の要因

　今，インターンシップ経験と就職先企業の初任給の関係について調べたいとします。インターンシップ経験によって社会人とのコミュニケーション能力が向上すれば就職活動で有利になるかもしれません。しかし，インターンシップに参加する際に多くの企業は面接などの選考を課していて，意欲的で優秀な学生ほどインターンシップに参加しやすくなっている可能性があります。そうするとインターンシップ経験の有無と就職先企業の初任給の間に相関があったとしても，学生の元々の意欲や能力が**第三の要因**としてインターンシップの参加の有無と初任給の双方に影響しているかもしれません。

　もう一つ例として，パソコンを所有している子どもと所有していない子どもでは，前者の子供のほうが成績がよいという相関を見つけたとします。このとき，子どもにパソコンを与えれば成

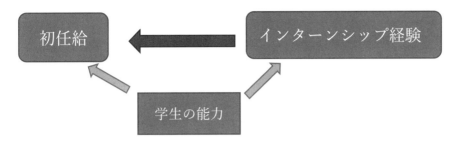

績があると解釈していいでしょうか？　これも親の所得が**第三の要因**として機能している可能性があります。親の所得が高ければ子どもにパソコンを買い与えることができると同時に，塾に通わせたり子どもに対する教育にも熱心かもしれません。

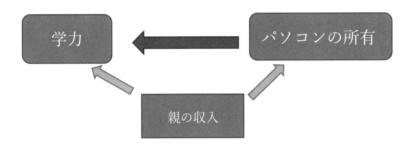

3. 全くの偶然

　見せかけの相関が発生する三つ目のケースとして，「全くの偶然」という例も多数存在します。たとえば，日本人のパンの消費量と平均寿命。どちらも緩やかに上昇しています。では両者に相関があるから，「日本人はお米ではなくパンを食べましょう」と結論付けてよいでしょうか。この2つの変数はともに右上がりの傾向を持っていたので，相関関係が示されただけだと考えられます。

最強のツール：ランダム化比較実験

　では，どうすれば因果関係を特定できるのでしょうか？　たとえば，ある企業で，希望者に対して試験的にテレワークの導入を導入し，従業員の満足度や生産性が改善するかを計測しようと試みたとします。テレワーク勤務を希望した人と希望しなかった人の生産性や仕事満足度を比較することで因果効果を計測できるでしょうか？　この場合，テレワーク勤務を志願制にしているので新しい技術の導入に意欲的な人がテレワーク勤務を希望し，消極的な人ほどテレワーク勤務を希望しないかもしれません。つまり，テレワーク希望者と非希望者は異質な従業員であるとす

れば，両者の比較は**フェアな比較でない**といえます。このときテレワーク勤務によって生産性が上がったという計測結果が得られたとしても，それは意欲の差によるものなのかテレワークによるものなのか識別が困難となります。したがって，もしテレワーク勤務を全社員に広げたとしても，試験的に実施したときの生産性向上効果と同じ効果が期待できるとは限りません。このように意欲の違いが**第三の要因**となり，グループ分け（テレワークの希望の有無）が成果（生産性・仕事満足度）に影響してしまうことによって生じる因果効果の計測値にもたらされる歪のことを**サンプル・セレクション・バイアス**と呼びます。

テレワーク勤務の有無

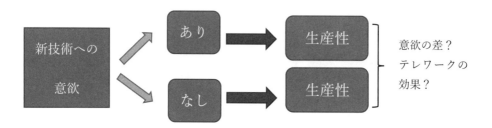

そこで登場するのが**ランダム化比較実験**です。たとえば，テレワーク希望者の中で抽選に当選した人のみがテレワーク勤務が許可され，抽選で外れてしまった人はオフィスでの勤務を継続するといった実験を実施したとします。テレワーク勤務希望者で実際にテレワーク勤務を行った人と希望はしたが抽選に外れてオフィス勤務を継続した人を比較する場合，テレワークの実施の有無は抽選でランダムに決まっていますので，両者の間に意欲の差はなく**フェアな比較**であるといえます。さて，ここで例として紹介したテレワークですが，スタンフォード大学のニック・ブルーム教授らのグループが，中国のオンライン・ベースの旅行会社，シートリップ（Ctrip）社との共同研究で，ランダム化比較実験によってその効果が計測されています（Bloom et al. 2015）。彼らの実験が対象としたコールセンター業務では，テレワーク勤務は13％ものパフォーマンス改善がみられたことを報告しています。

ランダム化比較実験は因果関係を特定する強力なツールですが，こうしたデータを利用できる機会というのは非常に限られています。というのは，ランダム化比較実験には多額の費用がかかるので誰もが実験を実施できるとは限らないほか，仮に費用面の問題がクリアできたとしても実験により参加者・非参加者に大きな不利益が生じてしまうなど倫理的な問題が生じる場合もあり

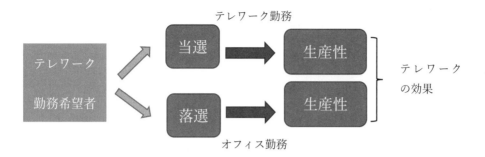

テレワーク勤務

テレワーク勤務希望者　→　当選　→　生産性　｝テレワークの効果

落選　→　生産性

オフィス勤務

ます。こうした事情もあり，ある社会経済政策の影響といった大きなテーマを扱う場合は，観察データ（非実験データとよばれます）を使う機会のほうが多いかと思います。第2部では，観察データを利用して因果関係を特定する手法について考えていきます。第5章では，差の差の分析と呼ばれる手法について紹介します。差の差の分析は特にパネル・データを利用することで強力な分析ツールとなります。第6章では操作変数法を扱います。操作変数とは，たとえばYとXが同時決定にあるような状況で，Xには影響するがYには直接影響しない変数を導入することでXがYに及ぼす影響を測定する手法です。第7章では傾向スコア法を紹介します。傾向スコア法とは，ある施策を実施したグループと実施しなかったグループを比較する際に，できるだけ「フェアな」比較グループを設定することでセレクション・バイアスを回避しつつ分析しようとする手法です。たとえば，交換留学の効果を測定する場合，交換留学に参加した人との比較対象として，「交換留学に参加してもおかしくない能力を持つが実際には参加しなかった人」をピックアップして比較する手法が傾向スコア法です。なお，2021年のノーベル経済学賞受賞者の米カルフォルニア大学バークレー校のディビッド・カード氏は，差の差の分析を用いた最低賃金の影響についての研究，米マサチューセッツ工科大学のヨシュア・アングリスト氏は操作変数法を用いたベトナム戦争への従軍が賃金に与える影響や，学校教育におけるクラスの大きさが成績に与える影響で大きな注目を集めました。もう一人の受賞者である米スタンフォード大学のルイド・インベンス氏は，傾向スコア法を含む因果推論手法の確立，および因果推論に関する標準テキストの著者として知られています。

Bloom, N., Liang, J., Robuert, J., and Ying, Z-J., 2015, Dose Working from Home Works? Evidence from a Chinese Experiment, Quarterly Journal of Economics, 165-218.

第 5 章

差の差の分析とパネル・データ分析

❖因果推論の定番

　たとえば，今，ある都市で行われた飲食店での喫煙禁止政策の影響について関心があるとしましょう。差の差の分析（Difference-in-Difference）では，(1) 喫煙禁止政策が導入された都市と (2) 導入されていない都市の間で，飲食店の売上が変化したかを分析します。飲食店の売上高の政策実施前後の「差」を (1) と (2) の都市の間で「差」をとる（比較）するところから差の差の分析と呼ばれます。

　差の差の分析は特にパネル・データを利用することで強力な分析ツールとなります。パネル・データとは，複数の個人・企業・国・地域などを，複数時点にわたって追跡調査したデータセットのことです。パネル・データを用いることで，ある1時点のデータでは分析が困難であった仮説の検証などが可能になるなどの利点もあり，今やデータ分析の必須科目といえます。

5.1
前後比較と差の差の分析

　まず，差の差の分析の意義から考えていきましょう。たとえば，タブレットを使った新しい学習プログラムを導入したある地方自治体が，「タブレット学習の導入によって生徒の算数の成績が導入前に比べて10％向上した」と発表したとしましょう。ここでの成果評価は，タブレット学習の導入前と導入後で生徒の成績がどの程度上がったかを比較していますので，これを**前後比較分析**といいます。この前後比較分析は国や自治体，

あるいは企業でもよく行われることがありますが，データ分析の手法では信頼性（エビデンス・レベル）の低い手法だといわれています。

　一方，差の差の分析（Difference-in-Difference, DID）は，プログラムの参加者と非参加者について，プログラム前後のパフォーマンスを比較する手法です。プログラム前後の比較（差をとる）を，参加者・非参加者で比較する（差をとる）ことから，「差の差の分析（Difference-in-Difference, DID）」と呼ばれます。この手法は，前後比較に比べて，エビデンス・レベルの高い，すなわち質の高い手法だとされています。具体例を使って説明しましょう。

5.1.1 自治体の独自政策の政策効果の分析

　今，ある県のA町で，町長肝いりのITCを活用した中学生向けの新しい学習プログラムを開始したとします。このプログラムを評価するには，どの程度成績（中学生 i の成績，Yi）が上がったかを調べる必要があります。ここで，プログラム対象者（**処置群**，**Treatment** と呼びます）のプログラム実施前（t-1）の成績を $Y_{\mathrm{T,it\text{-}1}}$，実施後の成績を $Y_{\mathrm{T,it}}$ と表します。この効果を測定するシンプルな方法は，**前後比較**，すなわちプログラム開始前後で，この町の中学生の成績がどの程度上がったかを調べる方法です。つまり，

$$Y_{\mathrm{T,it}} - Y_{\mathrm{T,it\text{-}1}}$$

がプログラム実施の効果になります。一方で**差の差の分析**では，プログラムを実施しなかった比較可能な学生グループ（これを**比較群**，**Control** と呼びます。），たとえば同じ県の隣接する市町村の学生の成績データを収集します。プログラムを実施したA町の学生の成績変化と比較しますので，収集したA町の生徒のデータと同じ時点の比較群の学生の成績，$Y_{\mathrm{C,it\text{-}1}}$，$Y_{\mathrm{C,it}}$ を収集します。差の差の分析では，処置群と比較群の成績の差を比較しますので，

$$(Y_{T,it} - Y_{T,it\text{-}1}) - (Y_{C,it} - Y_{C,it\text{-}1})$$

を計算することになります。

　なぜ，この方法が優れているのでしょうか？　次の図 5.1 は処置群と比較群の学生の成績の推移を示しています。前後比較では，処置群の学生の成績の変化に注目しますので，図 5.1 の a がその効果になります。一方，差の差の分析では，比較群の学生の成績変化も考慮します。実際，比較群の学生の成績も処置群ほどではないものの，上昇している（図中の b）ことがわかります。これは，たとえば国全体，あるいは県単位の教育環境の改善施策があって，その影響を受けて比較群の学生の成績があがっていると考えられます。こうしたマクロ的な成績向上のトレンドは当然処置群の学生にも影響を受けているはずです。全体的なトレンドの影響を除去して，プログラムによる成績向上の影響を評価するためには，a から b を引く必要があります。図中の点線は比較群の成績変化の線を上方に平行移動させたものです。この点線は，もし処置群でプログラムが実施されておらず，マクロ的なトレンドの影響のみを受けていたら，成績はどの程度を変化していたかという**反実仮想**（**Counterfactual**）を示すと考えられます。そして，プログラムの効果は a と b の差分である c であると結論付けられます。このように差の差の分析ではマクロ的なトレンドを考慮しているのに対して，前後比較ではトレンドの影響を無視しているので因果効果を正しく計測できない可能性があります。

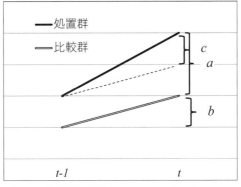

図5.1 前後比較分析と差の差の分析の違い

5.1.2 都市開発の効果の分析

　もう一つ例を見てみましょう。第3章の分析事例では神奈川県藤沢市の湘南台駅近隣の賃貸物件の賃貸料データを分析しました。この地区では，1999年に相模鉄道いずみ野線と横浜市営地下鉄が開通し，横浜方面へのアクセスが大幅に改善しました。同時に，駅周辺の再開発が行われ，人口増加とともに，商業施設が立ち並ぶ郊外の都市に発展しました（次頁の図と写真参照）。本節では，1999年から2004年にかけての賃貸料の変化幅を，湘南台地区を処置群とし近隣地域を比較群として分析してみましょう。

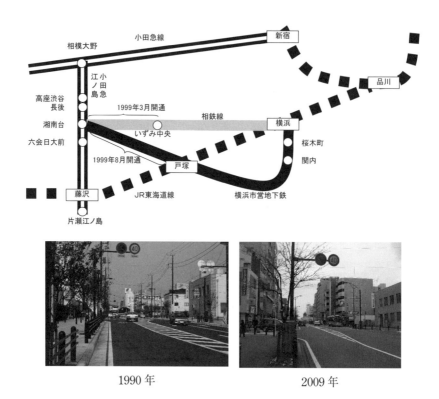

1990 年 　　　　　　　　　　　　　　2009 年

　今，都市開発の対象グループを処置群（Treatment），非対象のグループを比較群（Control）と呼びます。ここでは，処置群，比較群について，それぞれ，1999 年と2004 年の「差」をとって，さらに処置群，比較群の差をとります。

処置群	1999 年の賃貸料	2004 年の賃貸料	2 時点の差	処置群と
比較群	1999 年の賃貸料	2004 年の賃貸料	2 時点の差	比較群の差

　これを題材に回帰分析で，前後比較分析と差の差の分析を比較してみたいと思います。使用するデータは第 3 章でも使用した odakyu-eonoshima.xlsx です。以下がプログラム例です。

```
1    cd c:¥data
2    import excel using odakyu-enoshima.xlsx,clear firstrow
     * ダミー変数の作成
3    gen Treat=0
4    replace Treat=1 if station=="shonandai"
5    gen Treat2004=0
5    replace Treat2004=1 if station=="shonandai"&year==2004
7    gen Year2004=0
8    replace Year2004=1 if year==2004
9    reg rent floor age Treat2004 if Treat==1, robust
10   reg rent floor age Year2004 Treat Treat2004, robust
```

　このプログラムでは 3 行目から 8 行目でダミー変数を作っています。9 行目が前後比較分析で，処置群（湘南台駅最寄り物件）の賃貸料の 1999 年から 2004 年の賃貸料の変化に注目しますので，

　　　　reg rent floor age Treat2004 if Treat＝＝1

という式を推定します。ここで Treat2004 は 2004 年の湘南台駅最寄り物件であれば 1，そうでなければ 0 のダミー変数です。前後比較の場合，サンプルが湘南台駅最寄り物件に限定されていますので事実上 2004 年ダミーになっています。

　一方，差の差の分析では，処置群（湘南台駅最寄り物件）と比較群（周辺駅最寄り物件）の 1999 年から 2004 年の賃貸料に注目しますので，プログラム例の 10 行目，すなわち，次のような 3 つのダミー変数を導入した回帰式を推定します[1]。

　　　　reg rent floor age year2004 Treat Treat2004

---

[1]　なお，この回帰式と差の差の分析の推定量の関係については，WEB Appendix を参照してください。

3つダミー変数とは，

- ▶ Treat: 処置群ダミー，湘南台駅を最寄りとする物件なら1，そうでなければ0
- ▶ Year2004: 2004年のデータであれば1，そうでなければ0
- ▶ Treat2004: Treat と Year2004 の交差項（両者をかけ合わせたもの），2004年の湘南台駅を最寄りとする物件なら1，そうでなければ0

です。次の表5-1は，3つのダミー変数のイメージです。

表5-1 ダミー変数のイメージ

rent	x	Year	Station	Treat	Treat2004	Year2004
XXX	XXX	1999	湘南台	1	0	0
XXX	XXX	1999	湘南台	1	0	0
XXX	XXX	2004	湘南台	1	1	1
XXX	XXX	2004	湘南台	1	1	1
XXX	XXX	1999	長後	0	0	0
XXX	XXX	1999	長後	0	0	0
XXX	XXX	2004	長後	0	0	1
XXX	XXX	2004	長後	0	0	1
XXX	XXX	1999	六会	0	0	0
XXX	XXX	1999	六会	0	0	0
XXX	XXX	2004	六会	0	0	1
XXX	XXX	2004	六会	0	0	1

　Treat は，湘南台駅の物件が他の駅を最寄りとする物件に比べて，どの程度，賃貸料が異なるかを示し，Year2004 は 2004 年の賃貸料が全体として 1999 年の賃貸料に比べてどの程度変化しているかを示します。そして，Treat2004 は，湘南台駅の賃貸料が2004年では，大きくなっているか（あるいは小さくなっているか）否かを示します。すなわち，Treat2004 の係数は，湘南台プレミアが 1999 年から 2004 年にかけて，どの程度変化したかを示します。

　では結果を見ていきましょう。以下の2つの結果のうち，上段が前後比較分析，下段が差の差の分析です。

以下のプログラムについては，chapter5-1.do ファイルを参照。

```
. reg rent floor age Treat2004 if Treat==1,robust
```

Linear regression

前後比較分析

			Number of obs	=	120
			F(3, 116)	=	105.31
			Prob > F	=	0.0000
			R-squared	=	0.8207
			Root MSE	=	1.2567

rent	Coef.	Robust Std. Err.	t	P>|t|	[95% Conf. Interval]	
floor	.1128017	.0066584	16.94	0.000	.0996139	.1259896
age	-.0902422	.0218865	-4.12	0.000	-.1335912	-.0468932
Treat2004	.5060994	.1877638	2.70	0.008	.1342095	.8779894
_cons	3.774265	.2573761	14.66	0.000	3.264499	4.28403

```
. reg rent floor age Year2004 Treat Treat2004,robust
```

Linear regression

差の差の分析

			Number of obs	=	221
			F(5, 215)	=	92.74
			Prob > F	=	0.0000
			R-squared	=	0.8304
			Root MSE	=	1.0987

rent	Coef.	Robust Std. Err.	t	P>|t|	[95% Conf. Interval]	
floor	.1070928	.0052717	20.31	0.000	.096702	.1174835
age	-.085893	.0132534	-6.48	0.000	-.1120162	-.0597698
Year2004	-.0852448	.1704169	-0.50	0.617	-.4211466	.2506569
Treat	.7830804	.1611189	4.86	0.000	.4655054	1.100655
Treat2004	.6549494	.2547791	2.57	0.011	.1527648	1.157134
_cons	3.192849	.215221	14.84	0.000	2.768636	3.617063

Treat2004 の係数は，前後比較では 0.506，差の差の分析では 0.655 と後者でやや大きくなっています。これは，なぜでしょうか？ 差の差の分析の Year2004 の係数をみると，0.852 と有意ではないもののマイナスとなっています。これは湘南台駅最寄り物件では賃貸料が上がっている一方で，湘南台駅以外を最寄りとする物件では賃貸料が下がっ

ている可能性があることを示唆しています。つまり，比較群では賃貸料が下がっているので，処置群と比較群で賃貸料の差を比較した場合，単純な処置群の賃貸料の上昇幅よりも大きくなったと考えられます。比較対象の賃貸料はマクロ的な賃料の動向を反映しているとすれば，前後比較ではこうした状況を考慮しない不十分な推計値であるといえます。

なお，差の差の分析はパネル・データを用いて分析することでより強力な分析ツールとなります。5.2節では，パネル・データとは何かからスタートし，パネル・データ分析の意義，そしてパネル・データによる差の差の分析の手順について説明していきます。

5.1.3 差の差の分析の限界

差の差の分析は，比較的単純な分析で因果関係を特定できるので便利なのですが，分析に際しては，処置群と比較群がどのように振り分けられているかに注意する必要があります。理想的には，ランダム化比較実験のように処置群と比較群がランダムに振り分けられているのが望ましいのですが，観察データを使う場合でそのような事例は極めて稀です。そこで，政府や自治体の制度変更等に伴って，ある特定のグループのみに適用される制度変更を利用したり，災害のように特定の地域で発生するイベントを利用する**自然実験**を利用した分析が行われます。

しかし，実際には政策効果の測定のニーズとしては，たとえば公募制の留学支援パッケージの効果や，企業の海外進出や研究開発投資の拡大といった企業戦略の効果測定などの分析ニーズも多々あります。このような場合に差の差の分析を適用しても正確な効果測定が実施できないことが知られています。たとえば，今，公募制の交換留学プログラムの参加者と非参加者を比較して語学のスコアに関する効果測定を実施する場合を考えてみましょう。語学スコアの伸びは，交換留学非参加者に比べて参加者のほうが大きいと期待されますが，この差を因果効果と考えてもよいでしょうか？　交換留学プログ

ラムへの参加は公募制なので，意欲が高く，語学の勉強に熱心な学生が応募すると考えられます。一方，非参加者は語学の勉強にはさほど熱心ではない学生も多いかもしれません。そうすると，参加者と非参加者の間での語学のスコアの伸びの差には，たしかに留学による効果もあるかもしれませんが，プログラム参加前の語学に対する熱意の違いも反映されていると考えられます。

　もう一つ，企業の海外展開の効果に関する分析についても考えてみましょう。企業が海外進出することで，国内生産や雇用にどんな影響があるかを調べたいとします。海外に進出した企業を処置群，国内に留まっている企業を比較群として分析する方法が考えられます。このとき，比較群にデータが得られる企業をすべて含めてもいいものでしょうか？　製造業企業の場合，海外進出には資金，技術，人材が必要になりますので，海外進出する企業は比較的大きな企業が中心になります。このような企業と比較する比較群に従業員が5人程度の零細企業を含めてもよいものでしょうか？　大企業と中小企業では，たとえば同じ電子機器製造業であっても，かなり異なる製品を扱っていると考えられますので，両者を比較するのはリンゴとミカンを比較しているようなものです。

　では，どうすればいいのでしょうか？　こうした問題には，操作変数法，傾向スコア法などの方法で対応が可能です。これらの手法については第6章，第7章で説明します。

第0章

第1章

第2章

第3章

第4章

第5章

第6章

第7章

逆引き事典

データ形式の様々

　冒頭で説明したとおり，差の差の分析はパネル・データを用いることでより強力なツールとなります。本節ではパネル・データとは何かについて説明します。

　最初に，データ・フォーマットについて確認しておきましょう。表5-1（a）のように，ある個体を時間軸で追跡したデータセットを時系列データ，表5-1（b）のように，ある1時点の複数の個体のデータを収集したものをクロスセクション（横断面）データと呼びます。表5-1（c）は，複数の個体を，それぞれについて時系列的に追跡できるデータで，これをパネル・データと呼びます。パネル・データを利用することのメリットは，（1）個体の異質性をコントロールできる，（2）時間を通じた変化を評価することができるので因果関係の検証に適している，（3）サンプル数が増える，などの特徴があります。なお，表5-1（d）のように，個体が追跡できない複数時点のクロスセクション・データの場合（個体番号が変わっているため，あるいは，対象が年によって異なるため，個体ごとに時系列でデータを追跡できない場合），プーリング・データと呼びます。

表5-1（a）時系列データの例

1990	XXXX
1991	XXXX
1992	XXXX
⋮	XXXX
1995	XXXX
⋮	XXXX
1998	XXXX
1999	XXXX
2000	XXXX

表5-1（b）クロスセクション・データの例

個体		
	1	XXXX
	2	XXXX
	3	XXXX
	4	XXXX
	5	XXXX
	6	XXXX
	⋮	XXXX
	n	XXXX

表5-1（c）パネル・データの例

		1990	1991	1992	⋯	1995	⋯	1998	1999
	1	XXXX	XXXX	XXXX	XXXX	XXXX	XXXX	XXXX	XXXX
	2	XXXX	XXXX	XXXX	XXXX	XXXX	XXXX	XXXX	XXXX
	3	XXXX	XXXX	XXXX	XXXX	XXXX	XXXX	XXXX	XXXX
個体	4	XXXX	XXXX	XXXX	XXXX	XXXX	XXXX	XXXX	XXXX
	5	XXXX	XXXX	XXXX	XXXX	XXXX	XXXX	XXXX	XXXX
	6	XXXX	XXXX	XXXX	XXXX	XXXX	XXXX	XXXX	XXXX
	⋮	XXXX	XXXX	XXXX	XXXX	XXXX	XXXX	XXXX	XXXX
	n	XXXX	XXXX	XXXX	XXXX	XXXX	XXXX	XXXX	XXXX

表5-1（d）プーリング・データの例

ID	1991		ID	1992
1991_1	XXXX		1992_1	XXXX
1991_2	XXXX		1992_2	XXXX
1991_3	XXXX		1992_3	XXXX
1991_4	XXXX		1992_4	XXXX
1991_5	XXXX		1992_5	XXXX
1991_6	XXXX		1992_6	XXXX
⋮	XXXX		⋮	XXXX
1991_n	XXXX		1992_n	XXXX

5.2.1　パネル・データ利用のメリット

何がわかるのか？

では，パネル・データの利用によりどんなメリットが期待できるのでしょうか。次の

ような事例を考えてみましょう。評判のいい学校（名門校）の学生は評判のいい大学に進学したり，また，人気企業に就職する学生が多いという事実がありますが，単にもともと学力の高い学生を選抜しているだけという見方もあります。特に大学については，かつては，勉強しなくても卒業できる「レジャーランド」という批判もありました。ここでは，学校単位でみた入学時点の学力（学校単位の偏差値の平均値 X_i）が卒業生のパフォーマンス（学校単位の有名校への進学率や人気企業への就職率, Y_i）にどの程度影響しているかを分析することで，**名門校は優秀な学生を選抜しているだけなのか，優れた教育を提供しているから卒業生のパフォーマンスが高いのか**を分析する方法について考えてみましょう。この2変数の関係を計測するためには，下記のような回帰式を推定する方法が考えられます。

$$Y_i = a + b^* X_i + u_i \qquad (1)$$

　次の図5.2は，ある一時点（たとえば，2019年）における，卒業時のパフォーマンス（たとえ名門大学への入学率，あるいは人気企業への就職率）と入学時点（大学であれば4年前，高校であれば3年前）の学力（偏差値）の関係を示す散布図です。入学時点の学力と卒業時のパフォーマンスの間には正の相関があることがわかります。

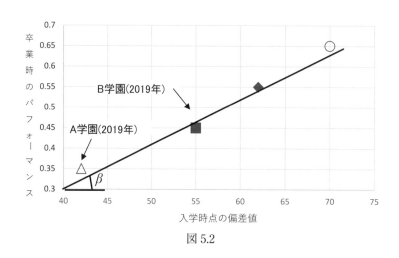

図 5.2

ただ，この図をいくら眺めても，偏差値の高い学校は優秀な学生を集めているだけなのか，それとも，質の高い教育が提供されているので，卒業時のパフォーマンスがよいのか，どちらなのかという問いに対する答えを導くことは困難です。では，どうすればいいでしょうか？

　ここでは，パネル・データを利用して入学時点の平均学力の変化が卒業生のパフォーマンスをどの程度変化させるかを調べることで検証してみましょう。もし，個々の学校のデータを追跡し，たとえば，入学時点の平均偏差値の変化と卒業生の平均的なパフォーマンスの変化を調べたときに，図 5.3 のように，入学時点の偏差値が上がった学校で，その年に入学した学生の卒業時のパフォーマンスが改善していれば，名門校の卒業生のパフォーマンスが高いのは学力の高い学生を集めているからだと考えることができます。言い換えると，図 5.3 は優秀な学生を集めておけば学校は特別なことをしなくても，生徒は自主的に勉強して，いい進路を見つけてくる，というような状況です。

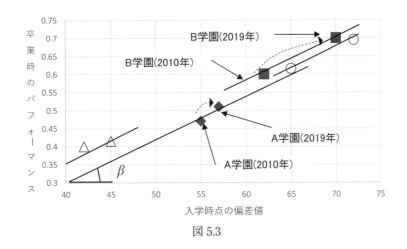

図 5.3

　一方で，もし，図 5.4 のように，入学時の偏差値の変動にかかわらず，卒業時のパフォーマンスが変化していないとすれば，入学時の学力は卒業時のパフォーマンスに影響しない，ということになります。図 5.4 のような状況では，入学してくる学生の質が多少変わっても，卒業生のパフォーマンスは各々の学校の特色で決まってくる，すなわち学校の教

育の質や校風が重要である，と考えられます。

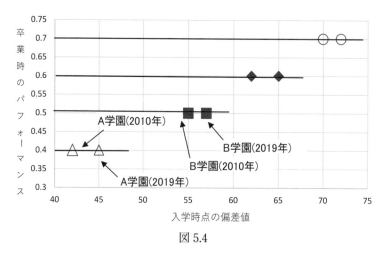

図 5.4

　実際の分析では，データが，図 5.3 のような特性をもつのか，あるいは図 5.4 のような特性を持つのかを検証すればよいことになります。

5.2.2　プーリング回帰モデル

　この2時点のデータは個々の学校の情報を追跡できるのですが，このデータに対して従来の回帰分析を適用することは，図 5.5 のように，データ全体に一本の近似線を引くように書き，係数を求めることを意味します。このように，パネル・データを用いつつも，個々の個体を追跡できるという特性を考慮せずに推定する回帰モデルをプーリング回帰モデルといいます。

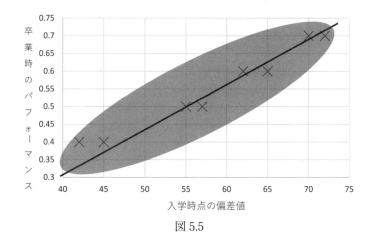

図 5.5

第 0 章

第 1 章

第 2 章

第 3 章

第 4 章

第 5 章

第 6 章

第 7 章

逆引き事典

5.2.3 固定効果モデル

　では，回帰分析で，各個体を追跡できるという特性を生かし，実際のデータの構造を分析する方法について考えてみましょう。今，学校を i，時間を t で表すとしましょう。図 5.3，図 5.4 では，いずれも，学校（i）の切片は異なっているものの，傾きが等しい近似線が引かれています。すなわち，各学校の卒業生のパフォーマンス Y_i は，入学時点の学力 X_i と個々の学校の特性 μ_i によって決まると考えます。

$$Y_{it} = a + b{}^*X_{it} + \mu_i + u_{it} \tag{2}$$

　この各学校の特性 μ_i を回帰分析に取り込むためにはどうすればいいでしょうか。一つの方法は，μ_i を，各学校のダミー変数に置き換える方法が考えられます。図 5.3，図 5.4 のように，各学校で切片が異なると考えれば，各学校ごとのダミー変数 D を追加した回帰式を推定することになります。これを**固定効果モデル**と呼びます。

$$Y_{it} = a + b{}^*X_{it} + d_1{}^*D_1 + d_2{}^*D_2 + d_3{}^*D_3 + \cdots + u_{it} \tag{3}$$

具体的には，学校ごとに2時点ずつのデータが含まれているデータセットであれば，以下のように，学校ごとに1をとるダミー変数を作成し，これを説明変数に加えます。

表5-2 個体ダミー変数のイメージ

No	ID	Year	Y_{it}	X_{it}	d_1	d_2	d_3
1	1	2015	0.6	50	1	0	0
2	1	2019	0.65	60	1	0	0
3	2	2015	0.59	55	0	1	0
4	2	2019	0.67	60	0	1	0
5	3	2015	0.5	45	0	0	1
6	3	2019	0.54	55	0	0	1
⋮	⋮	⋮	⋮	⋮	⋮	⋮	⋮

　ここで二つの分析事例を見ておきましょう。第一の研究は，文系の大学学部の入学時点の偏差値（X）と卒業時点（4年後）の就職先企業の人気ランキング・スコア（Y）の関係を調べた北海道大学の安部由紀子教授の研究（安部，1997）です。就職先企業の平均人気ランキング・スコアは人気企業への就職者数が増えるほど高い数値になるように作成されています。データは1984年3月卒業から1993年3月卒業の学生の人気企業への就職先情報と4年前（入学時点の）偏差値のデータを，国公立大学では67大学学部，私立大学では33大学学部について収集しています。

　もう一つの研究は，東京大学の近藤絢子教授の研究（近藤，2014）で，中高一貫の女子校を対象に，卒業生が進学した大学の平均偏差値（Y）を被説明変数，入学時点（中学受験）の偏差値（X）を説明変数とした分析です。データは，東京都・神奈川県の中高一貫の女子校71校，2003年から2009年に卒業した生徒の進学先大学の平均偏差値と6年前の入学時点の偏差値を用いています。いずれの研究でも学校の特色を示す説明変数が追加されていますが，ここでは入学時点の偏差値の係数のみに注目してプーリング回帰と固定効果モデルの結果を比較してみましょう。

　表5-3の（1）と（2）が大学入学時点の偏差値と就職先業の人気ランキング・スコアについての分析（紙幅の関係で国立大学のみを掲載），（3）と（4）は中高一貫の女子高の入学時点の偏差値と卒業生の進学先大学の平均偏差値についての分析結果です。プー

リング回帰でも固定効果モデルでも入学時点の偏差値の係数はプラスで統計的に有意になっています。ただし、その大きさを比べると大学の分析でも中高一貫校の分析でも固定効果モデルのほうが大幅に小さくなっており、大学の分析では固定効果モデルの係数はプーリング回帰のそれの五分の一になっています。これを図5.3～図5.5にあてはめると、プーリング回帰が図5.5、そして固定効果モデルは係数が小さければ図5.4、プーリング回帰と変わらなければ図5.3に対応します。(2)、(4)のいずれも係数はプラスで統計的に有意ですので図5.4と図5.3の間であるといえますが、プーリング回帰よりも大幅に係数が小さくなっていますので図5.3に近い、つまり入学時点の偏差値の影響は限定的であるといえます。これらの結果を踏まえると、大学や中高一貫校の卒業生の進路には入学時点の偏差値で測った学生の質が影響を及ぼしているものの、その影響は支配的ではないと言えそうです。なお、近藤 (2014) では、追加分析を行っており中高一貫校においても入学時点の偏差値は卒業生の進学先大学の平均偏差値にほとんど影響していないと結論付けています。これについては第6章の分析事例で紹介します。

表5-3 入学時点の偏差値と卒業生のパフォーマンス

	安部（1997）		近藤（2014）	
	(1)	(2)	(3)	(4)
	プーリング回帰	固定効果モデル	プーリング回帰	固定効果モデル
入学時点の偏差値	0.170 (0.007) ***	0.036 (0.008) ***	0.367 (0.028) ***	0.161 (0.036) ***
決定係数	0.8	0.97	0.85	0.921

注) 説明変数には学校の特性を示す変数が含まれているが、ここでは紙幅の関係で入学時の偏差値の係数のみを示す。また、安部（1997）では私立大学についても分析が行われているが、ここでは国公立大学の結果のみを掲載している。***は1%水準で統計的に有意であることを示す。

参考文献

安部由紀子，1997，「就職市場における大学の銘柄効果」中馬宏之・駿河輝和編『雇用慣行の変化と女性労働』pp 151-170，東京大学出版会．

近藤絢子，2014，「私立中高一貫校の入学時学力と進学実績－サンデーショックを用いた分析」『日本経済研究』70号，pp.60-81．

さて，本節では，固定効果モデルと差の差の分析の関係について説明します。データが2時点しかない場合を考えましょう。このとき，(3) 式は，以下のように，(3-1) 式はt＝1時点のXとYの関係，(3-2) 式はt＝2時点のXとYの関係として表すことができます。

$$Y_{i1} = a + b^* X_{i1} + d_1{}^* D_1 + d_2{}^* D_2 + d_3{}^* D_3 + \cdots + u_{i1} \quad (3-1)$$

$$Y_{i2} = a + b^* X_{i2} + d_1{}^* D_1 + d_2{}^* D_2 + d_3{}^* D_3 + \cdots + u_{i2} \quad (3-2)$$

次に，(3-1) から (3-2) を引きます。

$$Y_{i1} - Y_{i2} = \varDelta Y_i = a + b^* X_{i1} + d_1 * D_1 + d_2 * D_2 + d_3{}^* D_3 + \cdots + u_{i1}$$
$$- (a + b^* X_{i2} + d_1 * D_1 + d_2 * D_2 + d_3{}^* D_3 + \cdots + u_{i2})$$
$$= b^* (X_{i1} - X_{i2}) + u_{i1} - u_{i2} = b^* \varDelta X_i + \varDelta u_i \quad (3-3)$$

(3-3) 式では，XとYはともに，2時点の差分をとった変数になっています。また，差分をとることで時点間では変化しない定数項（切片）と個体ダミーは消えてしまいます。これを**階差回帰モデル**と呼びます。このときの係数bの意味を考えてみましょう。係数bはXが1増加したときにYがどの程度変化するかを示しますが，これは，Xが全く変動しなかったグループとXが1変動したグループの間で，Yの変化幅にどの程度差があるかを示していると考えることもできます。Xが全く変化しないグループを比較群，Xが1変化したグループを処置群とすると，係数bは処置群と比較群のYの変化幅の差になりますので，差の差の分析になっていることが分かります。

	Xの変化	Yの変化
処置群	1単位変化（$\Delta X = 1$）	b
比較群	変化なし（$\Delta X = 0$）	0

（3-3）からもう一つ指摘できることとして，**固定効果モデルの場合，時間を通じて変化しない変数は，説明変数には加えられない**ということです。5.2.3 の例では，学校の校風を示す変数として，私立か国立か，宗教系かどうかといったダミー変数を追加してみたくなるかもしれません。しかし，こうした変数は時間を通じて変化しないので，2 時点の変化をとると消えてしまいます。

　固定効果の意味についても考えておきましょう。固定効果は，他の説明変数では考慮されない（変数として観察できない）時間を通じて変化しない，個体の特性でした。今回の例では，長期的に確立された学校の教育体制や校風，OB のネットワークのようなブランド価値のようなものだと考えることができます。学校のブランドは，入学を志願する学生にも魅力的で入学時点の偏差値（X）にも影響する一方で，教育体制や校風は卒業生のパフォーマンス（Y）にも影響を与えます。こうした第三の要因は見せかけの相関を作り出す可能性があるので，X と Y の関係を計測する上では厄介者です。特に，ブランド価値といった変数として数量化しにくい要素を変数として考慮することは容易ではありません。固定効果モデルでは，X にも Y にも影響する観察されない個体特性が時間を通じて変化しないという仮定を置くことで，第三の要素の影響を除去して X と Y の関係を計測できるのです。

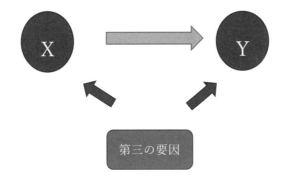

グループ内変動モデル（Within-Estimator Model）と固定効果モデル

　実際の Stata による固定効果モデル推計は，個体ダミーを入れるのではなく，個体ごとの被説明変数，説明変数の平均値からの乖離を計算し，これを回帰分析に用いています（グループ内変動モデル）。

　まず，2時点のデータで，(3) 式の説明変数，被説明変数を，個体ごとに，合計します。

$$Y_{i1} + Y_{i2} = a + b^*X_{i1} + d_1{}^*D_1 + d_2{}^*D_2 + d_3{}^*D_3 + \cdots + u_{i1}$$
$$+ (a + b^*X_{i2} + d_1{}^*D_1 + d_2{}^*D_2 + d_3{}^*D_3 + \cdots + u_{i2})$$

　これを，合計を意味するシグマ（Σ）記号を使って，より一般的に書き表すと以下のようになります。今，時点は2時点ですので，T＝2のケースになります。

$$\Sigma_t Y_{it} = T^*a + b^* \Sigma_t X_{it} + T^* d_1{}^* D_1 + T^* d_2{}^* D_2 + T^* d_3{}^* D_3 + \cdots + \Sigma_t u_{it} \quad (4)$$

さらに両辺をTで割ると，

$$\overline{Y}_i = a + b^* \overline{X}_i + d_1{}^* D_1 + d_2{}^* D_2 + d_3{}^* D_3 + \varDelta + \overline{u}_i \quad (5)$$

を得ます。ただし，ここで，$\overline{Y}_i = \frac{1}{T}\sum_t Y_{it}$，$\overline{X}_i = \frac{1}{T}\sum_t X_{it}$，$\overline{u}_i = \frac{1}{T}\sum_t u_{it}$ とします。(3) 式から (5) 式を引くと，

$$Y_{it} - \overline{Y}_i = a + b^* (X_{it} - \overline{X}_i) + (u_{it} + \overline{u}_i) \quad (6)$$

を得ます。つまり，**固定効果モデル**の係数は，各変数について，個人ごとに平均からの階差と定義して，回帰分析を行ったときの係数と等しいことがわかります。そこで，(6) 式の係数を特に，グループ内変動モデル（Within Estimator Model）と呼ぶことがあります。

分析事例 7：学校の質と地価

　地域の小学校の質が上がると地域の魅力度は上がるのか？　また，上がるとすればどの程度効果があるのか？　この問いは都市経済学で長らく議論されてきたトピックの一つです。また，学校選びと居住地選択は学齢期を迎えるお子さんのいるご家庭には大きな関心事で，人気の公立小学校が立地する地域では，「○○小学校学区内」とアピールする不動産広告が少なくありません。たとえば，東京都文京区などでは誠之小学校，千駄木小学校，昭和小学校，窪町小学校は「S31K」として人気を集めており，この地区の不動産物件は資産価値が高いと言われています。こうした現象は東京に限らず，全国の小学校の学区を指定してファミリー向けの賃貸物件や中古マンションを探せるサイトが人気を集めています。牛島・吉田（2007）は，この問いに対して，東京 23 区の小学校の私立中学進学率を学校の質の代理変数 (X)，地域の魅力度の代理変数として地価 (Y) を用い，第三章でも登場したヘドニックモデルを使って分析しています。欧米の研究では学校の質として子供のテスト・スコアが用いられることが多いのですが，日本では学校ごとのテスト・スコアが公開されていることは稀であるので，私立中学進学率が使われています。この 2 つの変数の関係を調べる際に問題になるのが，第三の変数の存在です。地域の親の教育水準や所得水準，その他の社会経済的特徴が，学校の質と地価の双方を押し上げる可能性があります。したがって，学校の質と地価の間に全く因果関係がなくとも，**第三の要因によって両者の間に見せかけの相関が生まれる**可能性があります。この第三の要因の影響を除去するために固定効果モデルが使われています。使用データは 2001 年から 2007 年までの東京都宅地建物取引業協会が収集した地価で，毎年同じ地点の地価を調査したものになっています。

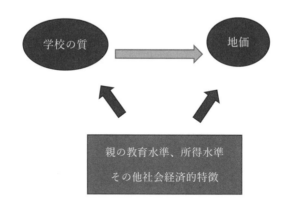

　推定式は，以下のように被説明変数が各地点の地価の対数値（lnP_{it}），教育の質の代理変数としての私立進学率（EQ_{it}），調査地点の地域特性（X_{it}），調査地点の固定効果（μ_i）と調査年を示す年次ダミー（λ_t）が加えられています（年次ダミーについては5.2.6参照）。

$$lnP_{it} = a + b_1 EQ_{it} + b_2 X_{it} + \lambda_t + u_{it}$$

　次の表は推計結果です。第一列目は固定効果を考慮しないプーリング回帰，第二列目は固定効果モデルの推定結果です。いずれも私立進学率の係数はプラスですが，固定効果を考慮しないプーリング回帰係数では0.213だったのに対して，固定効果ではその1/7，0.003にまで小さくなっています。プーリング回帰では，学校の質の係数に，説明変数にも被説明変数にも影響する「第三の要因」の影響が現れていたのに対して，固定効果モデルでは調査地点ダミーを導入することにより「第三の要因」の影響を排除し，学校の質の変化が地価にどの程度影響するかという因果効果を特定できていると考えられます。

表5-4 小学校の質と地価の関係

	(1) プーリング回帰	(2) 固定効果モデル
私立進学率	0.213 ***	0.033 ***
	(0.010)	(0.006)
地域属性 （X_{it}） の有無	YES	YES
固定効果 （Z_i） の有無	NO	YES
年次ダミーの有無	YES	YES
調整済み決定係数	0.855	0.982
サンプル数		32445

注）カッコ内は標準誤差

参考文献

吉田あつし・牛島光一，2009，「小学校における学校の質は地価に影響するか？―東京都特別区の地価データを用いた検証―」『応用地域学研究』No.14, pp.37-47.

5.2.5 Stataによる実習

重力モデルのパネル・データ分析

第3章の3.2.7では，国際貿易を分析するツールとして重力モデルの推定，および地域貿易協定（Free Trade Agreement, FTA）の効果の測定事例を紹介しました。しかし，重力モデルのGDPや二国間距離といった変数の係数は安定的に計測される一方で，FTAの効果については，対象とする国・地域・年代によって係数が小さくなったり，統計的に有意にならなかったり，また，マイナスになることがあることが知られています。クレムソン大学のスコット・ベアー教授とノートルダム大学のジェフェリー・バーグストランド教授（Baier and Bergstrand, 2007）らは，パネル・データによる差の差の分析の手法を用いて，FTAの因果効果の計測を試みています。本小節ではBaier and Bergstrand（2007）の事例を使ってStataによるパネル・データ分析の方法について紹介します。

まず，クロスセクション・データやプーリング・データでは，なぜFTAの効果を正確に計測できないのでしょうか。もし，データでは観察されない二国間の文化的関係，あるいは政治的な事情といった「第三の要因」がFTAの有無と貿易額の双方に影響を与えているとすると，FTAが貿易額に及ぼす因果効果を正しく推計できないことになります。「第三の要因」を無視すると，どんな歪が生じるでしょうか？　今，規模と互いの地理的距離が等しい仮想的な3か国，A国とB国，C国との間の貿易額の変化を例に考えてみましょう。図5.6（A）を見てください。t-1時点では，A国とB国の貿易額は大きく，A国とC国の貿易額は関税やその他の国内規制のため小さくなっているとしましょう。そして，t-1時点からt時点にかけてA国は新たにC国とFTAを結んだとします。FTAの締結は関税の引き下げに加えて国内の規制改革も行われることがあるので，A国とC国の貿易額は大きく拡大するとします。このとき，クロスセクション・データとしてFTAの効果を計測すると，同一時点のFTAの有無による貿易額の差です

から，図 5.6（A）の a が FTA の効果となります。

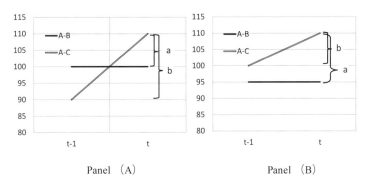

Panel（A）　　　　　Panel（B）

図 5.6　FTA の効果：クロスセクションとパネル分析の比較

　ここで，FTA を新たに締結した二国間ペア，すなわち A 国 C 国間の貿易を処置群，制度的な変化がなかった A 国 B 国間の貿易額を比較群として差の差の分析を実施してみましょう。差の差の分析では，固定効果を導入することで，期間中に時間を通じて変化しない要因をコントロールできますので，FTA ダミーが新たに FTA を締結したときの効果を表すと考えられます。つまり，それぞれの二国間の組み合わせについて固定効果を導入したモデルの場合，図の各二国間貿易額の推移のグラフの切片は固定効果で説明されるため，FTA の効果は新たに FTA が締結された A 国 C 国間の貿易額の変化となり，その効果は図 5.6（A）の b となり，クロスセクションの効果の a よりも大きくなります。つまり，固定効果を考慮しないと FTA の効果が過小評価されることになります。この固定効果は，時間を通じて変化しない，そして説明変数では観察されない要因，たとえば二国間の親密度を表していると考えます。なお，比較群 A-B の貿易額の変化がゼロなので A-C の変化が差の差の推計値になります。

　逆に固定効果を導入することにより FTA の効果の推計値が小さくなるケースも考えられます。図 5.6（B）を見てください。FTA が締結される A-C 国のペアは，元々親密で貿易額が大きく，かつ，FTA を締結しても国内産業への影響が少ない，すなわち，あまり貿易が増えない二国のペアであるとします。この場合，t 時点のクロスセクショ

ンの FTA の効果の推計値（図 5.6（B）の a）は大きく，固定効果の推計値（図 5.6（B）の b）は小さくなります。この結果は，クロスセクションの推計値は観察されない二国間の親密度が考慮されてないことにより，FTA の効果が過大評価されていたと解釈されます。

　ここでは Baier and Bergstrand（2007）の分析結果を再現しながらパネル・データによる FTA の効果測定の方法を考えていきましょう。ここで使用するデータは，1960 年から 2000 年までの 5 年おきの二国間貿易額（*Trade*）や二国間の距離（*Dist*），輸出国，輸入国の GDP などです。二国間貿易額は，国際通貨基金（International Monetary Fund, IMF）の Direction of Trade Statistics から，GDP 等は世界銀行の World Development Indicator から得ています。貿易額等は輸出国の GDP デフレーターで実質化されています[2]。データ・ファイルは panel-gravity-data.dta です。

　推計式は，以下の通りです。たとえば，被説明変数の $lnTrade_{ijt}$ は，t 時点の i-j 国間の二国間貿易額の対数値であることを意味します。説明変数には輸出国（貿易の origin），輸入国（貿易の destination）の GDP（GDP_o, GDP_d），二国間距離に加えて，二国間ペアで国境を接していれば 1 をとるダミー（contig），公用語が共通であれば 1 をとるダミー変数（comlang_off）を加えています。このうち，距離，contig，comlang は時間を通じて変化しない変数なので添え字の t がついていないことに注意してください。ここに FTA ダミーと 5.2.6 で説明する年次ダミー（λ_t）と個体固定効果（μ_i）が追加されています。

$$lnTrade_{ijt} = \alpha + \beta_1 lnGDP_{\_o,it} + \beta_2 lnGDP_{\_d,jt} + \beta_3 lnDist_{ij} + \beta_4 Contig_{ij} + \beta_5 Comlang_{\_offij}$$
$$+ \beta_6 FTA_{ij} + \lambda_t + \mu_i + \varepsilon_{ij}$$

---

[2] なお，ここで紹介する分析では World Development Indicator のバージョンの違いなどの理由により Baier and Bergstrand（2007）の分析結果とサンプル数，および推計値が異なります。また，二国間距離や FTA ダミーについても，Baier and Bergstrand（2007）では前者は CIA Factbook から，FTA ダミーは独自に情報を整理して作成されていますが，ここではいずれも第 3 章で紹介した CEPII Gravity Database から取得されています。

データは 5 年おきに取得されていますが，まずは，10 年おきのクロスセクション・データで回帰分析を実施してみましょう。この場合，各推計式は 1 時点の横断面データですので，時間固定効果（λ_t）と個体固定効果（μ_i）は推計式に含まれません。具体的には，Stata で次の 5 つの式を推定します。

chapter5-2.do の一部抜粋

```
reg ltrade lgdp_o lgdp_d ldist contig comlang_off fta if year==1960,robust
reg ltrade lgdp_o lgdp_d ldist contig comlang_off fta if year==1970,robust
reg ltrade lgdp_o lgdp_d ldist contig comlang_off fta if year==1980,robust
reg ltrade lgdp_o lgdp_d ldist contig comlang_off fta if year==1990,robust
reg ltrade lgdp_o lgdp_d ldist contig comlang_off fta if year==2000,robust
```

　次の表は，上記の 5 つの式を推定した際の推計結果を整理したものです。FTA の係数に注目してください。1960 年，1970 年の FTA の係数は 0.4，0.9 と正で大きな値となりましたが，1980 年は非有意とはいえマイナスになっています。1990 年と 2000 年では再び係数は正の値をとりますが，係数の大きさは 0.2，0.3 と 1960 年，1970 年に比べると小さくなりました。

表 5-5　クロスセクション・データによる重力モデルの計測結果

VARIABLES	(1) 1960	(2) 1970	(3) 1980	(4) 1990	(5) 2000
lgdp_o	0.828 ***	0.966 ***	1.065 ***	1.120 ***	1.249 ***
	(0.0179)	(0.0144)	(0.0142)	(0.0141)	(0.0125)
lgdp_d	0.703 ***	0.933 ***	1.001 ***	1.007 ***	1.115 ***
	(0.0174)	(0.0145)	(0.0151)	(0.0134)	(0.0122)
ldist	− 0.687 ***	− 0.879 ***	− 1.067 ***	− 1.052 ***	− 1.153 ***
	(0.0434)	(0.0389)	(0.0393)	(0.0379)	(0.0353)
contig	− 0.195	0.307 *	0.441 ***	0.730 ***	0.830 ***
	(0.182)	(0.182)	(0.153)	(0.153)	(0.157)
comlang_off	0.612 ***	0.751 ***	0.702 ***	0.729 ***	0.981 ***
	(0.0903)	(0.0810)	(0.0813)	(0.0821)	(0.0679)
fta	0.404 **	0.888 ***	− 0.0494	0.211 *	0.290 ***
	(0.172)	(0.210)	(0.154)	(0.112)	(0.0908)
Constant	− 28.72 ***	− 36.96 ***	− 39.72 ***	− 41.96 ***	− 47.55 ***
	(0.820)	(0.690)	(0.665)	(0.637)	(0.572)
Observations	2,065	3,693	4,579	5,932	7,319
R-squared	0.588	0.656	0.652	0.640	0.702

Robust standard errors in parentheses
*** $p<0.01$, ** $p<0.05$, * $p<0.1$

　では，いよいよパネル・データによる固定効果モデルを推計してみましょう。パネル・データ分析を行う際，まず Stata にデータの特性（i: 個体識別番号＝個体を示す番号，t: 時間識別番号＝時間を表す変数）を認識させる必要があり，以下のように xtset コマンド（あるいは tsset コマンド）を使います。

　　　　xtset［個体識別番号］［時間識別番号］

　今回の例の場合，個体を示す番号は二国間ペア（Country pair, CP, たとえば日本—中国，アメリカ—イギリスなど）を示す id，時間を表す変数は year になります。推定式は，

　　　　固定効果モデル：xtreg y x1 x2 x3, fe robust

です[3]。ここで y は被説明変数, x1, x2, x3 のところには説明変数を記入します。カンマの後ろにはオプションを記入しますが, fe と書くことで固定効果モデルの推定, robust は頑健な標準誤差（厳密には後述する HAC 標準誤差）を指定します。なお, fe を書き忘れると固定効果モデルではなく, 5.2.8 節で紹介する変量効果モデルという全く別のモデルで推計が行われるので注意してください。

　なお, 固定効果モデルは回帰モデルに自動的に複数の固定効果を考慮してくれるコマンドである, areg コマンド, あるいは reghdfe コマンドでも再現可能です[4]。以下のように, absorb オプションを付けて, カッコ内に個体識別番号（個体を表す変数）を追加します。areg, あるいは reghdfe コマンドは, カッコ内の変数についての固定効果を導入し, 回帰分析を行うコマンドです。areg, reghdfe と xtreg は以下の推計式で同じ結果がもたらされます。

```
areg y x1 x2 x3 ,absorb（個体識別番号）vce（cl 個体識別番号）
reghdfe y x1 x2 x3 ,absorb（個体識別番号）vce（cl 個体識別番号）
```

　では, 1960, 1965, …, 2000 年と 5 年おき, 9 時点のデータを使い, 個体固定効果, 年次固定効果（Year Fixed Effect, Year FE）を考慮したモデルを推計します。ここでの「個体」は二国間ペア（Country pair, CP, たとえば日本―中国, アメリカ―イギリスなど）ですので, 個体固定効果は二国間ペア・ダミーを導入することを意味します。年次固定効果としては 5 年おきの年次ダミーを導入しています。推計に使用する Stata のコマン

---

[3] 差の差の分析は Stata17 から利用可能になった didregress でも推計可能です。didregress については WEB Appendix に補足説明があります。

[4] reghdfe コマンドを利用するには事前に ftools と reghdfe の二つをインストールする必要があります。ネットに接続された状態で, コマンド・ウインドウに "ssc inst ftools" で ftools をインストールし, 完了したら続いて "ssc inst reghdfe" で reghdfe をインストールしてください。最近, xtreg よりも reghdfe が好まれる傾向にありますが, 両者には決定係数の計算方法に違いがあるほか reghdfe は高次元の固定効果を扱える（hdef は high dimensional fixed effect の略）という利点があります。この点は WEB Appendix で紹介します。

ドは以下の通りです。

```
xtset id year
*(1) Pooling 回帰
reg ltrade lgdp_o lgdp_d ldist contig comlang_off fta ,robust
*(2) 年次固定効果のみ
reg ltrade lgdp_o lgdp_d ldist contig comlang_off fta i.year ,robust
*(3) 個体固定効果のみ
xtreg ltrade lgdp_o lgdp_d ldist contig comlang_off fta ,fe robust
*(4) 年次固定効果・個体固定効果あり
xtreg ltrade lgdp_o lgdp_d ldist contig comlang_off fta i.year ,fe robust
```

　ここで（2）と（4）には i.year という変数が加えられていますが，Stata には

　　　　　i. カテゴリー変数：カテゴリーごとにダミー変数を作成し説明変数に追加

という機能があり，今回の場合，年毎のダミー変数を作成し自動で追加してくれます。

　上記の（4）の結果がどのように表示されるか確認しておきましょう。xtreg の下に
"Fixed-effects（within）regression" と記されています。これは固定効果モデルで推定が
行われたことを示します。また，ldist（距離の対数値）と contig（国境隣接ダミー），
comlabg_off（公用語の共通ダミー）の係数が消えています。これらの変数は時間を通
じて変化しない変数であるため，二国間ペア・固定効果によって吸収されてしまうため
係数が得られません。そして fta の下には i.year で自動作成された年次ダミー変数が追
加されています。

```
. xtreg ltrade lgdp_o lgdp_d ldist contig comlang_off fta i.year ,fe robust

Fixed-effects (within) regression              Number of obs      =     42,006
Group variable: id                             Number of groups   =      7,927

R-sq:                                          Obs per group:
     within  = 0.2118                                     min =          1
     between = 0.6394                                      avg =        5.3
     overall = 0.5761                                      max =          9

                                               F(11,7926)         =     466.10
corr(u_i, Xb)  = -0.5661                        Prob > F           =     0.0000

                              (Std. Err. adjusted for 7,927 clusters in id)

                         Robust
     ltrade |    Coef.    Std. Err.      t     P>|t|    [95% Conf. Interval]
------------+----------------------------------------------------------------
     lgdp_o |  1.608213   .0498322    32.27   0.000    1.510529    1.705898
     lgdp_d |  1.323787   .0481986    27.47   0.000    1.229305    1.418269
      ldist |         0   (omitted)
     contig |         0   (omitted)
comlang_off |         0   (omitted)
        fta |  .5998544   .0644034     9.31   0.000    .4736069     .726102
            |
       year |
       1965 | -.4675524   .0325716   -14.35   0.000   -.5314014   -.4037035
       1970 | -1.067766   .0468835   -22.77   0.000    -1.15967   -.9758617
       1975 | -1.339036   .0601171   -22.27   0.000   -1.456881   -1.221191
       1980 | -1.650606   .0718266   -22.98   0.000   -1.791405   -1.509807
       1985 | -1.923462   .0801178   -24.01   0.000   -2.080514    -1.76641
       1990 | -2.269257   .0919646   -24.68   0.000   -2.449532   -2.088982
       1995 | -2.400013   .1017368   -23.59   0.000   -2.599444   -2.200583
       2000 | -2.766237     .11393   -24.28   0.000    -2.98957   -2.542904
            |
      _cons | -68.93325   1.676858   -41.11   0.000   -72.22033   -65.64616
------------+----------------------------------------------------------------
    sigma_u | 2.3779753
    sigma_e | 1.2769691
        rho | .77617613   (fraction of variance due to u_i)
```

　（1）〜（4）式の推計結果を比較しながら係数の解釈を行っていきましょう。推定結果は表 5-6 に整理されています。（1）は，プーリング回帰（固定効果を一切考慮しない推計），（2）は（1）に年次ダミーを追加した結果で，FTA の係数はそれぞれ 0.173，0.39

となりました。一方，（3）と（4）では，二国間ペア・ダミー（Country Pair, CP）と年次ダミー（Year Fixed Effect）を追加しています。（3）と（4）のFTAの係数に注目すると，係数はいずれも統計的に有意で，それぞれ0.427，0.600と（1）や（2）よりも，大きくなっていることが分かります。なぜ，固定効果を考慮することでFTAの係数が変わったのでしょうか？　187ページの図5.6（A）と（B）を見てください。今回，プーリング回帰のFTAの係数よりも固定効果モデルのそれが大きくなっていますので，今回の分析対象国，推計期間では，FTA締結と貿易額の関係は図5.6（A）のような状況になっている二国間ペアが多いと考えられます。これは，元々貿易額が少なかった二国間ペアでFTAが締結されることで，貿易額が拡大していることが示唆されます。一方，プーリング回帰では，説明変数にGDPや距離，言語の共通性などを考慮しているものの，ある時点のFTAの有無による貿易額の差のみに注目しており，FTAの効果を過小評価しているものと解釈されます。

　今回，（2）と（4）では年次ダミーを追加しています。年次は各調査時点を示しますので時点ダミーと呼ばれます。この時点ダミーを加えていない（1）と（3）と比べると（2）と（4）ではftaの係数が大きく変化していることが分かります。では，時点ダミーを追加することにはどんな意味があるのでしょうか。次節では時点ダミーを追加することの意義について考えます。

表 5-6 固定効果モデルによる重力モデルの計測結果

VARIABLES	(1) Pooling	(2) Year-FE	(3) CP-FE	(4) Y-FE-CP-FE
lgdp_o	1.065 ***	1.091 ***	0.829 ***	1.608 ***
	(0.00507)	(0.00488)	(0.0394)	(0.0498)
lgdp_d	0.955 ***	0.989 ***	0.499 ***	1.324 ***
	(0.00498)	(0.00483)	(0.0393)	(0.0482)
ldist	− 1.019 ***	− 1.006 ***		
	(0.0136)	(0.0133)		
contig	0.528 ***	0.477 ***		
	(0.0542)	(0.0562)		
comlang_off	0.816 ***	0.805 ***		
	(0.0277)	(0.0267)		
fta	0.173 ***	0.390 ***	0.427 ***	0.600 ***
	(0.0440)	(0.0453)	(0.0619)	(0.0644)
Observations	42,006	42,006	42,006	42,006
Country Pair FE	NO	NO	YES	YES
Year FE	NO	YES	NO	YES
R-squared	0.632	0.660	0.182	0.212
Number of id			7,927	7,927

Robust standard errors in parentheses
*** $p<0.01$, ** $p<0.05$, * $p<0.1$

参考文献

Baier, S., Bergstrand, J., 2007, Do Free Trade Agreement Actually Increase Members' International Trade?, Journal of International Economics,71, pp.72-95.

5.2.6　二次元固定効果モデル

　パネル・データを使用する際には，個体固定効果に加えて時間固定効果が追加されることがあります。これを二次元固定効果モデル（Two-way Fixed Effect）と呼びます。時間固定効果とは年単位のデータであれば各年のダミー変数を指します。なぜ，年次ダミーを追加するのでしょうか？

今，4人の消費支出を追跡調査したパネル・データを用いて消費支出と所得の関係を表す消費関数を推計したいとします。次の図5.7は，Aさん〜Dさんの4人の消費支出をグラフにしたものですが2008年と2011年に4人の消費支出が減少していることが分かります。2008年にはリーマンショックによる株価暴落，2011年には東日本大震災が発生し，GDP成長率が大きく落ち込んだことが知られています。こうしたマクロ経済的なショックにより4人の消費支出が減少していると考えられます。こうした4人の消費支出に共通する要因を全く考慮しない場合，今，関心のある消費支出と所得を示す係数にマクロショックが何らかの影響をもたらすかもしれません。そこで，こうした景気悪化といったマクロショックの影響を考慮するために2008年ダミーや2011年ダミーを追加する方法が考えられます。

　他にもいろいろなマクロ的なショックが4人の消費支出に影響を及ぼしている可能性があります。2005年には郵政民営化をめぐる総選挙や愛知万博，2009年には自民党から民主党への政権交代がありました。2012年には自民党が政権を奪還したほか，尖閣・竹島問題で中国・韓国との関係が悪化しました。このようにマクロ的なショックは毎年存在すると考えられます。もちろん，その影響はリーマンショックや東日本大震災ほどではないかもしれませんが，これらのショックに対応するため，念のため各年のダミーを追加し，所得と消費の関係に悪影響を及ぼさないようにしておくことがよく行われます。これが時間固定効果です。

　なお前述のreghdfeコマンドを使うと二次元（あるいはより高次元）の固定効果モデルの推計が可能です。表5-6の（4）の推計式の場合，

```
reghdfe ltrade lgdp_o lgdp_d fta, absorb(id year) vce(cl id)
```

で推計が可能です。

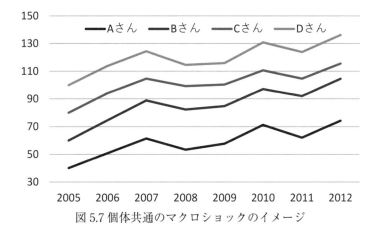

図5.7 個体共通のマクロショックのイメージ

　重力モデルのパネル・データ推計，たとえば表5-6の（1）と（2），（3）と（4）においても時点ダミーを追加するか否かで，fta の係数が大きく異なることが示されています。一般に時点効果はマクロ的なショックを考慮するためのダミー変数ですので，**パネル・データ推定において特別な事情がない限り，時点ダミーを追加するのが基本的な推計方法**だと考えてください。なお，Stata の reghdfe コマンドでは absorb の中に個体を表す変数に加えて時点を表す変数を追加することで二次元固定効果モデルを推定してくれます。

　　　　reghdfe y x1 x2 x3 ,absorb(個体を表す変数 時点を表す変数)

不均一分散と自己相関を考慮した標準誤差（HAC 標準誤差）　発展

　　第3章の3.7では，「誤差項が均一である」という仮定が満たされていない状況のことを不均一分散と呼び，標準誤差が過小評価され，t 値が過大評価されるという説明をしました。併せて，これを回避するために頑健な標準誤差の利用が推奨されていることを説明しました。しかし，固定効果モデルではもう少し複雑になり，時

第0章

第1章

第2章

第3章

第4章

第5章

第6章

第7章

逆引き事典

間方向の誤差項の相関（自己相関）」についても配慮する必要が出てくるので「不均一分散と自己相関を考慮した標準誤差（Heteroscedasticity and Autocorrelation Corrected Standard Error, HAC Standard Error）」を用いる必要があります。結論から言うと，Stata では xtreg コマンドで robust コマンドを使うと自動的に HAC 標準誤差を計算してくれます。一方，reghdfe と areg を使う場合にはオプションとして vce（cluster 個体識別）を指定する必要があります。本コラムでは，自己相関とは何かを簡単に紹介し，HAC 標準誤差の意義について説明します。

　まず，自己相関から始めましょう。たとえば，宮城県の 2000 年から 2019 年の所得（income，ここでは課税対象所得）と新設住宅着工戸数（house）の関係を分析するために次の式，

$$house_t = \alpha + \beta \, income_t + u_t$$

を推計したいとします。次のグラフは上記の回帰式の残差の推移をグラフにしたものです。

　ここで，2007 年ごろから残差が大きくマイナスになっているのはリーマンショックの影響，2011 年には東日本震災があり，翌 2012 年ごろからプラスの大きな値になっているのは東日本大震災後の復興需要と考えることができます。

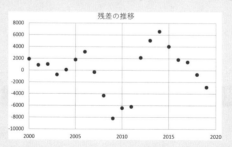

　ここで注目してほしいのが，ショックが持続性を持っているという点です。リーマンショックと東日本大震災の負のショックは数年か持続し，また 2012 年以降の復興需要の正のショックも数年間持続しています。最小二乗法の誤差項が満たすべ

き，いくつか仮定の一つに「異なる時点間の誤差項は相関しない $(cov(u_{it,}u_{it-1})=0)$」というものがあります。ショックが一時的であれば，「異なる時点の誤差同士が相関しない」という仮定は満たされますが，上図のように残差が数期間にわたりマイナスが続く，プラスが続くようなときには，当期の誤差 (u_{it}) は前期の誤差 (u_{it-1}) と相関している可能性が疑われます。ショックが持続する期間が短かったり，また，持続的なショックが発生する頻度が少なければ問題ないのですが，そうでない場合の状況のことを**誤差項に系列相関がある，あるいは誤差項は自己相関する**といい，不均一分散のときと同様に標準誤差を過小評価，そして t 値を過大評価することが知られています。

パネル・データの誤差項には，横断面方向の不均一分散と時間方向の系列相関が生じる可能性があります。そのような場合には HAC 標準誤差の一種であるクラスター標準誤差を用いることが推奨されています。クラスター標準誤差は，3 章 P.121 で紹介しましたが，あるグループ（クラスター）内で誤差項に相関があることを考慮した標準誤差で，パネル・データではグループ（クラスター）＝各個体とすることで，誤差項の異時点間の相関（自己相関）を考慮した推計が可能になります。Stata の xtreg コマンドで robust オプションをつけると，各個体をグループとしたクラスター標準誤差を計算してくれます。

5.2.7 並行トレンドとプラセボ検定

カンボジアの EU 向け輸出の事例

多くの先進諸国には，途上国の経済発展支援のため，一般特恵関税と呼ばれる低い関税率を適用することで途上国の輸出を支援する制度があります。ただし，一般特恵関税の適用にあたっては，迂回輸出を除外するため原産地規則（Rules of origin）などの規制が設けられています。規制がない場合，どんな問題が生じるでしょうか。たとえば，

先進国が，カンボジアのアパレル産業を支援するため特恵関税（低減税率）を導入した
としましょう。このとき，何も規制がない場合，第三国の企業，たとえば，タイの企業
が梱包前の製品をカンボジアに持ち込んで Made in Cambodia のラベルを貼って低税率
で先進国に輸出するといった迂回輸出が可能となります。梱包のみではカンボジアのア
パレル産業の支援にはなりませんので，関税削減による途上国支援という本来の目的が
達成されないことになります（例：表 5-7 の製品 1）。原産地規則は迂回輸出による低
減税率の利用を阻止するため，転売品への適用を除外するのみならず，輸入中間財の利
用を制限する場合もあります。一方で，原産地規則を厳しくし，輸入中間財の利用を制
限すると制度が利用されなくなることもあります。EU は多くの低所得国に対して輸出
支援のための関税免除制度を設けていましたが，カンボジア・アパレル製品向けの無税
制度は，厳しい原産地規則を課していたため，その利用率が低迷していました。EU は
これを是正すべく，2011 年より原産地規則を緩めることにしました。従来は，アパレ
ル製品を無税で EU 市場に輸出する際に，原材料としてカンボジア産の繊維製品を使用
する必要がありました（表 5-7 の製品 3）が，カンボジアの繊維産業は未熟で先進国向
けのアパレル製品には不向きでした。2011 年の EU の原産地規則の緩和によって，輸
入原材料の利用も認められることになったため特恵関税の利用が飛躍的に伸びて（表
5-7 の製品 2），その結果としてカンボジアから EU への輸出が拡大しました。アジア経
済研究所の田中清泰研究員は，こうした EU のカンボジアのアパレル製品に対する特恵
関税の原産地規則の緩和がどの程度輸出額を増加させたかを差の差の分析で分析してい
ます（Tanaka, 2021）。

表 5-7 原産地規則による低減税率（特恵関税）の利用の条件

	繊維製造	縫製	梱包	低減税率？	
製品 1	海外	海外	国内	No	
製品 2	海外	国内	国内	No	➡ 2011 から Yes に！
製品 3	国内	国内	国内	Yes	

　Tanaka（2021）では，2007 年から 2015 年までのカンボジアのアパレル製品の世界

113 国向けの輸出額を利用して，差の差の分析で原産地規則緩和の影響を分析しています。**処置群は，カンボジアから EU へのアパレル製品の輸出，比較群はカンボジアから EU 以外の国・地域への輸出**と定義されています。そして 2011 年に原産地規則が緩和されたことから，EU 向け輸出の 2011 年前後の変化と EU 以外向けの輸出の 2011 年前後の変化を比較しています。カンボジアの品目別輸出額は国連の UN Comtrade というデータベースから取得されており，アパレル製品として貿易品目番号 61（ニット製衣料品）と 62（織物製衣料品）を分析で使用しています[5]。

	2007 ～ 2010 年まで	2011 ～ 2015 年
処置群：EU 向け輸出	原産地規則変更なし	原産地規則変更あり
比較群：EU 以外向け輸出	原産地規則変更なし	原産地規則変更なし

推定式は第 3 章でも紹介した重力モデルを使います。この分析では輸入国ダミーを導入するので二国間距離は説明変数に加えません。また，輸出国（＝カンボジア）の GDP は全輸入国に共通ですのでこれも推計式には入れていません。説明変数には関税率とカンボジアが新規に締結した自由貿易協定ダミー（FTA）を導入しています。$EU_i \times Post_t$ は EU 向け輸出でかつ 2011 年以降 1 をとるダミー変数で，β_4 の大きさが原産地規則の緩和による輸出拡大効果を示します。最後 λ_t のは時間固定効果で年次ダミーを追加しています。μ_i は個体固定効果，ε_{it} は誤差項です。

$$lnExp_{it} = \alpha + \beta_1 lnGDP_{im} + \beta_2 Tariff_{it} + \beta_3 FTA_{it} + \beta_4 EU_i \times Post_t + \lambda_t + \mu_i + \varepsilon_{it}$$

並行トレンドの仮定

差の差の分析で因果関係の特定が可能となるための条件として，処置前において処置群と比較群が同じトレンドを持つことという条件があります。次の図 5.8 では，処置前

[5] 各国の財別の貿易額は Harmonized System（HS）と呼ばれる貿易財分類により分類・記録されることが国際的な取り決めで決まっています。Tanaka（2021）でも，この貿易財分類に基づいて財を分類しています。Web Appendix も参照して下さい。

後（t = 4 前後）の処置群と比較群の成果指標の推移を比較しています。図 5.8（A）では，処置前には処置群と比較群の成果指標は並行に動いているのに対して，処置後は処置群と比較群の成果指標の差が拡大しています。一方，図 5.8（B）では，比較群の成果指標は全体としてあまり変動がないのに対して，処置群の成果指標は処置前から上昇トレンドを持っています。この場合，処置後の処置群と比較群の乖離のうち，どの程度が処置によるものかを識別するかが困難になるので，差の差の分析で因果効果を測定できないとされています。

図 5.8（B）の例として，ネズミの生体実験で，成果指標 Y を体重，処置群に成長期の若いネズミ，比較群に成熟期のネズミを用いて，前者に成長促進剤を与える実験を行うという事例を考えてみましょう。比較群である成熟期のネズミはそもそも体重があまり変化しません。一方，処置群である成長期の若いネズミは，もともと体重が増加傾向にある中で成長促進剤を与えていますので，この比較では処置群の体重の変化のうち，成長期によるものと成長促進剤によるものを識別するのが困難になります。つまり，処置群と異なるトレンドを持つグループを比較群として用いると，因果推論の方法として差の差の分析は機能しないといえます。

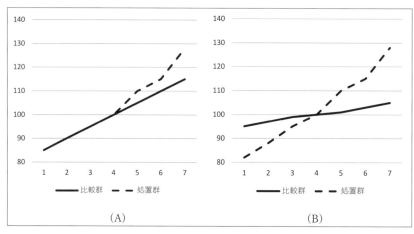

図 5.8 並行トレンド

Tanaka（2021）でも，並行トレンドの仮定が成立しているかグラフを使って確認しています。図 5.9 は 2010 年におけるカンボジアから EU と EU 以外へのニット製品の輸出額をそれぞれ 100 として，その推移をみたものです。2010 年までは両者は並行に推移しているので並行トレンドの仮定は成立しており，政策変換後の 2011 年以降は EU 向け輸出が大きく伸びていることがわかります。

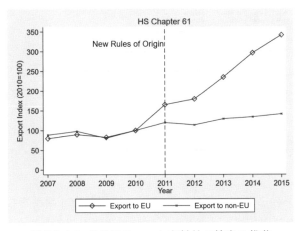

図 5.9 カンボジアのニット衣料品の輸出の推移

Chapter5-3.do 参照

以下はニット衣料品（貿易品目番号 61）の輸出額に関する推計結果です。eu_post は 2011 年以降 EU 向け輸出であれば 1 をとるダミー変数です。この係数は 0.983 と正の値で，t 値も十分に大きく統計的に有意になっています。係数から原産地規則の緩和の効果を計算すると，$\exp(0.983) = 167\%$ となり，EU による原産地規則の変更が大幅な輸出の増加をもたらしたと結論付けることができます[6]。

---

[6] この推計式は片対数モデルでダミー変数の係数の評価は指数関数 exp を使います。詳しくは P.133 を参照。なお，この表では Tanaka（2021）と異なる方法で標準誤差を計算しています（ここでは，不均一分散と自己相関に頑健な標準誤差）ので，Tanaka（2021）とは標準誤差，および t 値が異なります。

```
. xtreg lex61 eu_post lgdp lgdpc tariff fta i.year,fe robust

Fixed-effects (within) regression              Number of obs      =        591
Group variable: ctyid                          Number of groups   =         97

R-sq:                                          Obs per group:
     within  = 0.4757                                        min =          1
     between = 0.4920                                        avg =        6.1
     overall = 0.4718                                        max =          9

                                               F(13,96)           =      22.33
corr(u_i, Xb)  = -0.2531                        Prob > F           =     0.0000

                                    (Std. Err. adjusted for 97 clusters in ctyid)

             |               Robust
      lex61  |      Coef.   Std. Err.      t    P>|t|     [95% Conf. Interval]
-------------+----------------------------------------------------------------
    eu_post  |   .9828127   .3596681     2.73   0.007     .2688771    1.696748
       lgdp  |   .2868007   2.715996     0.11   0.916    -5.104408    5.67801
      lgdpc  |   1.580273   2.545552     0.62   0.536    -3.472607    6.633154
     tariff  |  -.0365686   .0094146    -3.88   0.000    -.0552566   -.0178807
        fta  |   .9396803   .2313923     4.06   0.000     .4803703    1.39899
             |
       year  |
       2008  |    .190777    .144544     1.32   0.190    -.0961407    .4776946
       2009  |   .3369282   .1685099     2.00   0.048     .0024387    .6714176
       2010  |   .4105949    .197725     2.08   0.041     .0181137    .803076
       2011  |   .6708134   .2704477     2.48   0.015     .1339789    1.207648
       2012  |   .8353336   .3001086     2.78   0.006     .2396227    1.431045
       2013  |   1.102305   .3193827     3.45   0.001     .4683351    1.736275
       2014  |   1.365159    .358776     3.81   0.000     .6529944    2.077324
       2015  |   1.459344   .3772944     3.87   0.000     .7104207    2.208268
             |
      _cons  |  -9.737633   12.43907    -0.78   0.436    -34.42899    14.95372
-------------+----------------------------------------------------------------
    sigma_u  |  2.4406078
    sigma_e  |  .84757758
        rho  |  .89237563   (fraction of variance due to u_i)
```

プラセボ検定

　プラセボとは偽薬のことで，薬学実験では，処置群を「新薬を投与するグループ」，比較群を「偽薬を投与するグループ」として健康状態の改善具合を比較することがあります。なぜ比較群は薬を投与しないグループにしないのでしょうか。処置群に薬を投与すると患者に「これで健康状態が改善するかもしれない」という期待を与え，この安心感が体調を回復させるといった心理的効果が発生する可能性があります。もし心理的効果があるならば，新薬投与グループと薬の投与無しグループの差は，新薬の効果を示すのか心理的効果を示すのかがわからなくなってしまいます。そこで，偽薬を投与することで処置群と比較群の条件を揃えるのです。

　経済分析においては，政策の影響が処置群にしか発生していないことを示すために，同じ推計式をわざと政策の対象になっていないグループに適用して，同様の効果が発生していないことを示すことをプラセボ検定と呼びます。この事例の場合，原産地規則の緩和の対象はカンボジアのEU向けのアパレル製品の輸出でした。もし2011年以降，原産地規則の緩和以外の要因，たとえばEUとカンボジアの二国間関係が改善して全体的にカンボジアからEUへの輸出が増えているとすれば，差の差の分析で計測された輸出拡大効果は原産地規則緩和の影響とは言えないことになります。そこで，Tanaka

（2021）では，輸出の拡大はアパレル製品のみで観察されることを確認するために被説明変数をアパレル製品の代わりに靴・履物（貿易品目番号 64）と穀物（貿易品目番号 10）の輸出に代えて分析しています。

表 5-8 プラセボ検定

品目	(1) ニット製衣料品	(2) 織物製衣料品	(3) 靴履物	(4) 穀物
eu_post	0.983 ***	1.412 ***	− 0.555 *	0.484
	(0.360)	(0.436)	(0.306)	(0.624)
lgdp	0.287	− 1.319	5.114 **	2.839
	(2.716)	(2.566)	(2.197)	(6.013)
lgdpc	1.580	4.759 **	− 4.385 *	− 2.849
	(2.546)	(1.978)	(2.216)	(7.354)
tariff	− 0.0366 ***	− 0.0316	− 0.0199	− 0.0490
	(0.00941)	(0.0210)	(0.0195)	(0.0717)
fta	0.940 ***	1.766 ***	− 0.0476	0.0140
	(0.231)	(0.497)	(0.490)	(1.301)
Country Fixed Effect	Yes	Yes	Yes	Yes
Year Fixed Effect	Yes	Yes	Yes	Yes
Observations	591	452	568	279
R-squared	0.476	0.501	0.560	0.376
Number of country	97	80	101	67

Robust standard errors in parentheses
*** p<0.01, ** p<0.05, * p<0.1
注）Tanaka（2021）とは標準誤差の計算方法が異なるため，カッコ内の標準誤差と t 値の値が異なる。

　（1）と（2）にアパレル製品の輸出額を被説明変数とする推計，(3)と（4）は靴履物，穀物を被説明変数とする推計結果が示されています。アパレル製品では 2011 年以降の EU 向けの輸出で 1 をとる eu_post の係数がプラスであるのに対して，(3)と（4）では係数はマイナス，あるいは非有意となりました。この結果から 2011 年以降 EU 向けの輸出が増えているのはアパレル製品のみであることが確認できました。

参考文献

Tanaka, K., 2021, The European Union's Reform in Rules of Origin and International Trade: Evidence from Cambodia, forthcoming The World Economy

変量効果モデル

　一昔前のテキスト（そして本書の旧版も！）にはパネル・データ分析といえば，変量効果モデルと固定効果モデルを推定して，ハウスマン検定を実施して，どちらかを選ぶ，という作法が紹介されていました。しかし，最近では，学会発表でも査読付き学術誌でも変量効果モデルは見られなくなり，近年，出版された計量経済学のテキストでも紹介されなくなりつつあります。ここでは，その背景を簡単に紹介します。

　まず，変量効果モデルとは何か，から始めましょう。変量効果モデルとは，「観察できない個体属性（μ）が説明変数（X）と相関しない」という仮定を置いたモデルです。固定効果モデルでは，これまで明示的に議論してきませんでしたが，「観察できない個体属性（μ）が説明変数（X）と相関してもよい」と仮定されており，ここが大きな違いになります。

表 5-9 固定効果モデルと変量効果モデルの違い

	仮定	Stata コマンド
固定効果モデル （Fixed Effect Model）	X と μ が相関してもよい	`reghdfe y, x,absorb(id)` `xtreg y x, fe`
変量効果モデル （Random Effect Model）	X と μ が相関しない	`xtreg y x`

　変量効果モデルの場合，観察できない個体属性（μ）が説明変数（X）と相関しないので，観察できない個体属性（μ）を誤差項の一部として推計することができます。つまり，

$$Y_{it} = \beta X_{it} + \upsilon_{it}$$

$$\upsilon_{it} = \mu_i + u_{it}$$

として推計することになります。この新しい誤差項 υ_{it} について，υ_{it}（t 時点の誤差項）

と υ_{it-1}（t-1 時点の誤差項）の共分散を計算すると，

$$Cov(\upsilon_{it},\upsilon_{it-1}) = Cov(\mu_i + u_{it}, \mu_i + u_{it-1}) = E[(\mu_i + u_{it})(\mu_i + u_{it-1})] = E(\mu_i^2) \neq 0$$

となります [7]。t-1 時点の υ と t 時点の υ の誤差項の共分散がゼロではない，ということは P.197 のコラムで紹介した通り，誤差項が系列相関していることになります。このような場合，誤差項が異時点間で相関することを考慮した一般化最小二乗法として開発されたのが変量効果モデルです。Stata では xtreg y x1 x2 x3 のようにオプションなしで xtreg コマンドを使うと変量効果モデル推定で推計ができます。

　なぜ変量効果モデルが使われなくなっているのでしょうか？　第一に，現実の経済問題で「X と μ が相関しない」といった状況が考えにくいという理由があります。たとえば，賃金（*wage*）と学歴や企業規模，職場の経験年数（X）の関係を推計する賃金関数を考えてみましょう。

$$wage_{it} = \alpha + \beta X_{it} + \mu_i + u_{it}$$

　実際の各個人の賃金は，観察可能な学歴や企業規模，経験年数だけではなく，個人のコミュニケーション能力，集中力や IQ といった観察できない要因の影響も受けていると考えるのが自然なので，こうした要因を考慮するために μ_i を加えます。そして，この式を固定効果モデルと変量効果モデルのどちらで推計すべきかですが，X と μ_i が相関するかしないかによります。この場合，μ_i をコミュニケーション能力，集中力や IQ としたときに，これらが高ければ，大学進学率も高いでしょうし，大企業への就職確率も上がると考えれば「X と μ_i が相関する」と考えるのが自然です。ここでは，賃金の決定要因を考えましたが，多くの経済データの場合，変数が相互に関連することが多いので X と相関しない「観察できない個人属性 μ_i」がある場合というのは極めて稀ではないでしょうか。

---

[7]　ここで $Cov(X,Y) = E(XY)$ という性質と，$E(\mu_i u_{it}) = Cov(\mu_i, u_{it}) = 0$, $E(u_{it} u_{it-1}) = 0$ という仮定を使っています。

第二に，もし「Xとμ_iが相関しない」状況で固定効果モデルを使用した場合に何か問題が生じるかというと，個体ダミーをいれるとその係数は非有意になるかもしれませんが，異時点の誤差間で相関が生じるという問題が発生する以外では特に問題はありません。この問題は，P.197のコラムで紹介したHAC標準誤差で対処できます。

逆に本来固定効果モデルを用いるべき状況，すなわち「Xとμ_iが相関する」状況で変量効果モデルを使用すると，「説明変数Xと誤差項が無相関」という仮定が満たされなくなり，係数が過大・過少推計されるという問題が生じます。これらの理由を踏まえると，変量効果モデルを積極的に用いる理由はないと考えられます。なお，固定効果モデルと変量効果モデルを選択するハウスマン検定[7]についても問題点が指摘されており，最近はあまり利用されなくなっています。詳しくは，以下を文献してください。

参考文献
西山慶彦・新谷元嗣・川口大司・奥井亮, 2019,『計量経済学』2019年有斐閣 第6章第10節
森田果, 2014,『実証分析入門』日本評論社, 第19章第2節
奥井亮, 2015,「固定効果と変量効果」『日本労働研究雑誌』No.657, 2015年4月

5.3　変化率・ラグ項の扱い方

パネル・データには，横断面の散らばりに加えて時間方向の変動がありますので，説明変数や被説明変数に変化率やラグ項を導入して分析することがよくあります。ここでは，Stata社から提供される米国の個人レベルのパネル・データnlswork.dtaを用いて，労働組合への参加は賃金を上昇させるかを調べてみましょう。nlswork.dtaは，米国労働統計局が1966年より実施しているパネル調査で，就業状態，学歴，居住地，家族な

---

[7]　ハウスマン検定の概要，およびStataでの操作方法などについてはWeb Appendixで紹介しています。

どの労働環境に関する調査データです。Stata ではインターネットに接続できる環境で
あれば以下のコマンドで利用できます。

```
webuse nlswork.dta,clear
```

nlswork に含まれる変数一覧

idcode	NLS 番号	c_city	中心市街地・居住ダミー
year	調査年	south	南部・居住ダミー
birth_yr	生年	ind_code	業種コード
age	年齢	occ_code	職種コード
race	人種（1＝白人，2＝黒人，3＝その他）	union	労働組合ダミー
msp	既婚者ダミー（有配偶のとき 1）	wks_ue	昨年の失業期間（単位：週）
nev_mar	婚姻歴なしダミー（1 度も結婚したことがないとき 1）	ttl_exp	総就業経験年数
		tenure	勤続年数
grade	学歴	hours	労働時間
collgrad	大卒ダミー	wks_work	昨年の就業時間（単位：週）
not_smsa	大都市圏以外・居住ダミー	ln_wage	対数実質賃金（ln(wage/GDP deflator)）

　なお，予めお断りしますが，労働者の組合への参加は個人の意思に基づきますので，
組合参加の賃金の効果を差の差の分析で計測しようとしても，組合への参加資格がある
労働者，あるいは組合に参加することでメリットが得られると予測している労働者のみ
が組合に参加することによるセレクション・バイアスの影響を受けていると考えられま
す。よって，本節の分析では労働組合参加による賃金への因果効果は測定できません。
この点については同じデータを使って第 7 章で再検証します。

　本節の目標は以下の推計式を推計することです。

$$WG_{it} = \alpha + \beta_1 UP_{it} + \beta_2 X_{it-1} + u_{it}$$

ここで $WG_{it} = lnW_{it} - lnW_{it-1}$（賃金上昇率），は t-1 期から t 期にかけて組合に参加すれば 1，そうでなければ 0 のダミー変数，X_{it-1} は t-1 期の学歴，職歴など個人の属性です。t-1 期の変数のことをラグ変数と呼びます。

プログラム例；chapter5-4.do の一部抜粋

```
cd c:¥data
webuse nlswork.dta,clear
（中略）
xtset idcode time
xtdes
* 遷移行列
xttrans union if year==77|year==78
sort idcode time
list idcode time ln_wage l1.ln_wage l2.ln_wage f.ln_wage in 22/26
* 賃金変化率
gen wgrowth=f.ln_wage-ln_wage
gen wgrowth1=f2.ln_wage-ln_wage
gen wgrowth2=f3.ln_wage-ln_wage
* 組合参加ダミー
gen dunion=0
replace dunion=1 if f.union==1&union==0

reg wgrowth dunion age race msp grade not_smsa south i.year if union==0,robust
```

パネル・データの構成を確認（xtdes）

　このデータには何人の人が含まれていて，どのような回答パターンになっているかを確認しておきましょう。こんなときに便利なのが xtdes コマンドです。このコマンドを実行した結果が次頁に示されています。このうち①〜④は以下を示します。

① 個人番号 idcode は，1 から 5159 まであり，企業数は全部で 4711（n = 4711）
② 年次は，68 年から 88 年の 15 年（途中抜けあり）
③ 1 時点しかないデータが 136 件
④ 15 時点に回答しているサンプルが 86 件

　このように，個体ごとに収録されている期間が異なる（ある期間のデータが抜け落ち

```
. xtdes

  idcode:  1, 2, ..., 5159                                      n =       4711  ①
    year:  68, 69, ..., 88                                      T =         15  ②
           Delta(year) = 1 unit
           Span(year)  = 21 periods
           (idcode*year uniquely identifies each observation)

Distribution of T_i:    min      5%     25%     50%     75%     95%     max
                          1       1       3       5       9      13      15


    Freq.   Percent   Cum.    Pattern

     136     2.89     2.89    1.....................  ③
     114     2.42     5.31    ....................1
      89     1.89     7.20    .................1.11
      87     1.85     9.04    ..................11
      86     1.83    10.87    111111.1.11.1.11.1.11  ④
      61     1.29    12.16    ...............11.1.11
      56     1.19    13.35    11...................
      54     1.15    14.50    ................1.1.11
      54     1.15    15.64    .......1.11.1.11.1.11
    3974    84.36   100.00    (other patterns)

    4711   100.00            XXXXXX.X.XX.X.XX.X.XX
```

ている）データを非バランス・パネル・データと呼びます。これに対して，すべての個体について同一期間のデータが収録されているデータのことをバランス・パネル・データと呼びます。非バランス・パネル・データから抜け落ちデータを除去してバランス・パネルにする方法は，「逆引き事典」（P.367）を参照してください。

<u>遷移行列（Transition Matrix）の計算</u>

労働組合への加入状況（union）は年次によって異なると考えられます。データセットには，初期時点では労働組合に参加していなかった労働者が途中加入したり，あるいは脱退してしまう人もいるでしょう。そこで，労働組合への加入状況（union）が2時点間でどのように変化しているかを確認してみましょう。具体的には，xttrans コマンドを使います。次の例では，1977年と1978年の労働組合への加入状況の変化をxttrans コマンドを使って調べたものです。この表は，1977年時点で未加入（行方向

の union＝＝0）だった労働者のうち，①1978年も未加入に留まっている労働者（列方向の union＝＝0）は91.54%，②組合に新たに参加した人（列方向の union＝＝1）が8.46%であることを示します。同様に，1977年時点で組合に参加（行方向の union＝＝1）だった人のうち，③1978年は組合から脱退した人（列方向の union＝＝0）は18.73%，④1978年も引き続き組合に参加している人（列方向の union＝＝1）であるのは81.27%であることを示します。

```
. xttrans union if year==77|year==78

                         1 if union
1 if union          0            1        Total

         0    ① 91.54    ②  8.46       100.00
         1    ③ 18.73    ④ 81.27       100.00

     Total       74.52        25.48       100.00
```

ラグ変数の作成方法

　xtset でパネル・データの構造を認識させると，"l." や "f." といったデータ・オペレーション・ファンクションを使って，ラグ変数やリード変数を作成できるようになります。具体的には，データ・ファイルの22行目から26行目までに list で表示させた結果をみてみましょう。

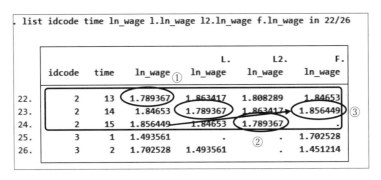

```
. list idcode time ln_wage l.ln_wage l2.ln_wage f.ln_wage in 22/26

                                          L.        L2.         F.
        idcode   time   ln_wage ①  ln_wage    ln_wage    ln_wage

22.          2     13   1.789367   1.863417   1.808289    1.84653
23.          2     14   1.84653    1.789367   1.863417   1.856449 ③
24.          2     15   1.856449   1.84653    1.789367         .
25.          3      1   1.493561         .             .    1.702528
26.          3      2   1.702528   1.493561        ②  .    1.451214
```

　四角で囲われた部分は，idcode＝2の13期から15期までのデータです。ln_wage と

L.ln_wage の列を見てください。ln_wage は賃金（対数値）ですが，隣の L.ln_wage は，同じ個人について1期前の賃金の値が表示されています（①）。これは，変数の前に "l." を付けると，「同じ個体について前期の値を参照せよ」という意味になるからです。また，②では "l2." では2期前の数値が入っています。③では，"l." の代わりに，"f." をつけました。こうすると，t＋1期の値を参照するリード変数になります。これらの演算子をデータ・オペレーション・ファンクションといいます。その他の使い方は以下のカコミを参照してください。

データ・オペレーション・ファンクション

L. ファンクション　時系列方向のデータを含むデータを扱う際，l. を変数の前に付けることでラグ付変数として認識されます。

$$ln\_wage \equiv ln\_wage(t)$$
$$L.ln\_wage \equiv ln\_wage(t-1)$$
$$L2.ln\_wage \equiv ln\_wage(t-2)$$
$$\vdots \qquad \vdots$$

F. ファンクション　F. を変数の前に付けることで一期前の値を参照します。

$$F.ln\_wage \equiv ln\_wage(t+1)$$
$$F2.ln\_wage \equiv ln\_wage(t+2)$$
$$\vdots \qquad \vdots$$

D. ファンクション　D. を変数の前に付けると，前期値との差分変数として認識します。

$$D.ln\_wage \equiv ln\_wage(t) - ln\_wage(t-1)$$

　なお，成長率（$(X_t - X_{t-1})/X_{t-1}$）は，前期比の対数とる（$\ln(X_t/X_{t-1})$），あるいは対数差分 $\ln X_t - \ln X_{t-1}$ ことで近似できることが知られています。

　ところで，ここでの推計式では説明変数 X_{it-1} について，すべて1期ラグをとっていますが，これを以下のように書き換えると X についてラグをとる必要がなくなります。

$$WG_{it+1} = \alpha + \beta_1 UP_{it+1} + \beta_2 X_{it} + u_{it+1}$$

ここで，$WG_{it+1} = lnW_{it+1} - lnW_{it}$。$UP_{it}$ は t 期から t＋1 期にかけて組合に参加すれば 1，そうでなければ 0 をとるダミー変数です。ここでは，賃金変化率と組合参加ダミーを，

    gen wgrowth = f.ln_wage-ln_wage

    gen dunion = 0

    replace dunion = 1 if f.union = = 1&union = = 0

で計算しています。

　最後に回帰分析結果を見ておきましょう。ここでは t 時点で労働組合に入っていない人が，t＋1 期にかけて組合に参加すると賃金が変化するかを見ようとしていますので，"if union = =0" という条件をつけています。

```
. reg wgrowth dunion age race msp grade not_smsa south i.year if union==0,robus

Linear regression                              Number of obs   =      10,580
                                               F(17, 10562)    =        5.26
                                               Prob > F        =      0.0000
                                               R-squared       =      0.0085
                                               Root MSE        =      .29893


                           Robust
    wgrowth |     Coef.   Std. Err.      t    P>|t|     [95% Conf. Interval]

     dunion |   .034451   .0118041     2.92   0.004     .0113127    .0575894
        age | -.0030599   .0009722    -3.15   0.002    -.0049656   -.0011543
       race |  -.010504   .0065453    -1.60   0.109     -.023334     .002326
        msp |  -.004176   .0061374    -0.68   0.496    -.0162063    .0078544
      grade |  .0033647   .0014047     2.40   0.017     .0006111    .0061182
   not_smsa | -.0158067   .0067036    -2.36   0.018     -.028947   -.0026664
      south |  -.002559   .0063086    -0.41   0.685    -.0149251    .0098071

  （以下省略）
```

　係数をみると年齢 age がマイナス，学歴 grade がプラス，非都市圏居住者（not_smsa）がマイナスですので，若い人，学歴の高い人，都市圏に住んでいる人で賃金上

昇率が高いことがわかります。dunion の係数はプラスで有意，そして 0.034 ということで組合に参加すると同時に 3.4%ほど賃金が上昇していることがわかります。

　なお，繰り返しになりますが，労働組合への参加は本人の意思によりますので，この推計結果は，組合に入ったから賃金が上がったという因果効果として解釈することはできません。この問題については第 7 章の傾向スコア法で再検証します。

5.4　パネル・データの構築方法

　さて，これまではパネル・データがすでに手元に準備されていることを前提に，さまざまな分析テクニックを紹介してきました。しかし，実際には，自分でデータを組み合わせて分析用のデータセットを作成する必要に迫られることも少なくありません。もちろん，EXCEL 等の表計算ソフトでデータを構築することも可能ですが，データ数が大きくなると，なかなか大変な作業になります。そんなとき Stata を用いると，比較的容易にパネル・データを構築することが可能となります。本節では，5.2.5 節で紹介したカンボジアの輸出データを題材にデータの構築の手順とコツを紹介します。

　まず，実際の Stata のコマンドの紹介の前に，パネル・データのデータ形式について少し整理しておきます。以下は表 5-2 を再掲したものです。Stata でパネル分析を実施するためには，このフォーマットにデータを整える必要があります。

表 5-2（再掲）

No	ID	Year	Y_{it}	X_{it}	d_1	d_2	d_3
1	1	2015	0.6	50	1	0	0
2	1	2019	0.65	60	1	0	0
3	2	2015	0.59	55	0	1	0
4	2	2019	0.67	60	0	1	0
5	3	2015	0.5	45	0	0	1
6	3	2019	0.54	55	0	0	1
⋮	⋮	⋮	⋮	⋮	⋮	⋮	⋮

　パネル・データで分析を行う場合，上記のようなデータセットを用意する必要があります。このデータでは，個体と時間が縦方向に接続されたデータセットになっています（以下，**LONG 形式**のデータと呼びます。）。ただ，データ作成段階では，次の表 5-10 のように縦方向に並んだ個体データに，時系列データが横方向に接続されているデータセットが用いられることもあります。（以下，**WIDE 形式**のデータと呼びます。）

表 5-10

個体識別 番号	変数（1） 1990	変数（1） 1991	変数（2） 1990	変数（2） 1991
1	$Y^1_{1,1990}$	$Y^1_{1,1991}$	$Y^1_{2,1990}$	$Y^1_{2,1991}$
2	$Y^2_{1,1990}$	$Y^2_{1,1991}$	$Y^2_{2,1990}$	$Y^2_{2,1991}$
3	$Y^3_{1,1990}$	$Y^3_{1,1991}$	$Y^3_{2,1990}$	$Y^3_{2,1991}$
⋮	⋮	⋮	⋮	⋮
n	$Y^n_{1,1990}$	$Y^n_{1,1991}$	$Y^n_{2,1990}$	$Y^n_{2,1991}$

　表5-2や表5-10のようなデータセットを用意するのは，若干煩雑な手間がかかります。というのは通常，政府統計の WEB サイトなどで提供されるデータセットは，Y のような時間・個体によって異なる変数については，年次ごとのクロスセクション・データ（表5-11），または，個体ごとの時系列データ（表5-12）として用意されていることが少なくありません。

表 5-11

個体識別番号	年月	変数 (1)
1	1990	$Y^1_{1,1990}$
2	1990	$Y^2_{1,1990}$
3	1990	$Y^3_{1,1990}$
4	1990	$Y^4_{1,1990}$

個体識別番号	年月	変数 (1)
1	1991	$Y^1_{1,1991}$
2	1991	$Y^2_{1,1991}$
3	1991	$Y^3_{1,1991}$
4	1991	$Y^4_{1,1991}$

個体識別番号	年月	変数 (1)
1	1995	$Y^1_{1,1995}$
2	1995	$Y^2_{1,1995}$
3	1995	$Y^3_{1,1995}$
4	1995	$Y^4_{1,1995}$

表 5-12

個体識別番号	年月	変数 (1)
1	1990	$Y^1_{1,1990}$
1	1991	$Y^1_{1,1991}$
1	⋮	⋮
1	1995	$Y^1_{1,1995}$

個体識別番号	年月	変数 (1)
2	1990	$Y^2_{1,1990}$
2	1991	$Y^2_{1,1991}$
2	⋮	⋮
2	1995	$Y^2_{1,1995}$

個体識別番号	年月	変数 (1)
3	1990	$Y^3_{1,1990}$
3	1991	$Y^3_{1,1991}$
3	⋮	⋮
3	1995	$Y^3_{1,1995}$

個体識別番号	年月	変数 (1)
4	1990	$Y^4_{1,1990}$
4	1991	$Y^4_{1,1991}$
4	⋮	⋮
4	1995	$Y^4_{1,1995}$

しかも，変数 (1) Y_1 と変数 (2) Y_2 が別のファイルで提供されることもあります（表5-13）。

表 5-13

個体識別番号	年月	変数 (1)	個体識別番号	年月	変数 (2)
1	1990	$Y^1_{1,1990}$	1	1990	$Y^1_{2,1990}$
1	1991	$Y^1_{1,1991}$	1	1991	$Y^1_{2,1991}$
1	⋮	⋮	1	⋮	⋮
1	1995	$Y^1_{1,1995}$	1	1995	$Y^1_{2,1995}$
2	1990	$Y^2_{1,1990}$	2	1990	$Y^2_{2,1990}$
2	1991	$Y^2_{1,1991}$	2	1991	$Y^2_{2,1991}$
2	⋮	⋮	2	⋮	⋮
2	1995	$Y^2_{1,1995}$	2	1995	$Y^2_{2,1995}$
3	1990	$Y^3_{1,1990}$	3	1990	$Y^3_{2,1990}$
3	1991	$Y^3_{1,1991}$	3	1991	$Y^3_{2,1991}$
3	⋮	⋮	3	⋮	⋮
3	1995	$Y^3_{1,1995}$	3	1995	$Y^3_{2,1995}$
4	1990	$Y^4_{1,1990}$	4	1990	$Y^4_{2,1990}$
4	1991	$Y^4_{1,1991}$	4	1991	$Y^4_{2,1991}$
4	⋮	⋮	4	⋮	⋮
4	1995	$Y^4_{1,1995}$	4	1995	$Y^4_{2,1995}$

　また，表 5-14 の X_1 のように個々の個体により異なるが時間を通じて一定であるクロスセクション・データや表 5-15 の X_2 のように時間を通じてのみ変化する時系列データを表 5-2 と接続したいというニーズもあるでしょう。また，表 5-16 のように，個体 1 と 2，個体 3 と 4 のデータが分割されて提供される場合もあります。

表 5-14

個体識別番号	属性 (1)
1	X_1^1
2	X_1^2
3	X_1^3
4	X_1^4

表 5-15

年月	属性 (2)
1990	$X_{2,1990}$
1991	$X_{2,1991}$
⋮	⋮
1995	$X_{2,1995}$

表 5-16

グループ 1 （個体 1, 個体 2）		グループ 2 （個体 3, 個体 4）	
年月	変数	年月	変数
1990	$Z_{(1)1990}$	1990	$Z_{(2)1990}$
1991	$Z_{(1)1991}$	1991	$Z_{(2)1991}$
⋮	⋮	⋮	⋮
1995	$Z_{(1)1995}$	1995	$Z_{(2)1995}$

5.4.1 データ結合のパターンとStataコマンド

このように異なるデータ・ファイルを統合し，分析用のデータセットを作成するためには，以下のような手順でデータを接続していきます。

（1）クロスセクション・データ・時系列データの縦方向の接続（表 5-11，表 5-12）

縦に接続する場合　⇒　append コマンド

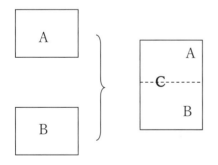

（2）時間・個体によって異なる変数の接続（表 5-13）

横に接続する場合　⇒　merge コマンド

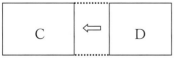

（3）時間に依存しないクロスセクション・データ，個体に依存しない時系列データの接続（表 5-14，表 5-15 を表 5-2 に接続する場合）⇒ merge コマンド

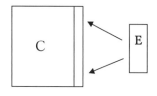

（4）グループ別の時系列データの接続（表 5-16 を表 5-2 に接続する場合）⇒ merge コマンド

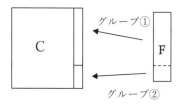

5.4.2 Stataによるデータセットの作成方法

　ここでは，具体例として，5.3.2 節で紹介したカンボジアの輸出データの構築方法を紹介しながら，5.4.1 節の（1）〜（4）で示されたデータセットの結合方法について説明します。 chapter5-5.do 参照

　ここでは，tanaka2021.xlsx の 5 つのシート（gdp, gdppc, export2007-2014, export2015）に含まれるデータを接続します。これらのデータには，個体識別番号として国番号（ctyid）が含まれており，それぞれ 2007 年から 2015 年までの 9 時点のデータが含まれています（export2007-2014 は 8 年分，export2015 は 1 年分）。

1) データの横方向の結合

まず，はじめに，GDP と一人あたり GDP（gdppc）を接続します。それぞれデータは，以下のとおり縦方向に国，横方向に時間の情報が並んでいる，表 5.10 で紹介した WIDE 形式になっています。

	A	B	C	D	E	F
1	ctyid	ctyname	gdp2007	gdp2008	gdp2009	gdp2010
2	2	Afghanistan		12		
3	3	Angola		78		82
4	4	Albania	10			
5	7	United Ara	292	301	285	
6	8	Argentina	393	409	385	424
7	9	Armenia				
8	11	Antigua and Barbuda			1	
9	12	Australia	1060	1100	1120	1140
10	13	Austria	392	398	383	390

gdp / gdppc / export2007-2014 / expo

	A	B	C	D	E	F
1	ctyid	gdppc2007	gdppc2008	gdppc2009	gdppc2010	gdppc2011
2	2		445			
3	3		3579		3529	3539
4	4	3484				
5	7	48260	43659	37203		35551
6	8	9831	10125	9429	10276	10780
7	9					
8	11			13196		
9	12	50952	51788	51651	51874	52372
10	13	47241	47822	45884	46657	47806

gdp / gdppc / export2007-2014 / expo

この 2 つのファイルを結合させる場合，merge コマンドを用います。あらかじめ一方のファイルを開いた状態で（こちらのファイルを master file と呼びます），もう一方のファイル（using file と呼びます）を merge で呼び出します。

merge コマンドの使い方

以下の 3 通りあります。

1) merge 1:1 ［個体識別番号］ using（接続する DTA ファイル）
2) merge 1:m ［個体識別番号］ using（接続する DTA ファイル）
3) merge m:1 ［個体識別番号］ using（接続する DTA ファイル）

個体識別番号は，2 つのデータを接続する際の照合番号です。merge の後ろの "1：1" "1：m" "m：1" は，2 つのデータの個体識別番号の対応状況を示します。"1：1" のときは，master file と using file の各々の変数がいずれも個体識別番号で識別できる場合に指定します。"1：m" "m：1" は，5.4.1 節 219～220 ページの (2)，(3)，(4) のよう

に 1 対複数, 複数対 1 対応のような場合に使います。ここでは, 上記の "gdp" と "gdppc" の個々のデータは, いずれも国番号で識別できて, 1 対 1 対応で接続可能なので 1) のコマンドをつかいます。"1：m" "m：1" については後述します。具体的なコマンドの使い方は, 以下のプログラム例を参照してください。(2 つのファイルは C:¥Data にあるとします。)

chapter5-5.do 参照

```
cd c:¥data
* 1)merge コマンドによる gdp データと一人あたり GDP(gdppc) データの接続
import excel using tanaka2021.xlsx, clear firstrow sheet("gdp")

save tanaka2021-construct.dta,replace

* 一人あたり GDP の読み込み
import excel using tanaka2021.xlsx, clear firstrow sheet("gdppc")
**** merge コマンド ****
merge 1:1 ctyid using tanaka2021-construct.dta
tab _merge
drop _merge
save tanaka2021-construct.dta,replace
```

この例の場合, 2 つのデータを接続する際の照合番号である個体識別番号は, ctyid になります。merge コマンドを実行すると, _merge という新しい変数が生成されていますが, これについては後述します。なお, 続けて他のデータセットを merge する場合は, _merge を drop しておいてください。

完成したファイルは以下のようになります。

gdppc2014	gdppc2015	ctyname	gdp2007
.	.	Afghanistan	.
3747.5684	.	Angola	.
.	.	Albania	10.348294
39034.376	40159.558	United Arab Emirates	292
10323.207	10490.02	Argentina	393

2）データの縦方向の結合

　次に輸出・関税のデータを整理しましょう。export2007-2014 シートには 2007 年から 2014 年までのデータ，export2015 シートには 2015 年のデータが含まれています。まず，この 2 つのデータを，append コマンドを用いて，縦方向に接続します。

<u>append コマンドの使い方</u>

append using(縦方向に接続するファイル .dta)

　輸出・関税データを接続するプログラムは以下のとおり。

```
* 2)append コマンドにより 2007-2014 年と 2015 年の輸出・関税等を接続
import excel using tanaka2021.xlsx, clear firstrow sheet("export2007-2014")
save export-data.dta, replace
import excel using tanaka2021.xlsx, clear firstrow sheet("export2015")
append using export-data.dta
tab id year
save export-data.dta, replace
```

　append を使う際の注意点として，必ず共通の変数には同じ名称を付けておいておく必要があります。

　次に，export-data.dta と tanaka2021-construct.dta を接続しますが，前者は，表 5-2 のような LONG 形式，後者は表 5-10 のような Wide 形式になっています。接続する前に，これを統一しておく必要があります。そこで，ここでは，tanaka2021-construct.dta を LONG 形式に変換しましょう。

3）ファイル形式（WIDE 形式⇔LONG 形式）の変換

　ファイル形式の変換には，reshape コマンドを使います。

<u>reshape コマンドの使い方</u>

　　　　WIDE から LONG へ：reshape long x1 … xn, i（個体識別番号）j（時間識別番号）
　　　　LONG から WIDE へ：reshape wide x1 … xn, i（個体識別番号）j（時間識別番号）

　ここでの例では，個体識別番号は ctyid，時間識別番号は year を用います。具体的なプログラムは以下のとおりです。

```
use tanaka2021-construct.dta
sum
reshape long gdp gdppc,i(ctyid) j(year)
sum
save tanaka2021-construct.dta,replace
```

　この作業過程は，以下のように Result ウインドウに表示されます。Reshape の前後で，データ数が 122 から 1098 に増加し，変数 gdppc2007, gdppc2008, gdp2013, gdp2014 から年を表す数値が消えて，代わりに，year という変数ができました。これは，横に並んでいた 2007 年〜2015 年の GDP と一人あたり GDP（gdppc）のデータが縦方向に並び替えられたからです。

```
. sum

    Variable |       Obs        Mean    Std. Dev.        Min         Max
-------------+--------------------------------------------------------
       ctyid |       122    90.90164    54.21649          2         186
    gdppc2007 |       79    22231.09    21236.54    525.0823    91594.18
    gdppc2008 |       84    21129.45    20821.88    444.9501    90807.34

          (中略)

     gdp2013 |        92    657.6011     1827.07    1.168633       15800
     gdp2014 |        84    775.1105    2114.704    1.222423       16200
     gdp2015 |        77    845.7066    2267.747    1.272872       16600

. reshape long gdp gdppc,i(ctyid) j(year)
(note: j = 2007 2008 2009 2010 2011 2012 2013 2014 2015)

Data                               wide   ->   long
-----------------------------------------------------------------------
Number of obs.                      122   ->   1098
Number of variables                  20   ->      5
j variable (9 values)                     ->   year
xij variables:
        gdp2007 gdp2008 ... gdp2015        ->   gdp
    gdppc2007 gdppc2008 ... gdppc2015      ->   gdppc
-----------------------------------------------------------------------

. sum

    Variable |       Obs        Mean    Std. Dev.        Min         Max
-------------+--------------------------------------------------------
       ctyid |     1,098    90.90164    54.01844          2         186
        year |     1,098        2011    2.583165       2007        2015
       gdppc |       737    21452.68    20455.96    311.3677    91594.18
     ctyname |         0
         gdp |       737    753.1942    1959.835    1.168633       16600
```

4) 横方向のデータ接続（識別番号を 2 つ用いるケース）

　最後に，tanaka2021-construct.dta と export-data.dta を接続します。次に示されているとおり，両者とも LONG 形式で，個々のデータを特定するには，個体識別番号（ctyid）と時間識別番号（year）の 2 つの組み合わせで照合する必要があります。

	Tanaka2021-construct.dta			
	ctyname	ctyid	year	gdppc
1	Afghanistan	2	2007	.
2	Afghanistan	2	2008	444.95014
3	Afghanistan	2	2009	.
4	Afghanistan	2	2010	.
5	Afghanistan	2	2011	.
6	Afghanistan	2	2012	.
7	Afghanistan	2	2013	621.81808
8	Afghanistan	2	2014	.
9	Afghanistan	2	2015	.

	export-data.dta		
	ctyname	year	exp62
1	United Arab Emirates	2015	1012
2	Argentina	2015	222
3	Antigua and Barbuda	2015	.
4	Australia	2015	2905
5	Austria	2015	283
6	Belgium	2015	13964
7		2015	.
8	Bahrain	2015	.
9	Bosnia and Herzegovina	2015	.

```
*4 横方向のデータ接続（識別番号を2つ用いるケース）
use export-data.dta,clear
*browse
merge 1:1 ctyid year using tanaka2021-construct.dta
tab _merge
drop _merge
save tanaka2021-construct.dta,replace
```

ここで，_merge の意味を説明しておきましょう。

_merge の意味

　_merge には，2つのファイルで個体識別番号がどの程度重複しているかという情報が含まれています。

　たとえば，以下のような個体識別番号となる変数が部分的にしか対応していないケースがままあります。

表 5-17

(a) merge1.dta			(b) merge2.dta	
id	merge1		id	merge2
4	10		1	101
5	11		2	102
6	12		3	103
7	13		4	104
			5	105

　この2つのファイルの個体識別番号となる変数はidです。2つのファイルに重複する値は，

4と5だけです。このケースで，idを個別式番号にしてmergeすると以下のようになります。
なお，merge1.dtaもmerge2.dtaも，idで個々の値を特定できますので，mergeの後ろには，
2つのファイルが1対1対応であることを示す，"1:1"と記入してあります。

```
use merge1.dta,clear
merge 1:1 number using merge2.dta
```

id	merge1	merge2	_merge
4	10	104	matche (3)
5	11	105	matche (3)
6	12		master only (1)
7	13		master only (1)
1		101	using only (2)
2		102	using only (2)
3		103	using only (2)

　この場合，まずmerge1.dtaをあらかじめ開いておいて（master fileとして）merge2.dta
を接続しています（using file）。両者の個体識別番号のnumberで共通なのは4と5のみな
ので，merge完了後のデータでは，個体識別番号が共通する場合のみ同じ行にmerge2.dta
のデータが接続され，異なる場合には異なる行にmerge1.dtaのデータが並んでいます。

　さて，mergeコマンドを実行すると生成される"_merge"ですが，この変数は1，2，3
のいずれかの数値をとるカテゴリー変数で，二つのデータの結合状態を表します。

matched (3)：個体識別番号が，結合前の二つのファイルの両方に存在していた場合。

master only (1)：個体識別番号が，merge実行前に開いていたファイル（master file）のみ
　　　　　　　　に存在していた場合。

using only (2)：個体識別番号が，merge実行時に呼び出したファイル（using file）のみに
　　　　　　　　存在していた場合。

　merge1.dtaとmerge2.dtaの接続を例にすると，

　　merge1.dtaとmerge2.dtaの両方のファイルに含まれていたデータ：_merge = matched (3)

　　merge1.dtaのみに含まれていたデータ：_merge = master only (1)

merge2.dta のみに含まれていたデータ：_merge = using only（2）

となります。

　以下は，tanaka2021-construct.dta と export-data.dta を merge で接続したときの結果です。この表の matched 702 とは，tanaka2021-construct.dta と export-data.dta の両方のデータに含まれる国番号と年のペアは 702 件あるということを示します。一方，not-matched は片方のデータにしか含まれていないためマッチできなかったデータで 396 件あることを示しています。from master が 0 で from using が 396 になっていますが，これは，

- ・from master：すでに開いているデータ（master）にはあるが接続しようとするファイル（using）にはない
- ・from using：接続しようとするファイル（using）にはあるが master にない

を意味しており，今回の場合，export-data.dta を開いている（master）状態で，tanaka2021-construct.dta を接続しよう（using）としていますので，接続できなかった 396 件は GDP と一人あたり GDP で構成される tanaka2021-construct.dta に含まれるが，輸出や関税データで構成される export-data.dta には含まれなかったことを意味します。

```
. merge 1:1 ctyid year using tanaka2021-construct.dta

    Result                      # of obs.

    not matched                      396
        from master                    0  (_merge==1)
        from using                   396  (_merge==2)

    matched                          702  (_merge==3)
```

　今回は，GDP，一人あたり GDP，輸出，関税などのすべての変数が揃ったデータのみを分析に使いますので，merge コマンドによって自動生成された _merge が "3" 以外

になっているデータを削除します。keep コマンドを使って matched のデータのみに限定します。

keep if _merge = = 3

最後に，_merge を削除しておきます。

これで，データセットは完成です。あとは，パネル回帰コマンド等で分析に進みます。

---

merge コマンドによる "1:m" と "m:1" のファイル接続

　たとえば，以下のような file_a.dta，file_b.dta の 2 種類のデータがあるとします。file_a.dta は，3 つの個体（たとえば企業 3 社，id = 1, 2, 3）の 3 時点（time = 1, 2, 3）の売上高データとしましょう。file_b.dta は 3 時点（time = 1, 2, 3）の価格データです。file_b.dta には id が含まれていないことに注意してください。つまり両者のファイルを接続する場合，time のみを頼りに接続せざるを得ません。その際，file_b.dta の個々のデータは，file_a.dta における複数のデータと接続することになります。たとえば，file_b.dta の time が 1 のデータは，file_a.dta の time が 1 となっている 3 箇所のデータと接続することになります。

表 5-18

id	time	sales		time	price
1	1	10		1	100
1	2	11		2	101
1	3	11.5		3	103
2	1	9			
2	2	10			
2	3	11			
3	1	13			
3	2	13.5			
3	3	14			

file_4-14a.dta　　　　　　　　　　　file_4-14b.dta

　接続が完了したときのデータのイメージは表 5-19 のようになります。

表 5-19

id	time	sales	price
1	1	10	100
1	2	11	101
1	3	11.5	103
2	1	9	100
2	2	10	101
2	3	11	103
3	1	13	100
3	2	13.5	101
3	3	14	103

　Stata の merge コマンドでは，上記のような 1 対複数の対応関係のデータ接続は，merge の直後に "1:m"，あるいは "m:1" と記載して識別します。

　では，file_4-14a.dta，file_4-14b.dta を使って，Stata プログラムの書き方を確認しましょう。このとき個体識別番号として利用するのは time です。そして，merge の後ろの二つのファイルの対応関係ですが，file_4-14a.dta，file_4-14b.dta のどちらを master file にするかによって，"1:m"，あるいは "m:1" の記載方法が変わってきます。 chapter5-6.do 参照

1) file_4-14a.dta を master file にする場合

　master file の file_4-14a.dta では，time に複数のデータが対応します。それに対して，using file の file_4-14b.dta では time のみが個別識別番号になります。したがって，master file ＝複数対応，using file ＝ 1 対 1 対応ですので，以下のようにプログラムします。

```
use file_4-14a.dta,clear
merge m:1 time using file_4-14b.dta
tab _merge
```

merge の直後の "1:m"，あるいは "m:1" ですが，(master file の対応)：(using file の対応) という順に記載します。

2) file_4-14b.dta を master file にする場合

file_4-14b.dta を master file，file_4-14a.dta を using file とする場合，前者は time で個々のデータが識別できますので，以下のように，merge の直後には "1:m" と記載します。

```
use file_4-14b.dta,clear
merge 1:m time using file_4-14a.dta
tab _merge
```

分析事例 8

男女の競争心格差—競艇の成績データから

　男女間の賃金格差は何に由来するのでしょうか。最近の研究では，競争心の男女間格差が学力格差，ひいては賃金格差を生み出していると指摘する研究が多数あります。その多くは実験室での経済実験による研究が多いのですが，ここでは実際の競技データに基づく分析結果を紹介しましょう。ここで紹介するのは日本のプロ競艇選手のデータを利用したオーストラリア国立大学のブース・アリソン教授と西南学院大学の山村教授の研究（Booth and Yamamura, 2018, Review of Economics and Statistics. 100(4), pp.109-126.）です。競艇の女性選手は全体の 13% 程度ですが，男女間で一切区別なく競技が行われます。各レースの男女配分についても完全にランダムに決められ，男性が大多数なので男性のみのレースが多いものの，男女混合のレースもあれば，女性のみのレースもあります。Booth and Yamamura（2018）は，男女比がランダムに決定される条件下で，同性のみのレースと男女混合のレースとでは，どちらのタイムが早くなるのか分析しています。

　使用されたデータは 2014 年 4 月から 2015 年 10 月までの 7 つのボートレース場の競技記録で，女性レーサーが 202 人，男性レーサーが 1430 人，一人当たりの平均出場レースがおよそ 250 で，合計 40 万サンプルの大規模なものです。推計式は，

$$Y_{it} = \alpha M_{it} + \beta X_{it} + \mu_i + u_{it}$$

であり，Y はレースタイム，M は男女混合レース・ダミーや異性レーサーの数などレース参加者の性別構成を示す変数，X はその他の説明変数，μ_i はレーサー個人の固定効果です。このレーサーの固定効果は能力や性格など観察できない要因を説明する要素と考えると，M の係数は性別による能力の違いではなく，各レースの性別構成が「競争心」に影響を及ぼしているかを示していると考えられます。以下，推計結果の一部を抜粋します。

	（1）全選手	（2）女性	（3）男性
男女混合ダミー×女性ダミー	0.93 ***		
	(0.04)		
男女混合ダミー	− 0.28 ***		
	(0.01)		
異性レーサーの数		0.19 ***	− 0.23 ***
		(0.01)	(0.01)
その他の説明変数	Yes	Yes	Yes
レーサー固定効果	Yes	Yes	Yes
観測数	139929	15210	124719

注）カッコ内はレース毎にクラスターした標準誤差

　（1）列目をみると，男女混合ダミーの係数はマイナスで，男女混合ダミーと女性ダミーの交差項がプラスなので，男女混合レースの場合，女性はタイムが遅くなるのに対して，男性はタイムが早くなることがわかります。一方，（2）と（3）の推定式の説明変数，異性レーサーの数の係数は女性がプラスで男性がマイナスでした。これは，男性は男性のみよりも男女混合の時のほうがタイムが早くなる一方，女性は男女混合よりも女性のみのほうがタイムが早くなることを示しています。もう一つ，本論文の追加分析で示されている興味深い結果が，男女間のレーンの変更戦略の違いです。タイムをあげるには内側のレーンを確保することが重要ですが，レーンの変更に伴い相手選手を妨害したとみなされると厳しい罰則が課されるため，ハイリスク・ハイリターンな戦略になります。本論文の追加分析では，男性の場合，男女混合の場合はレーン変更を頻繁に行っていることが指摘されています。

　この論文の興味深い点は，プロの競艇選手という競争環境に身を置いている男女であっても，同一内レースの男女比によって競争心が変わってくるということです。男女混合の競争では男性が特に攻撃的になることが，男女間で賃金格差が生まれる一つの要因かもしれません。

Column 分析事例 9

女性役員クオーター制導入の株価へ影響

　北欧というと男女共同参画が進んだ国というイメージを持っている人が多いのではないでしょうか。実は女性の社会進出が進んだのはここ 20 年ぐらいのことです。ここで紹介するのはイベント・スタディという手法を用いてノルウェーの貿易産業大臣が2002 年にアナウンスした上場企業の女性役員比率 4 割を義務化するという政策の評価分析です。

　イベント・スタディはファイナンス分野では古くから利用されてきた分析手法ですが，成果指標 Y を株価，何らかのイベントを経験した企業を処置群，その他の企業を比較群とみなせば差の差の分析の一種と考えることできます。ここではイベント・スタディの手順を紹介するとともに南カルフォルニア大学のアハーン教授とミシガン大学のディットマー教授によるノルウェー政府による上場企業に対する女性役員比率割り当ての株式市場での評価についての分析事例（Ahern and Dittma, 2012）を紹介します。

　イベント・スタディでは，処置群と比較群の成果指標の差として，あるイベント（たとえば M&A を発表した企業としましょう）を経験した企業のイベント前後の株価収益率 R_t（株価変化率）と，その他の企業の同じ期間の株価収益率 R_{Mt} の差分を取り，これを異常収益率（Abnormal Return, AR）と呼びます。

$$AR_{rt} = R_t - R_{Mt}$$

　その他企業の株価収益率は，しばしば市場の平均株価変化率（日本企業なら TOPIX，米国企業なら S&P500 など）が用いられることがあります。そして，イベント直前から数日間の異常収益率を累積したものを累積異常収益率（Cumulative Abnormal Return, CAR）と呼びます。この CAR はあるイベントに対して株式市場がどう評価したかを示す指標となります。また，イベントを経験した企業とそれ以外の企業の成果指標（株価

変化率）の差をイベントの前後で比較していますので差の差の分析の一種としてみることもできます。

　今，M&A を株式市場の投資家がどう評価したかを検討したいとしましょう。この場合，M&A を発表した日がイベント発生日になります。ある期間で M&A を発表した企業が 100 社あるとすれば，その 100 社ごとに CAR を計算し，100 社の CAR を被説明変数，説明変数に企業特性や M&A の特徴などを示す変数を導入することで，どんな M&A が株式市場で高く評価されるかを分析することができます。

　イベント・スタディの手法は政策評価にも利用されることがあります。ここで紹介するは，2002 年 2 月 22 日にノルウェーのガブリエルセン貿易産業大臣がノルウェーの上場企業に対して女性役員比率を 40％に引き上げることを義務付けるとアナウンスしたイベントに注目した研究です。このイベントに対して，株式市場では，女性役員が一定数存在し容易に基準をクリアできそうな企業の株価には影響しない一方で，女性役員がゼロ，もしくはきわめて少ない企業の株価が下落しました。これは女性役員が極めて少ない企業にとっては短い期間で役員の入れ替えを行わなくてはならないので，取締役会に混乱を招くという悲観論が高まったからと考えられます。では，女性役員の登用に積極的な企業と消極的な企業との間の株価変化率の差に統計的に有意な差があったのでしょうか？　また，有意な差があるとすれば，それはどれぐらいの大きさでしょうか。Ahern and Dittma（2012）ではこれをイベント・スタディで分析しています。

　Ahern and Dittma（2012）では，ノルウェーの上場企業（94 社）と比較対象としてアメリカの上場企業（1158 社）の CAR をサンプルに加えています。これは，ノルウェー企業の株価は大臣の発言の影響を受ける可能性があるため，全く影響を受けないアメリカ企業を比較群とするためです。推定結果は以下の表に示されています。ノルウェー企

業ダミーの係数はマイナス4ですが，これは同じ時期のアメリカ企業に比べて平均で4%株価が下落していることを示します。(1) 列目には，女性役員ダミーとノルウェー企業×女性役員ありダミーが含まれていますが，前者の係数は統計的に有意でないのに対して，後者の係数はプラスで有意であり，アメリカ企業では女性役員の有無は影響しないものの，女性役員のいるノルウェー企業では大臣発言の負の影響が小さいことを示唆しています。(2)列目では女性役員ダミーの代わりに女性役員比率を導入していますが，(1)列目とほぼ同じ結果が得られています。

　なお Ahern and Dittma（2012）では追加的な分析として2003年から2008年の間の女性役員比率の変化と企業価値の関係も分析しています。その結果からも，女性役員比率の性急な引き上げは企業価値の改善に寄与しないことが示唆されています。

	(1)	(2)
ノルウェー企業ダミー	−4.347***	−4.146***
	(1.468)	(1.404)
女性役員ありダミー	0.046	
	(0.032)	
女性役員比率		0.594
		(1.928)
ノルウェー企業× 女性役員ありダミー	3.477***	
	(1.648)	
ノルウェー企業× 女性役員比率		14.342*
		(7.589)
自由度調整済み決定係数	0.025	0.024
サンプル数	1252	1252

注）カッコ内は産業でクラスターされた標準誤差。
　　***, *はそれぞれ1%，10%で統計的に有意であることを示す。
出所：Ahern and Dittma（2012）Table III Panel B より筆者作成

参考文献

Ahern K., and Dittmar, A., 2012, The Changing of the Boards: The Impact on Firm Valuation of Mandated Female Board Representation, Quarterly Journal of Economics, 127, pp.137-197.

イベント・スタディについては以下の第 14 章に丁寧，かつ実践的な説明がありますので，関心がある人は是非一読を薦めます。

久保克之，2021，『経営学のための統計学・データ分析』東洋経済

第0章
第1章
第2章
第3章
第4章
第5章
第6章
第7章
逆引き事典

操作変数法
❖横断面データでもパネル・データでも活躍

第5章で紹介した差の差の分析は単純で直感的にも理解しやすい分析手法ですが，第2部の冒頭で説明したインターンシップ・プログラムのように，意欲的な人が処置群を選び，意欲のない人が比較群を選ぶ，といった状況では差の差の分析は利用できません。こういった状況で因果関係を推定する方法が，第6章で扱う操作変数法と第7章で扱う傾向スコア法です。

差の差の分析と，操作変数法・傾向スコア法の違いの一つとして，差の差の分析では必ず複数時点のデータを用意する必要がありますが，操作変数法・傾向スコア法では一時点のデータしか存在しない場合であっても利用可能であるという特徴があります。

6.1　操作変数法とは何か

ここでは「景気変動と民主化」の関係を分析したオーストラリア国立大学のブルックナー教授と独マンハイム大学のシッコーン教授の研究（Brückner and Ciccone, 2011），"Rain and Democratic Window of Opportunities" という論文の分析事例を紹介しながら操作変数法について説明します。途上国では権威主義的な政権が長期政権を担っていることがよくあります。経済成長が続いている限り人々の不満が顕在化することは少ないかもしれませんが，景気が悪化し経済成長のペースが鈍化すると，政権に対する批判が高まり，また失業者が増えてデモへの参加者が増えるなど民主化圧力が高まることがよ

くあります。たとえば，アジア通貨危機にみまわれたインドネシアでは1997年の経済成長率が4.7%でしたが，翌年の1998年はマイナス13.1%にまで落ち込みました。これにより大規模な民主化デモが起こり，30年にわたり開発独裁を続けてきたスハルト大統領は辞任しました。

6.1.1 操作変数による因果関係の推定

ここで紹介する Brückner and Ciccone（2011）はサブ・サハラ・アフリカ諸国を対象に，景気変動指標 X として一人あたり GDP，民主化の指標 Y として Polity database の Polity score を使って，以下のような式を推定することで景気変動が民主化に及ぼす影響について分析しています。

$$Y_i = a + bX_i + u_i$$

しかし，通常の最小二乗法で景気変動 X が民主化度を向上させるかを分析するには問題があります。たとえば，民主化が進むと同時に様々な経済活動に関連する規制が撤廃され，それにより景気が良くなる可能性があります。つまり，民主化 Y は経済成長を通じて景気 X に影響するという逆の因果性の問題が生じます。ここでの逆の因果性は Y と X の間に正の相関をもたらしますので，今知りたい X の低下（景気悪化）は Y の上昇（民主化の促進）をもたらすというロジックとは逆方向の力が働くことになります。そうすると，上記の推計式を最小二乗法で推計すると係数 b には，$X \rightarrow Y$ によるマイナスの力と $Y \rightarrow X$ によるプラスの力が混在することになり，係数 b を正確に計測できなくなってしまいます。今回の場合，想定している負の関係が逆因果による正の関係に打ち消されてしまい，係数 b は過小評価される可能性があります。このように X に逆因果の関係があるとき X を**内生変数**と呼びます。

想定している因果関係：負

Y		X
被説明変数		説明変数 （内生変数）
民主化度		景気指標

逆の因果性：正

　そこで登場するのが操作変数法です。操作変数法では，Xに影響するがYにはX以外の経路では直接関係しない変数Zを操作変数として導入し，これを使ってXからYの因果効果を測定します。具体的には，各国の前年の降雨量を操作変数Zとして用います。なぜ，降雨量が操作変数Zに適しているのでしょうか。今回の分析の対象国はサブ・サハラ・アフリカ諸国です。これらの国々の経済は農業が主体ですので天候によって景気変動が引き起こされます。これらの国々では経済に深刻なダメージを与える天候リスクは干ばつです。降雨量が少ないと農産品産出量が大幅に低下します。よって，降雨量は景気変動指標Xに影響を及ぼします。一方，民主化度Yへの影響はどうでしょうか？　降雨量は景気変動を通じてYに影響するかもしれませんが，それ以外の経路で民主化度に影響するとは考えにくいです。また，民主化度で降雨量が変化することも考えられませんので，ZはYと関連しないと考えられます。

操作変数Zを使ってXとYの因果効果を測定するときの考え方ですが，下図のように(1)Zの変動によってもたらさせられたXの変動によりYが変動していれば因果効果がある，一方，(2)Zの変動によりXが変動してもYは変動していないとすれば因果効果はなかった，と考えます。

$\boxed{\text{因果関係あり}}$ 降雨量減少（$Z\downarrow$）➡ 景気悪化（$X\downarrow$）➡ 民主化進展（$Y\uparrow$）

$\boxed{\text{因果関係なし}}$ 降雨量減少（$Z\downarrow$）➡ 景気悪化（$X\downarrow$）✖ 民主化進展（$Y?$）

　もう少し具体的な推定手順を説明しましょう。

Step 1：Zを説明変数，Xを被説明変数とする回帰式を推定します。これを第一段階の推定（Frist stage regression）と呼びます。

$$X_i = c + dZ_i + e_i$$

Step 2：Step 1 の推計式から予測値（$\widehat{X}$）を計算します。

$$\widehat{X}_i = c + dZ_i$$

Step 3：Xの予測値を説明変数として Y との関係を推定します。これを第二段階の推定（Second Stage regression）と呼びます。

このように操作変数法は二段階の推定から構成されるので二段階最小二乗法（2 Stage Least Squares, 2SLS）とも呼ばれます[1]。

では，Brückner and Ciccone（2011）の分析例を見てみましょう。Brückner and Ciccone（2011）の推定式をもう一度確認しておきましょう。

$$Y_{it} = a + bX_{it} + u_{it}$$
$$X_{it} = a + bZ_{it-1} + e_{it}$$

景気変動指標 X として一人あたり GDP，民主化の指標 Y として Polity database の Polity score，操作変数である降雨量 Z は NASA のデータベースよりデータを取得して分析しています。降雨量は翌年の景気に影響すると考えて Z は 1 期ラグをとってあります。

表 6-1 は推計結果です。まず，(1) OLS は最小二乗法による推定結果です。仮説は景気が悪化すると民主化度は上昇するというものでした。そしてここでは一人あたり

---

[1] なお，操作変数が 1 つのときは操作変数法，操作変数が二つ以上のときは二段階最小二乗法と使い分ける場合もあります。

GDP の係数はマイナスですが，統計的に優位ではありません。(2) は二段階最小二乗法の結果です。下段の First Stage は第一段階の推定結果で被説明変数が一人あたり GDP，説明変数は 1 年前の降雨量です。係数はプラスなので降雨量が減少すると景気が悪化することが示唆されます。次に上段の二段階目の推定結果を見てみましょう。今度は，一人あたり GDP の係数がマイナス，そして統計的に有意になり，仮説を支持する結果が得られました。これらの結果は，最小二乗法では逆の因果性によって係数が（絶対値で）過小評価され統計的に非有意であった結果が，操作変数を用いることにより因果関係を特定し，より正確な係数が得られたことを示唆していると考えられます。

表 6-1 景気変動と民主化度の関係

	被説明変数：Y 民主化度の変化	
	(1) OLS	(2) 2SLS
X 一人あたり GDP$_{t-1}$	-0.045	-18.021 **
	(0.348)	(0.049)
Country fixed effect	Yes	Yes
Country time trend	Yes	Yes
Observations	955	955
First Stage 被説明変数：X 一人あたり GDP$_{t-1}$		
Z 降雨量$_{t-1}$		0.079 ***
		(0.029)
Country fixed effect		Yes
Country time trend		Yes
Observations		955

出所：Bruckner and Ciccone（2011）の Table V より抜粋

参考文献

Brückner, M., and Ciccone, A., 2011, Rain and the Democratic Window of Opportunity, Econometrica, 79(3), pp.923-947.

第0章
第1章
第2章
第3章
第4章
第5章
第6章
第7章
逆引き事典

6.1.2 同時性・逆の因果性の計量経済学的な問題点

　ここで同時性・逆の因果性の問題について考えておきましょう。これまでも何度か「最小二乗法の誤差項が満たすべき条件」が満たされないとき対処法について触れてきましたが，Y と X の同時性や逆の因果性は「説明変数 X と誤差項が相関してはならない」という条件に反します。これについて少し詳しく見ていきましょう。たとえば，研究開発費（X）が利益率（Y）に及ぼす影響について分析するために，次のような回帰式を推定したいとします。

$$利益率 = \alpha + \beta\, 研究開発費売上比率 + u$$

　ここでは研究開発費売上比率が上がると利益率がどの程度変化するかを調べることが目的ですが，利益率が高いほど研究開発を行う，という逆方向の関係が存在します。

　つまり，X は Y に影響すると同時に Y は X に影響を与えている可能性があります。このとき，Y には誤差項 u が含まれているので，Y が X に影響を及ぼしているとすると誤差項 u は X に影響を与えているということになり，X と u が相関することになります。（X は**内生変数**）

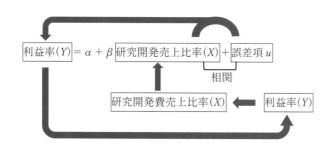

　この場合，β は（1）X が増えると Y が増えるという関係と，（2）Y が増えると X が増えるという関係の両方が含まれることになり，本来計測したい（1）の関係を過大評価してしまう可能性があります。これを内生性バイアス，または同時性バイアスと呼び

ます。

　少し古い論文では説明変数の 1 期ラグ（X_{it-1}）をとれば内生性の問題が生じない，あるいは 1 期ラグをとった変数を操作変数として用いる，といった方法が使われることがありました。しかし，説明変数，被説明変数がトレンドを持つような場合はこの方法は望ましくありません。研究開発と利益率の例では，たしかに今年の利益率は昨年の研究開発比率には影響しないとえます。しかし，利益率も研究開発比率もトレンドを持っている場合，現実には，「来年もある程度の利益率が期待できるから研究開発支出を続ける」，といった意思決定があると考えられます。このような場合，研究開発費の 1 期ラグを操作変数として用いてもあまり説得力はありません。

6.1.3　操作変数が満たすべき条件

　操作変数にはいくつか満たすべき条件があります。第一の条件は，「操作変数 Z は X 以外の経路で Y に影響しない」というものです。

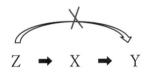

　ここでは研究開発費（X）と利益率（Y）の関係を例に考えてみましょう。研究開発活動により画期的な新商品を開発した企業は利益率を増加させることができるので X は Y を増加させるというのがここでの仮説ですが，ここには逆の因果性が生じる可能性があります。というのは，研究開発活動には通常大きな固定費がかかりますので，利益率の高い企業しか研究開発支出ができないという現実があります。したがって，$X \to Y$ の因果効果を知るためには何らかの操作変数が必要になります。

　ここで操作変数として従業員数の利用を検討してみましょう。従業員数が多い企業で

は人員に余裕があるので研究開発活動が行いやすいとすれば操作変数 Z と説明変数 X の間には関連がありそうです。しかし，従業員数が増えれば営業マンを増員して販売活動を活発化させることで利益率を高められるならば，従業員数 Z は利益率 Y にも直接影響することになり，X と Y の因果効果を測定するための操作変数としては使えません。このように操作変数 Z を選ぶ際には，Z は X に影響するが Y には影響しないことを示すことが重要になります。

ここで「**Z が（X 経由の間接的な経路除いて）Y に直接的には影響しない**」ことを必ずしも統計的な検定では示せるわけではない，ということに注意してください。操作変数 Z の数が内生変数 X の数よりも多いときには後述する操作変数の外生性（過剰識別性検定）を使った検定が可能です。しかし，内生変数の数と操作変数の数が同じ場合は，この検定は利用可能でありません。また，操作変数法では，内生変数の数と操作変数の数の大小にかかわらず，「操作変数 Z は内生変数 X 経由でしか Y に影響しない」ことを，論文の読み手，プレゼンテーションの聞き手が納得するよう論理的に説明することが求められます[2]。

次に，第二の条件について紹介します。第二の条件は，Z が X に十分な影響を及ぼしているというものです。この条件が満たされていない場合，第二段階の係数が正確に計測できないことが知られており，この状態を弱操作変数の問題（Weak Instrumental Variable problem）と呼びます。こちらの条件については統計的な検定が可能です。検定方法としては，さまざまな方法が提案されていますが，シンプルな方法として，ここでは第一段階の F 検定（First stage F test）を紹介しておきます。第一段階の F 検定は，第一段階の「操作変数の係数がゼロ」を帰無仮説とする仮説検定で，これが棄却できれ

---

[2] 操作変数が満たすべき第一の条件に関する論理的な説明が重要という点については「操作変数法は科学（science）ではなく芸術（art，表現）だ」という皮肉もあるのですが，仮に操作変数の外生性の検定が通っても，操作変数の説明がしっくりこないと分析結果を信用してもらえません。操作変数を使いこなすには，様々な先行研究に触れて，どんなロジックで操作変数を正当化しているかを学んでおくのが近道といえます。

ば Z が X に十分な影響を及ぼしていると考えます。ただ，単に棄却できるかどうかだけはなく「F 値が 10 以上」確保されていることが望ましいとされています[3]。

Stata による操作変数法の推定

では，Stata による操作変数の推定方法について紹介していきます。事例 1 では操作変数が 1 つの場合，事例 2 では操作変数が複数の場合を扱います。

6.2.1 操作変数が 1 つの場合

第一の例は，米マサチューセッツ工科大学のアセモグル教授とオーター教授らの研究（Acemoglu et al., 2016, "Import Competition and the Great US Employment Sag of the 2000s", Journal of Labor Economics, 34 (S1), s141-s198），「中国からの輸入がアメリカの製造雇用に及ぼす影響に関する分析」です。トランプ政権下のアメリカでは，対中貿易赤字の拡大，そして中国からの輸入品の増加が製造業雇用喪失に繋がったといわれています。この論文では，中国からの輸入の増加がアメリカの製造業雇用にどの程度の影響をもたらしたかを数量的に評価しています。使用するデータは米国製造業 392 産業を対象として 1991 年から 2011 年の雇用者数変化率（dL）を被説明変数 Y，中国からの輸入製品の変化（$dIMP$）を説明変数 X とする分析が行われています。

---

[3]　なお，操作変数が 1 つのときは第一段階の操作変数の係数の t 値が 3.2 以上あれば，F 値は 10 以上と同義になります。なぜ F 値が 10 を上回ることが求められるのか，などについての議論は紙幅の関係もあり本書では省略します。西山ほか（2019）の 7 章第 6 節やストック・ワトソン（2016）の第 12 章などを参照してください。

$$dL_{it} = a + bdIMP_{it} + u_{it}$$

　ここで Y と X は第三の変数，米国の国内需要の影響を受けていると考えられます。たとえば，米国内で半導体の需要が増えたとします。すると，中国製の半導体の需要も米国産の半導体の需要も増加すると考えます。前者は中国からの輸入（X）を増加させ，後者は半導体製造業の雇用（Y）を増加させると考えられます。この場合，第三の要因である米国内の製品需要は X と Y に「みせかけの正の相関」をもたらすと考えられます。この場合，見せかけの正の相関は想定している負の因果効果を打ち消してしまう可能性があります。

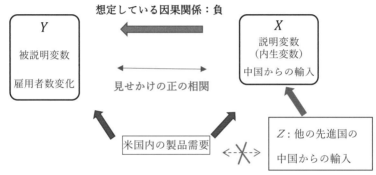

　そこで操作変数として Acemoglu et al.（2016）では「米国以外の先進国の中国からの輸入」を用いています。「米国以外の先進国の中国からの輸入」は中国企業の競争力と相関すると考えれば米国の中国からの輸入（X）と相関すると考えられます。一方，第三の変数である「米国内の製品需要」とは相関しないので，被説明変数である米国内の雇用者数（Y）とも相関しないと考えられます。よって操作変数が満たすべき第一の条件は満たされていると考えられます。

　Stata での推定方法を紹介しましょう。2つのコマンドを紹介します。第一のコマンドは ivreg です。今，被説明変数を y，内生変数を x1，操作変数は2つあって z1 と z2，その他の説明変数として x2，x3 があるとします。このとき，

```
ivreg 2sls y(x1=z1 z2)x2 x3, first robust
```

と入力することで操作変数による推計が可能です。オプションの first は第一段階の結
果を表示せよ，という意味で，robust は頑健な標準誤差を使用せよ，という意味です[4]。
もう一つのコマンドは ivreg2 です。こちらは ssc inst ivreg2 などで事前にイン
ストールしておく必要があります。使い方は ivreg 2sls と同じです。

```
ivreg2 y(x1=z1 z2)x2 x3, first robust
```

　ivreg 2sls と ivreg2 の違いですが，後者では第一段階の F 検定などの様々な統
計量を出力してくれます。操作変数法による推計方法を評価するには，こうした統計量
を確認することが必須となっていますので本書では ivreg2 の利用を推奨しています。
では，実際に推計結果を見てみましょう。ここで用いるデータは acemoglu2016.dta です。
chaper6-1.do を参照

最小二乗法による推計結果

```
. reg dL dIMP ,robust

Linear regression                               Number of obs   =       392
                                                F(1, 390)       =     57.49
                                                Prob > F        =    0.0000
                                                R-squared       =    0.1122
                                                Root MSE        =      3.51

                            Robust
         dL      Coef.   Std. Err.      t    P>|t|    [95% Conf. Interval]

       dIMP   -1.132328   .1493421   -7.58   0.000   -1.425944   -.8387113
      _cons   -2.282684   .1981221  -11.52   0.000   -2.672205   -1.893163
```

　最小二乗法による推計では，*dIMP* の係数は−1.132 となりました。ただし，この結
果は第三の要因である米国内の需要の変化の影響を受けているかもしれません。そこで，
米国以外の先進 8 か国の中国からの輸入（*dIMPoth*）を操作変数として推計したのが

---

[4] Acemoglu et al.（2016）では robust の代わりに vce(cl sic3) というオプションで 3 桁レベルの業種コ
　ードによるクラスター標準誤差（p.121 参照）を使っています。

次の分析結果です。

　上段の第一段階目の推計結果から見ていきましょう。*dIMPoth* の係数はプラスで操作変数 Z と説明変数 X の間には想定した正の相関がみられることが確認できます。また、係数値の下の"F test of excluded instuments"のところに第一段階の F 統計量が示されていますが、F 値は 41 と 10 を大きく上回っていますので、第一段階の結果は問題ないと言えます。次に下段の二段階目の推計結果の *dIMP* の係数を見てみましょう。係数は－1.438 と最小二乗法の結果と比べて絶対値で大きくなりました。この係数の違いは、最小二乗法の結果は第三の要因によって過小評価されており、操作変数法を用いたことでより正確な推計値が得られたと考えることができます。

操作変数法による推計

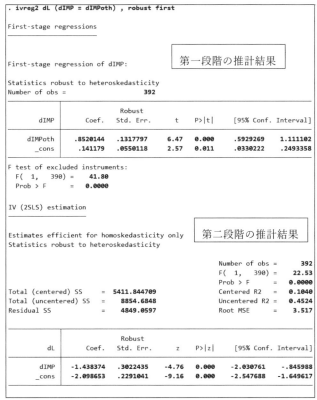

6.2.2 操作変数が複数ある場合

　第二の分析事例では複数の操作変数を用いた分析を紹介しましょう。ハーバード大学のネイサン・ヌン教授はアフリカの奴隷貿易がアフリカ諸国の長期的な経済成長をどのような影響をもたらしたかを定量的に分析しています（Nunn, 2008, "The Long-Term Effects of Africa's Slave Trade", Quarterly Journal of Economics, 123(1), pp.139-176）。世界史でも習ったかと思いますが，1400年代から1900年ごろまでの間にアフリカの多く国で奴隷貿易が行われていたことが知られています。当時，輸出された奴隷の多くは部族間闘争の捕虜であり，部族長は戦闘を有利にするために，商人に奴隷を売って代わりに最新鋭の武器を購入していました。商人たちは対立する複数の部族と取引していたため，奴隷貿易は部族間対立を激化させ，統治機構の崩壊や腐敗の蔓延を招いたと言われています。こうした社会システムの棄損はその後の長期的な経済発展にも悪影響を及ぼしていると言われています。Nunn（2008）は，アフリカ諸国の奴隷輸出（X）と各国の2000年時点の一人あたりGDP（Y）の関係を分析し，その関係を定量的に評価しています。

　このYとXの関係を分析するにあたり，第三の要因の影響を考慮する必要があります。当時，奴隷貿易が活発に行われた国は農業生産力が高く人口の多い国であったことが知られています。これを踏まえると，気候や地形に由来する農業生産力の高さは，説明変数である奴隷輸出にも，現在の一人あたりGDPにも正の影響をもたらすと考えられます。よって，最小二乗法による推計では，マイナスの因果効果と見せかけの相関によるプラスの効果が混ざってしまうと考えられます。

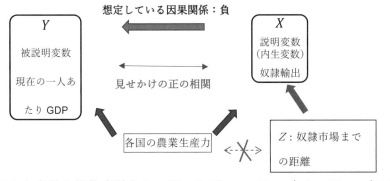

想定している因果関係：負

Y
被説明変数
現在の一人あたり GDP

X
説明変数
（内生変数）
奴隷輸出

見せかけの正の相関

各国の農業生産力 <‑X‑> Z：奴隷市場までの距離

　さて，どんな変数を操作変数として用いればいいでしょうか。Nunn（2007）では，各国からの主要な奴隷市場までの距離を操作変数として用いています。当時の主要な奴隷市場は，インドや紅海沿岸，北アフリカ，そして南米に位置していました。これらの奴隷市場までの距離は，奴隷の輸出量（X）と相関する一方で，各国の農業生産力や現在の一人あたり GDP とは直接的には相関しないと考えられます。Nunn（2007）の推計では，各国からの 4 つの主要の奴隷市場（大西洋，インド，サハラ，紅海）までの距離（atlantic_dist, indian_dist, Saharan_dist, red_sea_dist）を操作変数としています。 chapter6-2.do 参照

　推計結果を見ていきましょう。まず最小二乗法による推計結果では，−0.118 と係数そのものはマイナスで有意ですが，前述のとおり，第三の要因の影響が考慮されていませんので，係数は絶対値で過小評価されている可能性があります。

```
. reg lnpcgdp2000 ln_export_area

      Source |       SS           df       MS      Number of obs   =        52
-------------+----------------------------------   F(1, 50)        =     22.31
       Model |  10.7194692         1  10.7194692   Prob > F        =    0.0000
    Residual |  24.0191046        50  .480382092   R-squared       =    0.3086
-------------+----------------------------------   Adj R-squared   =    0.2947
       Total |  34.7385738        51  .681148506   Root MSE        =     .6931

-------------------------------------------------------------------------------
 lnpcgdp2000 | Coefficient  Std. err.      t    P>|t|     [95% conf. interval]
-------------+-----------------------------------------------------------------
ln_export_area|   -.1177096   .0249183    -4.72   0.000    -.1677596   -.0676597
       _cons |    7.517234   .1258391    59.74   0.000     7.264478    7.769989
-------------------------------------------------------------------------------
```

　次に，操作変数法による推計結果です。上段は一段階目の推計結果です。4 つ操作変

数が用いられていますが，その係数はいずれもマイナスで多くが統計的に有意になって

```
First-stage regression of ln_export_area:

Statistics robust to heteroskedasticity          第一段階の推計結果
Number of obs =              52

                       Robust
ln_export_a~a    Coefficient   std. err.       t    P>|t|    [95% conf. interval]

atlantic_dist     -1.313994    .3491976    -3.76    0.000    -2.016489    -.6114993
 indian_dist      -1.095436    .3789059    -2.89    0.006    -1.857696    -.3331752
saharan_dist      -2.434872    .8141997    -2.99    0.004    -4.072831    -.7969136
red_sea_dist      -.0018602    .7268323    -0.00    0.998    -1.464058    1.460338
       _cons      29.10971     6.735846     4.32    0.000    15.55893     42.66048

F test of excluded instruments:
  F(  4,   47) =      5.18
  Prob > F      =    0.0015

IV (2SLS) estimation

                                             第二段階の推計結果
Estimates efficient for homoskedasticity only
Statistics robust to heteroskedasticity

                                      Number of obs =           52
                                      F(  1,   50) =        20.46
                                      Prob > F       =       0.0000
Total (centered) SS    =  34.73857378  Centered R2    =       0.1273
Total (uncentered) SS  =  2680.887045  Uncentered R2  =       0.9887
Residual SS            =  30.31796405  Root MSE       =        .7636

                       Robust
  lnpcgdp2000    Coefficient   std. err.       z    P>|z|    [95% conf. interva

ln_export_area    -.2079408    .0450778    -4.61    0.000    -.2962916    -.119
       _cons      7.811352     .1713979    45.57    0.000    7.475419     8.1472

Underidentification test (Kleibergen-Paap rk LM statistic):       16.955
                                        Chi-sq(4) P-val =          0.0020

Weak identification test (Cragg-Donald Wald F statistic):          4.545
                        (Kleibergen-Paap rk Wald F statistic):     5.183
Stock-Yogo weak ID test critical values:  5% maximal IV relative bias    16.85
                                         10% maximal IV relative bias    10.27
                                         20% maximal IV relative bias     6.71
                                         30% maximal IV relative bias     5.34
                                         10% maximal IV size            24.58
                                         15% maximal IV size            13.96
                                         20% maximal IV size            10.26
                                         25% maximal IV size             8.31
Source: Stock-Yogo (2005).  Reproduced by permission.
NB: Critical values are for Cragg-Donald F statistic and i.i.d. errors.

Hansen J statistic (overidentification test of all instruments):   6.128
                                        Chi-sq(3) P-val =          0.1056

Instrumented:        ln_export_area
Excluded instruments: atlantic_dist indian_dist saharan_dist red_sea_dist
```

いますⁱ。下段の第二段階の推計結果では奴隷輸出の係数は -0.208 となり，最小二乗法の係数よりも絶対値で大きくなりました。この結果は，最小二乗法の推計値が第三の要因の影響で過小評価されていたことを示唆するものと言えます。-0.208 という係数は，面積当たりの奴隷輸出人数が 1% 増えると，現代の一人あたり GDP を 0.2% 下げると解釈できますので，奴隷貿易は世界史の教科書の中の出来事にとどまらず，現代社会にも大きな影響をもたらしていることを示唆しています[6]。

---

[5] なお，この推計結果では第一段階の F 統計量が 5.18 と 10 を下回っていますので弱操作変数の問題が示唆され二段階目の推計値が正確に計測できていない可能性があります，Nunn（2007）では二段階目の推計値の評価に際して条件付き尤度比アプローチでの検証を行っています。詳細は Nunn（2007）を参照してください。

[6] 本分析事例の経済史的な意義が，市村ほか（2020）『経済学を味わう』（日本評論社）第 10 章に紹介されています。

最後に操作変数の外生性の検定（**過剰識別性検定**）について説明しておきます。過剰識別性検定は内生変数の数よりも操作変数の数のほうが多いときのみ利用可能です。今回は内生変数 1 つに対して操作変数が 4 つなので過剰識別性検定の実行が可能です。過剰識別性検定は，第二段階目の推計における残差 $\hat{u}_i$ を被説明変数として，説明変数に操作変数と第二段階目で用いた内生変数以外の説明変数を導入します。第二段階の推計において操作変数 Z の影響は X の予測値で説明されているはずなので，説明されなかった部分（残差 $\hat{u}_i$）と操作変数 Z は相関しないと考えられます。残差と Z が相関しないことが期待されるので仮説検定は「相関しない」という**帰無仮説を棄却しない**ことが望ましい状況になります。ですので検定統計量の P 値が 10% 以上の値になることが望ましくなります。この仮説検定には，均一分散の場合は Sargan 検定，不均一分散の場合は Hansen の J 検定を用いるのですが，Stata の場合 robust オプションをつけると後者が出力されます。さて，今回の分析では二段階目の推計の下方に Hansen の J 検定統計量が出力されています。P 値は 10.56% と 10% を上回っていますので「残差と操作変数は相関無し」の仮説を棄却できません。よって操作変数の外生性は満たされていると解釈します。

過剰識別性検定

- Sargan 検定（不均一分散のときは Hanse の J 検定）
- 残差と操作変数 Z が相関しないかどうかの検定
- 帰無仮説：相関しない，が棄却されないほうがよい→ P 値は 10% 以上

分析事例 10

パネル・データにおける操作変数法

　第5章で紹介した「名門校は優秀な学生を選抜しているだけなのか，それとも充実した教育プログラムで，生徒・学生はよい進路に進むのか」を検証した二つの論文を紹介しました。これらの研究では，入学時点の偏差値にも卒業時点のパフォーマンスにも影響する，分析者が観察できない第三の要因（学校独自のプログラム，教員の能力や校風）が時間を通じて変化しない仮定し，固定効果として処理しています。しかし，カリキュラム再編等の学校改革といった**時間を通じて変化する観察されない要因が存在する場合**，入学時点の偏差値にも卒業時点のパフォーマンスにも影響する一方で，固定効果では処理できないので第三の要因の影響を排除できないことになります。

　そこで，二つの研究のうちの一つ，私立中高一貫校のデータを用いた近藤（2014）では，**入学時点の偏差値には影響するが卒業生のパフォーマンスには影響しない操作変数**を用意し，入学時点の偏差値の卒業生のパフォーマンスに対する因果効果の有無を検証しています。近藤（2014）では，操作変数として「サンデーショック」と呼ばれる入試日程の変更イベントを使っています。私立中高一貫校の入試日程は2月1日と2月2日に集中しており，多くの学校が毎年同じ日に入試を実施しています。ただし，ミッション系（プロテスタント）の中高一貫女子校は，プロテスタントでは日曜日は休日という宗教的な理由により，例年の入試日が日曜日にあたった場合は当該年（分析対象期間では1998年）だけ入試日を月曜日に変更するという特例的に入試日程変更を行うことが知られています。この入試日程の変更は，日曜日に入試を実施する競合校の偏差値を上昇させる一方で，月曜日に入試を実施する学校間の競争が激しくなり，月曜日に入試を実施する学校の偏差値を引き下げる効果を持ちます。こうしたミッション系の中高一貫校の入試日程変更による偏差値ランキングの変動のことを受験業界は「サンデーショック」と呼んでいます。この「サンデーショック」は日程が競合する学校の偏差値を変動

させる一方で，卒業生のパフォーマンスには影響しないと考えられますので，操作変数として利用が可能です。

　推定式は第二段階の被説明変数 Y は卒業時に合格した大学の平均偏差値，X は入学時点の中学入試偏差値，操作変数は 3 つのダミー変数，

　　・Z_1：非ミッションスクールで例年の入試日が 2 月 1 日 × 1998 年ダミー
　　・Z_2：ミッションスクールで例年の入試日が 2 月 1 日 × 1998 年ダミー
　　・Z_3：非ミッションスクールで例年の入試日が 2 月 2 日 × 1998 年ダミー

が用いられています。パネル・データですので固定効果を加えた**固定効果操作変数法**により推定が行われています。

　第一段階の操作変数の係数の符号を整理しておくと，Z_1 は，サンデーショックが発生した 1998 年に 2 月 1 日に入試を行う非ミッションスクールなので競合校が少なくなって偏差値は上昇，操作変数の係数はプラスが予想されます。Z_2 はミッションスクールが 2 月 2 日に入試日を変更した際の偏差値の変動ですが競合校が増えるとすれば偏差値は下がります。Z_3 は元々 2 月 2 日に入試を実施していた学校なのでサンデーショックで 2 月 2 日入試の競争が厳しく成れば志願者を奪われ偏差値は下落，つまり第一段階推定の操作変数の係数はマイナスが期待されます。

　次頁の表は，卒業時に合格した大学の平均偏差値を被説明変数として，プーリング回帰，固定効果モデル，固定効果操作変数法で中学入試の偏差値の影響を分析したものです。プーリング回帰に比べて固定効果モデルでは中学入試の偏差値の係数が小さくなることは第 5 章で確認済みですが，固定効果操作変数法で推定すると中学入試の偏差値は有意ではなくなることが確認できます。操作変数を使うことにより，学校改革などの時間を通じて変化する観察できない要因の影響を排除して分析した結果，卒業生のパ

フォーマンスは入学時点の成績に依存しない，つまり学校の質がより重要であることが確認できました。

	プーリング回帰	固定効果モデル	固定効果操作変数法
中学入試偏差値	0.330 ***	0.161 ***	−0.106
	(0.020)	(0.036)	(0.164)
第一段階推定			被説明変数 中学入試偏差値
Z_1：非ミッション系			1.519 *
&2月1日入試&1998年			(0.778)
Z_2：ミッション系			−1.219
&2月1日入試&1998年			(0.778)
Z_3：非ミッション系			0.804
&2月2日入試&1998年			(0.831)
サンプル数	497	497	497
決定係数	0.85	0.921	

注）カッコ内は学校単位でクラスターした標準誤差。***，*はそれぞれ1%，10%で統計的に有意であることを示す。説明変数には入試科目数のダミーや卒業生総数などが加えられている。

Stata による固定効果操作変数法

以下のコマンドで固定効果操作変数法の推定が可能です。

$$\texttt{xtivreg Y X}_1\texttt{(X}_2\texttt{=Z}_1\texttt{Z}_2\texttt{), fe}$$

また，高次元の固定効果を入れたい場合は ivreghdfe コマンドが便利です。ssc inst で事前にインストールしておく必要があります。

傾向スコア法
❖仮想現実の創造

　第6章で紹介した操作変数法は，差の差の分析が使えない状況で，第三の要因の影響を排除する，あるいは逆の因果性の問題に対処する強力な分析手法ですが，一方で常に適切な操作変数が見つかるという保証はないという意味で，汎用的な手法とまでは言い切れません。それに対して，本章で紹介する傾向スコア法は適切な操作変数が見つからない場合でも利用できるという意味で使い勝手のよい手法で，よく用いられるようになってきています。ただし，内生変数が処置群なら1or比較群なら0といった0/1のダミー変数である必要がある点には注意が必要です。

7.1 傾向スコア法とは何か

　次のような例を考えましょう。今，交換留学プログラムの効果を知りたいとします。もし，ランダム化比較実験で，ランダムにプログラム参加資格が与えられるなら，参加者を処置群，非参加者を比較群として差の差の分析でその効果を計測することができます。しかし，もしプログラムへの参加が応募制である場合には差の差の分析は適切ではありません。なぜなら，交換留学プログラムに参加する人は海外志向が強く，意欲の高い人が多いと考えられるので，参加者と非参加者を比較する場合，プログラムの差なのか意欲の差なのか識別することが困難です。さらに，今回のプログラムの受講枠を拡

大し，海外志向の弱い人や意欲の高くない人に参加を促したとしても，推計されたプログラム効果と同じ効果を期待することはできないと考えられます。

　もし適切な操作変数が見つかれば操作変数法による因果効果の特定が可能ですが，見つからない場合はどうすればいいのでしょうか。こういうときに利用できるのが傾向スコア法です。傾向スコア法とは一言でいうと，プログラム参加者と，非参加者の中で参加者と「よく似た人」を探し出して比較する手法です。非参加者には，①交換留学に全く興味を持たない人もいれば，②意欲的で成績も良好だけど何らかの事情でプログラムへの参加を断念する人も含まれると考えられます。①と②をひとまとめにしてプログラム参加者と比較するのは「フェアでない」比較になりますが，②の「参加できたかもしれないが実際には参加しなかった人」を「よく似た人」あるいは**仮想現実**として参加者と比較すれば「フェアな比較」になるという考え方です。

　問題は「よく似た人」をどう選ぶかですが，交換留学プログラムであれば，プログラム開始前の成績や授業の履修履歴，海外経験などの指標に注目して選ぶ方法が考えられますが，問題は，通常，参加者・非参加者の属性は一つの指標では評価できないので，複数の指標から得られる情報を集約する必要があるという点です。そこで，傾向スコア法では，プログラムへの参加の有無をプロビット，ロジット・モデルの推計結果を活用します。具体的には，プロビット，ロジット・モデルの予測確率（傾向スコア，と呼びます）を参加者・非参加者について計算し，非参加者の中で，参加者と同程度の予測参加確率を持つ非参加者を比較群とします。傾向スコア法では，この「参加者と同程度の予測参加確率を持つ非参加者」を，「参加者がもし交換留学に参加しなかった場合の仮想現実」と考えます。以下では，傾向スコア法のうち，傾向スコア・マッチング法と呼ばれる手法の具体的な手順を説明します。

Step 1　プログラムへの参加の有無について，ロジット・モデル，あるいはプロビット・モデルでモデル化し，その予測参加確率 P を計算する。傾向スコア法では，予測確率 P を傾向スコアと呼びます。

Step 2　予測参加確率を利用してマッチング・ペアを見つける。マッチング・ペアを見つける方法には様々な方法がありますが，1対1マッチング（One-to-one matching）では，個々の参加者に対して，最も参加確率の近い非参加者1名をあてがいます[1]。以下の図7.1は処置群と比較群についてプログラム参加の予測確率の散らばりを比べたものです。処置群の予測確率の分布ほうが比較群のそれよりも高い値になっていることがわかります。予測確率1対1マッチングでは，処置群の参加者1人ずつに対して，もっとも確率の近い非参加者をみつけます。ただし，あまりに予測確率の懸け離れた処置群と比較群のペアは好ましくないので，マッチさせるペアを探す範囲を限定することがあります。一般に，処置群と比較群の予測確率の分布が重複している領域（これをコモン・サポート，common support と呼びます）に限定します。

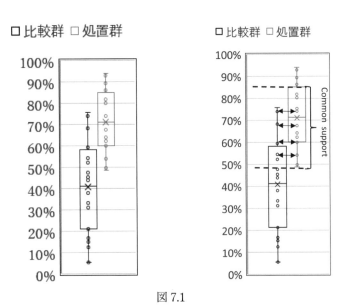

図 7.1

なお，ここで処置群と比較群として，よく似た参加者と非参加者が選ばれているかを

---

[1]　1対1マッチング以外にも様々なマッチング法が提案されています。Web Appendix，あるいは章末の文献リストの黒澤（2005）などを参照のこと。

確認するためにバランス・テスト（Balance test）が行われますが，これは後ほど事例をみながら説明します。

Step 3　最後にプログラムの処置効果（Treatment effect）を以下の式で計算します。

$$\alpha = \frac{1}{n} \sum [y_i^1 - y_i^0]$$

ここで y_i^1 は参加者の成果指標（交換留学プログラムなら留学後の成績など），y_i^0 は参加者 i と同等の参加確率を持つ非参加者の成果指標になります。この指標は，プログラムに参加した人が参加しなかったとき（仮想現実）に比べて，どの程度成果指標が改善したかを示しますので，**処置群における平均処置効果**（Average Treatment Effect on Treated, ATT）と呼びます。なお，非参加者の視点，すなわち各々の非参加者に対して，同程度の参加確率を持つ参加者をあてがい「非参加者が交換留学に参加していたらどの程度の効果を期待できるか」も計算可能です。これを**比較群における平均処置効果**（Average Treatment Effect on Un-Treated, ATUT）と呼びます。また，すべての人が処置を受けたときの効果を**平均処置効果**（Average Treatment Effect, ATE）と呼びますが，これは処置群のおける平均処置効果と比較群における平均処置効果の加重平均と理解できます。

ATT：処置群の「プログラム参加による現実の成果指標」と「プログラムに参加しなかったときの仮想的な成果指標」の差

ATUT：比較群の「プログラムに参加したときの仮想的な成果指標」と「プログラムに参加しなかった現実の成果指標」の差

ATE：すべての人の「プログラムに参加したときの成果指標」と「参加しなかったときの成果指標」の差＝ATTとATUTの加重平均

Stata による分析事例 1

　一つ目の分析事例は Dehejia and Wahba（1999）による米国の就業支援事業（National Supported Work, NSW）の評価です。NSW は 1970 年代半ばに実施された就業困難者に対する 6 〜 18 カ月の就労支援プログラムで，興味深いのは事後的に効果を分析するためにランダム化比較実験として行われている点にあります。このときの処置群は NSW の支援を受けた労働者で比較群は政府統計である Current Population Survey（CPS）から得た一般労働者です。このプログラムの因果効果については，すでに分析が行われており 1700 米ドルであることが分かっています。この論文では，ランダム化比較実験の結果を「正解」として，傾向スコア法で同じような推計量が得られるか検討しています。本節では Stata による傾向スコア法の推計方法を確認しながら，Dehejia and Wahba（1999）の結果を確認してみましょう。なお，本節で紹介するプログラム例はマッチング方法が異なるため，結論は同じですが Dehejia and Wahba（1999）の推計値とはやや異なります[2]。

　ユーザーが用意したプログラムも含めると Stata にはいくつかの傾向スコア法のコマンドが用意されていますが，ここでは psmatch2 を紹介します[3]。このコマンドはインターネットに接続しインストールしておく必要があります（ssc inst psmatch2 とコマンドラインに入力）。psmatch2 の使い方ですが，Y を成果指標（Dehejia and Wahba の例では年収），D は NSW に参加した労働者（処置群）であれば 1，そうでな

---

[2]　本節では 1 対 1 マッチングが使われているのに対して，Dehejia and Wahba（1999）は層化マッチング（Stratification matching）が用いられています。

[3]　Stata には teffects psmatch2 というコマンドが用意されていますが，このコマンドでは common support の条件を課すことができないので，ここでは psmatch2 を紹介します。teffects psmatch2 と psmatch2 の違いについては Web Appendix を参照してください。

ければ（比較群）0 をとるダミー変数，W1-W4 は NSW への参加の決定要因（第一段階のプロビット・ロジットの説明変数）とします。このとき以下のコマンドで傾向スコア・マッチングの推計量が得られます。

```
psmatch2 D W1 W2 W3 W4, outcome(Y)common logit
```

カンマ以下は，outcome は成果指標を指定するオプション，common はコモン・サポートを指定する場合に記入します。logit オプションは第一段階の推定をロジット・モデルで推定する場合に指定します。デフォルトはプロビットなので logit オプションを指定しないと予測確率（傾向スコア）はプロビット・モデルで計算されます。
また，事前に logit や probit コマンドで予測確率を計算しておいて，それを代入する方法もあります。その場合，以下のように記入してください。

```
logit D W1 W2 W3 W4
predict p_hat,pr ← 予測確率を計算
psmatch2 D, pscore(p_hat)outcome(Y)common
```

さて，実際に使用するデータは，nswcps_psmatch.dta で，ここで用いる変数は次の通りです。

・成果指標 Y, re78：1978 年の年収
・treated: NSW 参加ダミー（1：参加有り＝処置群，0：無し＝比較群）
・その他の説明変数
　・re74, re75：1974，75 年の年収
　・age, age2：年齢，年齢の二乗
　・educ：教育年数
　・nodegree：学位無し（中退者）
　・black：黒人ダミー
　・hispanic：ヒスパニック系ダミー

chapter7-1.do の一部抜粋

```
cd c:\data
use nswcps_psmatch.dta,clear
*1) 平均値の比較（+t 検定）, treated は事業参加ダミー
ttest re78,by(treated)
*2) 事業参加の有無の決定要因
logit treated age age2 educ educ2 married nodegree black hispanic re74 re75
*3) 事業参加の予測確率を計算
predict p_hat, pr
*4) 傾向スコア法による
psmatch2 treat, pscore(p_hat)outcome(re78)common
*5) バランス・テスト
pstest age age2 educ educ2 married nodegree black hispanic re74 re75,both
```

　プログラムを順番に見ていきましょう。1) では単純な平均値の差の検定を行っています。

```
. ttest re78,by(treated)

Two-sample t test with equal variances
```

Group	Obs	Mean	Std. Err.	Std. Dev.	[95% Conf. Interval]	
0	15,992	14846.66	76.2884	9647.392	14697.13	14996.19
1	185	6349.144	578.4229	7867.402	5207.949	7490.338
combined	16,177	14749.48	76.03651	9670.996	14600.44	14898.52
diff		8497.516	712.0207		7101.877	9893.156

```
diff = mean(0) - mean(1)                          t =  11.9344
```

　Group 1 が treated=1, すなわち NSW の参加者ですので, 参加者の年収は非参加者に比べて 8500 米ドル低いことを示しています。ここでの非参加者は一般労働者ですので当時のアメリカの年収に近い値になっています。一方で NSW は就労支援プログラム参加者ですので比較的年収が低いというのは当然の結果です。

次に傾向スコア法の結果です。

```
. psmatch2 treat, pscore(pscore) outcome(re78) common

      Variable    Sample      Treated    Controls   Difference        S.E.    T-stat

          re78  Unmatched   6349.1435  14846.6597   -8497.51615   712.02072    -11.93
                     ATT    6406.43617  4518.74246   1887.69372   952.092087     1.98

Note: S.E. does not take into account that the propensity score is estimated.

psmatch2:      psmatch2: Common
Treatment          support
assignment   Off suppo  On suppor       Total

Untreated            0      15,992      15,992
Treated              2         183         185
Total                2      16,175      16,177
```

Common support 外のサンプ

　上段の表の"Difference"には NSW 参加者と非参加者の年収差が計算されています。上の 8498 は，マッチング前の処置群と比較群の差で，1）で紹介した平均値の差の検定と同じ数値になっています。一方，その下の ATT はマッチングの結果であり，USD1890 とランダム化比較実験の結果 USD1700 とかなり近い値になっていることが確認できます。また下段の表にはコモン・サポート内外のサンプル数が表示されています。処置群にコモン・サポート外のサンプルが 2 件あり，これらが ATT の推計には利用されなかったことが示されています。

　さて，最後にバランス・テストの結果を確認しておきましょう。バランス・テストとは，マッチングの前後のサンプルで処置群と比較群の属性がどの程度似ているか検討するものです。傾向スコア法では，比較群の中から処置群とよく似たサンプルを選んでくるわけですが，マッチングが機能していれば，処置群と比較群のサンプルは属性が似通っているはずです。そこで，マッチされたサンプルで，処置群と比較群の間で，プロビット・ロジットで使用した説明変数に統計的な有意な差があるかどうかを確認します。**統計的に有意な差がなければマッチングにより似通ったペアが選ばれている**と判断します。psmatch2 を使う場合，pstest で検定ができます。オプションに both をつけることで，マッチング前のサンプルでの平均値の差（U），マッチング後のサンプルでの平均値の差（M）を同時に表示させることができます。次の結果はロジット・モデルの推計に際して使用した説明変数の平均値を処置群と比較群で比較したものです。"t-test"

を参照してください。マッチング前のサンプル（U）では，多くの変数で処置群と比較群で統計的に有意な差があるのに対して，マッチング後のサンプル（M）では有意な差が消えていることがわかります。たとえば，age のマッチング前サンプル（U）であれば，処置群の平均値が 26 歳，比較群が 33 歳，その差の t 検定統計量が −9.10，p 値はゼロとなっています。一方，マッチング後のサンプル（M）では，処置群と比較群の平均年齢はともに 26 歳で，その差の t 検定統計量は −0.55，p 値は 59％ で統計的に有意な差がないことが示されています。よって，マッチングによって処置群と比較群はかなり似通ったサンプルに限定されたことが確認できます。

```
. pstest  age age2 educ educ2 married nodegree black hispanic re74 re75,both


            Unmatched            Mean              %reduct       t-test      V(T)/
Variable    Matched      Treated Control   %bias    |bias|     t    p>|t|    V(C)

age           U         25.816   33.225   -79.6             -9.10   0.000   0.42*
              M         25.76    26.175    -4.5    94.4     -0.55   0.585   0.95

age2          U         717.39   1225.9   -80.3             -8.80   0.000   0.30*
              M         714.69   739.02    -3.8    95.2     -0.55   0.586   1.05

educ          U         10.346   12.028   -67.9             -7.94   0.000   0.49*
              M         10.372   10.421    -2.0    97.1     -0.23   0.818   0.93

educ2         U         111.06   152.9    -76.0             -8.46   0.000   0.34*
              M         111.57   112.9     -2.4    96.8     -0.31   0.760   0.81

married       U         .18919   .71173  -123.3            -15.62   0.000    .
              M         .19126   .20219    -2.6    97.9     -0.26   0.793    .

nodegree      U         .70811   .29584    90.4             12.22   0.000    .
              M         .70492   .71585    -2.4    97.3     -0.23   0.818    .

black         U         .84324   .07354   242.8             39.66   0.000    .
              M         .84153   .86339    -6.9    97.2     -0.59   0.557    .

hispanic      U         .05946   .07204    -5.1             -0.66   0.510    .
              M         .06011   .03279    11.0  -117.2      1.24   0.215    .

re74          U         2095.6   14017   -156.9            -16.92   0.000   0.26*
              M         2118.5   2186      -0.9    99.4     -0.15   0.883   1.66*

re75          U         1532.1   13651   -174.6            -17.77   0.000   0.12*
              M         1548.8   1658.9    -1.6    99.1     -0.33   0.742   1.05
```

7.3 傾向スコア回帰

　傾向スコア・マッチング法では，実際の参加者と，ほぼ同程度の参加確率を持つ非参加者を比較する手法でした。この手法では，参加確率の近い非参加者しか分析サンプルとして用いないため，せっかくのデータを十分に活用できないというデメリットもあります。そこで代替的な手法として利用されるのが傾向スコア（プログラムの参加確率）をウエイトにした回帰分析，傾向スコア回帰（Inverse Probability Weighted Regression, IPW regression）です。マッチングを行わないので手軽，かつ柔軟に実行できるのが利点です[4]。具体的な手順は以下の通りです。

　Step 1　プログラムへの参加の有無について，ロジット・モデル，あるいはプロビット・モデルでモデル化し，その予測参加確率 P を計算する。（傾向スコア・マッチング法と同じ）

　Step 2　傾向スコア P を用いてウエイト λ を計算する。7.2 の例のように職業訓練プログラム参加ダミーを D とするとき，ウエイト λ は以下のように定義します。

$$\lambda_i = \frac{D_i}{P_i} + \frac{1 - D_i}{1 - P_i}$$

プログラムの参加者（$D=1$）については，$\lambda_i = 1/P_i$，非参加者（$D=0$）については $\lambda_i = 1/(1 - P_i)$ となります。このウエイトはどんな意味を持つのでしょうか？　傾向ス

4　一方で，傾向スコア回帰では，コモン・サポートを課さないので，予想参加確率が著しく低いサンプルも含まれることになり望ましくないという指摘もあります。詳しくは，以下の津川友介氏の解説の（5）を参照してください。

https://healthpolicyhealthecon.com/2015/05/07/propensity-score-2/

コア P, λ, プログラム参加の有無 D の 3 変数の関係を整理すると,

・λ が大きい：$D=1$ & P が小さい or $D=0$ & P が大きい

・λ が小さい：$D=1$ & P が大きい or $D=0$ & P が小さい

ことが分かります。これを，図を使って説明しましょう。図では処置群の傾向スコアが大きな値で，比較群で比較的小さな値になっています。そして，どんなサンプルで λ が大きくなるかを整理すると，処置群については傾向スコアが小さいサンプルに大きなウエイトが，比較群については傾向スコアが大きなサンプルに大きなウエイトがつくことが分かります。

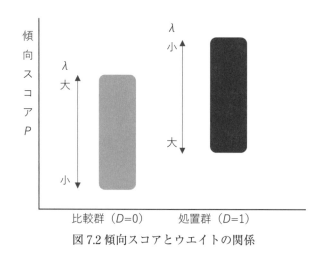

図 7.2 傾向スコアとウエイトの関係

Step 3　λ をウエイトとして加重最小二乗法で回帰式を推定します。具体的には，まず λ を使って，説明変数と被説明変数を加工し，

$$Y_i^* = \sqrt{\lambda_i} Y_i,$$
$$D_i^* = \sqrt{\lambda_i} D_i$$
$$X_i^* = \sqrt{\lambda_i} X_i$$

以下を最小二乗法で推計します。

$$Y_i^* = \beta D_i^* + \gamma X_i^* + \varepsilon_i$$

傾向スコア回帰は,

・λ が大きなサンプル（処置群で傾向スコアが低い or 比較群で傾向スコアが高い）の影響力をより高く評価する

一方で,

・λ が小さなサンプル（処置群で傾向スコアが高い or 比較群で傾向スコアが低い）の影響力を低く評価する

ことになります。つまり，傾向スコアが似通ったサンプルの影響力を高く評価する回帰分析になります。ここでの係数は，処置群がプログラムに参加したときの効果と比較群がプログラムに参加したときの効果の加重平均になっていますので，**平均処置効果（AET）** になります。

処置群おける平均処置効果（ATT） は，以下のようなウエイト λ を使うことで計算が可能です。すなわち，処置群（$D=1$）にはウエイト 1 を，比較群（$D=0$）にはウエイトを与えます。このウエイトは傾向スコア P の大きさに比例しますので，傾向スコアが大きな比較群の影響力を大きく評価する一方，処置群の影響は均等に評価していることになります。

$$\lambda_i = D_i + \frac{(1-D_i)P_i}{1-P_i}$$

では，7.1 節と同じデータで傾向スコア回帰の推計例を見てみましょう。

chapter7-1.do（続き）の一部抜粋

```
gen weight_att=treat+(1-treat)*(pscore/(1-pscore))
reg re78 treated age age2 educ nodegree black hispanic re74 re75
reg re78 treated age age2 educ nodegree black hispanic re74 re75 [aweight=weight_att]
```

まず，ウエイトを作成します。傾向スコア・マッチング法との比較のため ATT のウエイトを準備しています。次の回帰式は，ウエイト無しの通常の回帰分析，2 つ目の回帰式は傾向スコアをウエイトとした回帰分析です。ウエイト付きの回帰分析は 3.7 節でも紹介しましたが [aweight=weight_att] でウエイトを指定しています。以下の上段は最初のウエイト無しの回帰分析の結果です。プログラムへの参加ダミー（treated）の係数はおよそ 740 で，その差は統計的に非有意になっています。下段の結果が傾向スコア回帰の結果です。Treated の係数は 1332 とランダム化比較実験から得られた推計値 1700 に近づきました。また，この係数は統計的に有意であることも確認できます。

```
. reg re78 treated age age2 educ nodegree black hispanic re74 re75

    Source |       SS           df       MS      Number of obs   =     16,177
-----------+----------------------------------   F(9, 16167)     =    1632.39
     Model | 7.2029e+11          9  8.0032e+10   Prob > F        =     0.0000
  Residual | 7.9262e+11     16,167  49027334.9   R-squared       =     0.4761
-----------+----------------------------------   Adj R-squared   =     0.4758
     Total | 1.5129e+12     16,176  93528158.7   Root MSE        =       7002

------------------------------------------------------------------------------
      re78 |      Coef.   Std. Err.      t    P>|t|     [95% Conf. Interval]
-----------+------------------------------------------------------------------
   treated |   738.8341   547.0534     1.35   0.177    -333.4511    1811.119
       age |  -211.9556   38.53979    -5.50   0.000    -287.4979   -136.4134
      age2 |   1.552437    .533017     2.91   0.004     .5076644    2.597209
      educ |   164.84     28.63048     5.76          198.7231    220.8569
```

```
. reg re78 treated age age2 educ nodegree black hispanic re74 re75 [aweight=weight_att]
(sum of wgt is 373.2226924376492)

    Source |       SS           df       MS      Number of obs   =     16,177
-----------+----------------------------------   F(9, 16167)     =     132.66
     Model | 5.5420e+10          9  6.1578e+09   Prob > F        =     0.0000
  Residual | 7.5046e+11     16,167  46419361.1   R-squared       =     0.0688
-----------+----------------------------------   Adj R-squared   =     0.0683
     Total | 8.0588e+11     16,176  49819611.8   Root MSE        =     6813.2

------------------------------------------------------------------------------
      re78 |      Coef.   Std. Err.      t    P>|t|     [95% Conf. Interval]
-----------+------------------------------------------------------------------
   treated |   1332.178   107.3958    12.40   0.000     1121.67    1542.686
       age |   222.9108   51.74551     4.31   0.000    121.4839    324.3377
      age2 |  -3.723766    .886334    -4.20   0.000   -5.461079   -1.986453
      educ |    484.356   38.54256    12.57   0.000    408.8083    559.9037
  nodegree |   278.4373   168.9812     1.65   0.099    -52.7846    609.6592
     black |  -1304.568   183.6201    -7.10   0.000   -1664.484   -944.6524
  hispanic |    441.639   285.5964     1.55   0.122   -118.1615     1001.44
      re74 |   .0832661   .0159704     5.21   0.000    .0519623    .1145699
      re75 |    .342621   .0229802    14.91   0.000    .2975772    .3876649
     _cons |  -2900.219   847.9272    -3.42   0.001    -4562.25   -1238.188
------------------------------------------------------------------------------
```

なお，傾向スコア回帰と傾向スコア・マッチングでは推計方法が異なるため，異なる推計値が得られることが多々あります。

7.4 Stata による分析事例 2

本節ではパネル・データが利用できる場合の傾向スコア・マッチング法の応用について紹介します。パネル・データが利用できる場合，処置群と比較群で処置前後の成果指標 Y の変化をみることができます。また 5 章で議論した通り，処置前後で成果指標の差分をとれば，時間を通じて変化しない個体固有効果を除去することができます。具体的には，Step 3 の処置効果は以下のように書き換えることができます。

$$\alpha = \frac{1}{n} \sum \left[(y_{it=1}^1 - y_{it=0}^1) - (y_{it=1}^0 - y_{it=0}^0) \right]$$

ここで t = 0 は処置前（プログラム参加前），t = 1 は処置後（参加後）を示します。プログラム参加後，数期間について成果指標 Y を追跡できる場合，$y_{it=3}^1 - y_{it=0}^1$，$y_{it=3}^1 - y_{it=0}^1$ のように 2 期後，3 期後のように，より長い期間での効果を計測することも可能です。

事例として 5.3 節で紹介した労働組合加入状況が賃金上昇率に及ぼす影響を，傾向スコア・マッチング法を使って再検討してみたいと思います。労働組合に参加するかどうかは各個人の意思決定に依存します。この場合，労働組合に参加したから賃金が上がったのではなく，賃金が上がりそうな職種に転職すると同時に労働組合に参加した，という逆の因果性が発生している可能性があります。そこで，

処置群：労働組合に実際に参加した労働者
比較群：労働組合に参加してもおかしくない属性を持つが参加しなかった労働者

と設定し，比較群を傾向スコア・マッチング法で見繕うという方法をとります。5.3 節で紹介したデータ nlswork.dta はパネル・データですので，処置群と比較群について，

処置前後の成果指標の変化，すなわち賃金の上昇率（$y_1 - y_0$）を計算することができます。さらに，成果指標を労働組合参加前後の1期間の賃金変化だけではなく，組合参加直前の賃金と2期後の賃金の差（$y_2 - y_0$），3期後の賃金の差（$y_3 - y_0$）といった具合で長期的な影響も計算ができます。

　以下のプログラムでは，まず1期間から3期間までの賃金変化率を定義（1～3行目）しています。そして，8行目で1期間の賃金変化（wgrowth1）を成果指標 Y とした傾向スコア・マッチングを実施します。outcome() には複数の成果指標を記入することができますが，今回の場合，年によってサンプル数が異なるアンバランス・パネル・データなので，wgrowth1，wgrowth2，wgrowth3 はそれぞれサンプル数が異なります。この場合，outcome(wgrowth1 wgrowth2 wgrowth3) のように3つの変数をoutcome に指定すると，3つの変数がすべて観察されるサンプルだけに限定されてしまいます。そこで，今回のように複数の成果指標への影響を分析したいときで，サンプル数が異なっている時は，10行目，11行目のように psmatch2 を複数回実行します。

　chapter7-2.do 一部抜粋

```
    *　賃金変化率
1   gen wgrowth1=f.ln_wage-ln_wage
2   gen wgrowth2=f2.ln_wage-ln_wage
3   gen wgrowth3=f3.ln_wage-ln_wage
    *　組合参加ダミー
4   gen dunion=0
5   replace dunion=1 if f.union==1&union==0
    （中略）
6   logit dunion age age2 i.race nev_mar ttl_exp  msp grade not_smsa south i.year if
    union==0
7   predict pscore,pr
8   psmatch2 dunion if union==0, pscore(pscore)outcome(wgrowth1)common
9   pstest age age2 i.race nev_mar ttl_exp  msp grade not_smsa south,both
10  psmatch2 dunion if union==0, pscore(pscore)outcome(wgrowth2)common
11  psmatch2 dunion if union==0, pscore(pscore)outcome(wgrowth3)common
```

　では，結果を見ていきましょう。wgrowth1 を成果指標とした場合，マッチング前（Unmatched）の処置群と比較群の差は3.26％程度で，t 値が2.83ですのでこの差は統

計的に有意であることがわかります。一方，マッチング後のサンプル（ATT）では，その差は 1.16% まで小さくなり，t 値が 0.7 と統計的に非有意となりました。

```
. psmatch2 dunion if union==0, pscore(pscore) outcome(wgrowth1) common

        Variable     Sample     Treated     Controls    Difference        S.E.    T-stat

        wgrowth1  Unmatched   .077005054   .04442333   .032581724   .011521731      2.83
                        ATT   .077005054   .065414626  .011590428   .016603964      0.70
```

　以下は，wgrowth2 と wgrowth3 を成果指標とした場合の推計結果です。ATT では処置群と比較群の差は統計的に有意にならないことが確認できます。

```
. psmatch2 dunion if union==0, pscore(pscore) outcome(wgrowth2) common

        Variable     Sample     Treated     Controls    Difference        S.E.    T-stat

        wgrowth2  Unmatched   .116577975   .073411592   .043166383   .015552965      2.78
                        ATT   .116577975   .086224598   .030353377   .023169168      1.31
```

```
. psmatch2 dunion if union==0, pscore(pscore) outcome(wgrowth3) common

        Variable     Sample     Treated     Controls    Difference        S.E.    T-stat

        wgrowth3  Unmatched   .151617392   .110803376   .040814016   .019034193      2.14
                        ATT   .151617392   .134280094   .017337298   .027010326      0.64
```

　第 5 章では，組合に加入した労働者について 1 をとるダミー変数を作成して，その賃金への効果を計測しました。そこでは組合加入が賃金上昇と同時性あるいは逆の因果性を持っていることを考慮されていませんでした。こうした状況を考慮した傾向スコア・マッチング法では，「労働組合に参加した労働者」と「労働組合に参加してもおかしくない属性を持つが実際には参加しなかった労働者」を比較した結果，労働組合に参加すること自体には賃金を上昇させる効果はないという結論が得られました。

7.5 傾向スコア法利用の際の注意事項

　最後に傾向スコア法の利用にあたっての注意事項をいくつか説明しておきます。第一は，第一段階のプロビット，ロジット・モデルの説明力です。傾向スコア法の推計結果はプロビット，ロジット・モデルの推計結果の影響を受けます。そのため，説明変数の組み合わせを調整したり，二次項を加えたりするなどして，できるだけ説明力が高くなるような推計を行う必要があります。第二に，推定結果はマッチング方法やコモン・サポートなどのマッチングの際の条件によっても変わってきます。マッチング方法を変更し，その他の条件を変更しても結果が変わらない（これを推定結果の頑健性と呼びます）ことを示すことが求められます。

　紙幅の関係上，マッチング方法の様々な，コモン・サポート以外のマッチングの条件などについては，ここでは詳しく説明できませんでしたが，Web Appendix，ならびに以下の関連文献を確認してみてください。

参考文献

傾向スコア・マッチング法

　山本勲（2015）『実証分析のための計量経済学』中央経済社

　田中隆一（2015）『計量経済学の第一歩―実証分析のススメ』有斐閣ストゥディア

　黒沢昌子（2005）「積極労働政策の評価―レビュー」『フィナンシャル・レビュー』2005年7月号197-220.

　康永秀生・笹渕裕介・道端伸明・山名隼人（2018）『できる傾向スコア分析 SPSS・Stata・R』金原出版

　Caliendo, M., and Kopeining, Sabine., 2008, Some Practical Guidance for The Implementation of Propensity Score Matching, *Journal of Economic Survey*, 22(1), 31-72.

傾向スコア回帰

　山本勲著（2015）『実証分析のための計量経済学』中央経済社

　林光, 2009,「傾向スコア・ウェイティング法を用いる因果分析」日本版総合的社会調査共同研究拠点研究論文集 JGSS Research Series No.9

　URL: https://jgss.daishodai.ac.jp/research/monographs/jgssm12/jgssm12_09.pdf

分析事例 11

学生の海外経験が就職に及ぼす影響

　欧州では大学生・大学院生の海外交換留学や海外インターンシップなどが活発に行われてきました。特にオランダでは高等教育機関に所属する 25％の学生が，卒業までに一度は海外交換留学プログラムに参加しているとの指摘もあります。ここでは，こうした学生の交換留学や海外インターンシップへの参加などの国際交流プログラムへの参加が卒業後の賃金や求職期間（卒業から就職までの期間）に及ぼす影響について傾向スコア・マッチング法で分析したオランダ・ティルブルフ大学のモル教授らの研究の一部を紹介します（Van Mol et al. 2020）。

　一般に，国際交流プログラムに参加する学生は勉強熱心で意欲的であると考えられます。そのため国際交流プログラムに参加した学生と参加しなかった学生を比較して就職後の賃金や求職期間への影響を調べても，それは学生の意欲や熱意の差なのか，国際交流プログラムの影響なのかを区別することはできません。また，国際交流プログラムへの参加には影響するが，就職後の賃金や求職期間には直接的に影響しない操作変数を見つけるのも難しそうです。そこで，Van Mol et al.（2020）では，傾向スコア・マッチング法を使って，この因果効果を推計しています。データは，オランダで実施されている大学卒業生向けのサーベイで，2015 年時点のデータを用いています。

　最初に，ロジット・モデルを推計し，予測確率を計算します。被説明変数は国際交流プログラム参加ダミー，説明変数には女性ダミー，年齢，在学中の就業経験の有無ダミー，オランダ国内でのインターン経験，卒業時の成績などを用いています。以下のパネル A では学部レベルの国際交流プログラムへの参加の決定要因をロジット・モデルで分析した結果が示されています。女性ダミー，在学時の就業経験や学業成績が統計的に有意になっていることが分かります。そしてマッチングにより，実際の参加者と同程度の予測確率を持つものの国際交流プログラムに参加しなかった学生と実際の参加者を比較しま

す。パネル B は，国際交流プログラムへの参加が卒業後の月額給与と求職までにかかった月への影響を計測しています。いずれの成果指標でも参加者（処置群）とマッチされた非参加者（比較群）の間で統計的に有意な差はみられませんでした。また，ここで紹介した結果は学部生の国際交流プログラム参加の効果ですが，Van Mol et al.（2020）では大学院（修士）の国際交流プログラム参加の効果も分析されているが概ね同じ結果を得ています。

パネル A：ロジットモデルの推計結果

被説明変数：国際交流プログラム参加ダミー（学部）	
女性ダミー	0.307 ***
	(0.085)
年齢	−0.010
	(0.020)
在学中の就業経験	0.254 ***
	(0.077)
学業成績	0.253 ***
	(0.069)
サンプル数	5091
疑似決定係数	0.05

パネル B：国際交流プログラム参加の効果

	処置群	比較群（マッチ済）	差分（ATT）
月間給与（対数値）	2.73	2.72	0.02
求職期間（月）	1.75	1.88	− 0.13

注）カッコ内は標準誤差，***は1％水準で統計的に有意であることを示す。
国内インターン経験専攻分野，国籍のダミーなど他の説明変数も含まれているが，ここでは省略。
出所：Van Mol et al.（2020）Table 3, Table 4 を参考に筆者作成

　なお，本研究は国際的にみても評価が高く，多くの留学生を受け入れているオランダの高等教育機関を卒業した学生が対象です。よって，国際交流プログラムに参加しない学生も質の高い教育機会に恵まれているといえるかもしれません。モル教授らも指摘していますが，他の国でも同様の結果が得られるかは興味深い今後の研究課題です。

Van Mol, C., Carls, Kim., and Souto-Otero, Manuel.,(2020), International Student Mobility and Labour Market Outcomes: an Investigation of the Role of Level of Study, Type of Mobility, and International Prestige Hierarchies, Higher Education, https://doi.org/10.1007/s10734-020-00532-3

困ったときの逆引き事典

第0章
第1章
第2章
第3章
第4章
第5章
第6章
第7章

逆引き事典

　なお，紙幅の関係で紹介しきれなかった Stata の機能を WEB Appendix で紹介していますので，あわせて参照してください。

1 データ整備・分析の準備

1 データを読み込むには

　本文ではデータ読み込みのコマンドとして 19 ページで import excel を紹介しましたが，このコマンドにはいくつかのオプションがついています。またこのコマンド以外にもいくつかのデータ読み込み用コマンドが用意されていますので，ここでまとめて紹介します。

1）EXCEL ファイルを読み込む

> データ・ファイル：03-1-1.xlsx
> Do-file: A1-1-import-excel.do

　まず，import excel コマンドのオプションから紹介しましょう。

```
import excel（ファイル所在地・ファイル名）,clear firstrow
sheet("sheet1")
```

オプション

sheet

　オプションの sheet は，複数のシートが EXCEL ファイルに含まれているときに使います。指定したいシート名は "" で囲ってください。複数のシートがあるにもかかわらず sheet が指定されてない場合，EXCEL ファイルを保存した際にアクティブになっていた sheet が読み込まれます。このオプションの使い方については 222 ページの 5.4.2 節の例を参考にしてみてください。

```
cellrange(A2:D32)
```

　ワークシートの一部のみを読み込みたい場合，cellrange オプションを使います。上記の例では，A 列の 2 行目から D 列の 32 行目までを読み込みます。これを応用すると，たとえば，1 行目に表タイトル，2 行目に日本語の変数名が含まれている次のファイル（03-1-1.xlsx）を

読み込むときは，以下のように指定すればＯＫです。なお，数値は変数として使えませんので，2行目を firstrow で読み込んでも，1970 といった数値は変数名として認識されません。

```
import excel 03-1-1.xlsx,clear cellrange(A3:AR110) sheet(" 産出 （名目）")
```

03-1-1.xlsx

	A	B	C	D	E	F	G	H	I	J	K
1			産出(名目)								
2	JIPコード	JIP分類名	1970	1971	1972	1973	1974	1975	1976	1977	1978
3		1 米麦生産業	1875633			2391848	2996690	3624363	3955614	4210467	4097106
4		2 その他の耕	1723217			2502714	2904614	3196123	3471349	3679352	3970400
5		3 畜産・養蚕	1301214			2015907	2203639	2653185	2818361	2928285	2937961
6		4 農業サービ	1402846			1837653	2204849	2556719	3075215	3537331	3752723
7		5 林業	1001759			1440709	1542009	1324046	1383396	1415374	1252878
8		6 漁業	960826.9			1131814	1650238	1860643	2189896	2478539	2537333
9		7 鉱業	994213.2			1380771	1738598	1553618	1578306	1813376	2054350
10		8 畜産食料品	1284831			1790633	2218663	2784630	3065826	3349889	3587385
11		9 水産食料品	881414.4			1531849	1683407	1806053	2020060	2235472	2252677
12		10 精穀・製粉	1764122			1819760	2344128	2819016	3213282	3608880	3824076
13		11 その他の食	2628069			3921663	5173896	6001194	6478680	6964183	7244189

　このファイルを上記の import excel コマンドで読み込むと，変数名が A, B, C とアルファベットになってしまいます。各列は各年度の名目産出額ですので Do-file ではデータを reshape コマンドで Wide 形式に変換して（224 ページ参照）列の名称を年に置き換える作業（foreach コマンド，301 ページ参照）を行っています。

2）テキストファイルを読み込む

データ・ファイル：rent-shonandai.csv Do-file: A1-2-import-delimited.do

　テキストファイルを読み込みたいときは，import delimited コマンドを使います。

```
import delimited using （ファイル所在地・ファイル名）, clear
```

カンマ区切り（CSV ファイル）かタブ区切りであれば，特にオプションを付けなくても自動的に判別して区切ってくれます。また，import excel コマンドとは異なり，firstrow オプションは必要なく，一行目に文字情報があれば，それを変数名として読み込んでくれます。オプショ

ンとして rowrange ， colrange などがあり，たとえば，rowrange(1:20) とすると1行目から20行目までと範囲を指定して読み込むことができます。例の Do-file では CSV 形式で保存した rent-shonandai.csv ファイルを読み込んでいます。

2 Stata 上でフォルダーを指定する，フォルダー内のファイルを一覧する・消去する

1）フォルダー位置を指定する

　Stata で Do-file を使って作業する場合，作業フォルダーの所在地を cd で指定しておく必要あると第2章で説明しました。この点について，少し追加的に説明しておきます。

　もし，以下の図のように D ドライブに data フォルダーがあり，ここにある chapter2.dta というファイルを利用する場合は，以下のように入力します。

```
cd d:\data
use  chapter.dta,clear
     ⋮
save  basic_stat.dta,replace
```

　この "cd" でフォルダーを指定した後は，Stata は常に \data フォルダーにファイルを探しに，あるいは保存しにいきます。上記に代えて，以下のように入力することも可能です。

```
use  d:\data\chapter2.dta,clear
```

　この場合，次にファイルを d:\data フォルダーに存在するファイルを開く，あるいは保存する場合も必ず，

```
save  d:\data\chapter2.dta,replace
```

のように，ファイル名の前にフォルダー位置を書き込まなければなりません。なおフォルダー位置を指定すると，Stata では左下に指定したフォルダー位置が表示されます。

2）上位・下位のフォルダーを参照する

たとえば，d:\data の上位・下位のフォルダーを指定する場合にはどうすればいいでしょうか？たとえば"data" フォルダーの下の"ee-census" フォルダーに，n_firm.dtaというファイルがあって，これを開く場合，以下のようにファイル名の前にフォルダー名をつけます。

```
cd d:\data
use  ee-census¥n_firm.dta,clear
```

逆に，上位のフォルダーのファイルを開く場合はどうすればいいでしょう。たとえば，" emp_by_region" の上，D ドライブの直下にある "region_data.dta" というファイルを開く場合，以下のように入力します。

```
cd d:\data
use  ..¥region_data.dta,clear
```

"..¥" は，一つ上位のフォルダーを参照せよという意味になります。二つ上位であれば，"..¥..¥" と入力します。

3）フォルダー内のファイルを一覧する・削除する

フォルダー内のファイルを一覧する場合は ls コマンド，また削除したい場合は erase コマンドを使います。

フォルダー内のファイル一覧　ls

フォルダー内のファイル削除　erase（ファイル名）

```
. ls
  <dir>    7/25/21 12:09   .
  <dir>    7/25/21 12:09   ..
5394.0k    6/12/21 18:28   AADHP.dta
  40.7k    7/22/21 15:06   acemoglu2016.dta
  10.4k    7/25/21 12:00   chapter2.dta

（中略）

   0.0k    7/25/21 12:09   test.txt
   2.1k    3/31/15 14:38   w-census.dta

. erase test.txt
```

上記は，D ドライブ中の data フォルダ中のファイルを一覧し，test.txt を消去しています。

3 欠損値をゼロに置き換える

データ・ファイル：rent-shonandai.xlsx
Do-file: A1-3-mvencode.do

　欠損値をゼロに置き換える方法は第1章でも紹介したように，replace コマンドを利用する
方法があります。しかし置き換えるべき変数が複数ある場合は面倒です。次に紹介する mven-
code コマンドを使うことで，複数の欠損値を一気に0に置き換えることができます。たとえば，
x1, x2, x3 の三つの変数が欠損値を含む変数であるとすると，以下のように記載します。

```
mvencode x1 x2 x3, mv(0)
```

このコマンドにより，x1, x2, x3 の三つの変数の欠損値はゼロに置き換えられます。オプション
の mv(0) は，置き換え後の値を0にせよという意味です。第2章で紹介した rent-shonandai.

xlsx を事例に mvencode コマンドを紹介しましょう。

まずデータを読み込んで，sum でデータの記述統計量を出力します。

```
import excel using rent-shonandai.xlsx, firstrow clear
```

```
. sum

    variable |      Obs       Mean    Std. Dev.       Min        Max
-------------+--------------------------------------------------------
        rent |       70    8.456429   2.633369        4.6         18
     service |       70         .26   .2500145          0         .9
         age |       70    7.705988   8.264705          0         50
       floor |       70    47.53186   18.85208      14.49         86
         bus |       40       10.75   3.176436          5         15
-------------+--------------------------------------------------------
        walk |       70    4.514286   3.984546          1         18
   auto_lock |        0
        year |       70    2001.571   2.517023       1999       2004
```

bus は 40 件しかなく，最小値が 5 になっています。これは，変数 bus は，最寄り駅までバスを利用せざるを得ない物件にのみ数値が入っている変数だからです（Browse で確認しておいてください）。そこで，

```
mvencode bus,mv(0)
```

と入力すると，bus という変数に含まれる欠損値がゼロに置き換えられます。

```
. mvencode bus,mv(0)
         bus: 30 missing values recoded

. sum

    Variable |      Obs       Mean    Std. Dev.       Min        Max
-------------+--------------------------------------------------------
        rent |       70    8.456429   2.633369        4.6         18
     service |       70         .26   .2500145          0         .9
         age |       70    7.705988   8.264705          0         50
       floor |       70    47.53186   18.85208      14.49         86
         bus |       70    6.142857   5.866351          0         15
-------------+--------------------------------------------------------
        walk |       70    4.514286   3.984546          1         18
   auto_lock |        0
        year |       70    2001.571   2.517023       1999       2004
```

sum で記述統計量を確認すると，bus のデータ数は 70 に増え，最小値が 0 になっていることがわかります。

ここまでの例では，欠損値は空欄，あるいは "." になっている例を紹介しましたが，データによっては "NA" や "#N/A"（Not Available の略），".."が割り振られていることがあります。

このうち欠損値が空欄，"#N/A"になっている場合は，そのまま import excel で読み込めば Stata はこれらを欠損値として読み取ってくれます。問題なのは，"NA"や".."の場合です。そのまま読み込むと文字列が含まれる変数として読み込まれ，数値として扱ってくれません。単純な方法は，replace コマンドで一度"NA"や".."を空白に置き換えて，destring コマンド（34ページ）で文字列を数値に変換する方法ですが，destring コマンドに ignore オプションをつけることでより簡単に処理できます。

> データ・ファイル：GDP_per_capita2010.xlsx
> Do-file: A1-4-destring.do

```
destring（変数名），ignore（欠損値）
```

たとえば，次の例で紹介する GDP_per_capita.xlsx には，欠損値が NA として記録されています。これを，そのまま読み込むと文字列として認識されますが，上記の destring を ignore(NA) というオプションを付けると数値列に変換できます。

第0章
第1章
第2章
第3章
第4章
第5章
第6章
第7章
逆引き事典

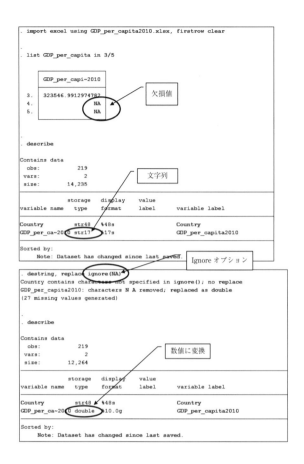

```
. import excel using GDP_per_capita2010.xlsx, firstrow clear

. list GDP_per_capita in 3/5
```

	GDP_per_capi~2010
3.	323546.9912974782
4.	NA	← 欠損値
5.	NA

```
. describe

Contains data
  obs:           219
  vars:            2
  size:       14,235
```

文字列

```
              storage   display    value
variable name   type    format     label      variable label

Country         str48    %48s                  Country
GDP_per_ca~2010 str17    %17s                  GDP_per_capita2010

Sorted by:
    Note: Dataset has changed since last saved.
```

Ignore オプション

```
. destring, replace ignore(NA)
Country contains characters not specified in ignore(); no replace
GDP_per_capita2010: characters N A removed; replaced as double
(27 missing values generated)

. describe

Contains data
  obs:           219
  vars:            2
  size:       12,264
```

数値に変換

```
              storage   display    value
variable name   type    format     label      variable label

Country         str48    %48s                  Country
GDP_per_ca~2010 double   %10.0g               GDP_per_capita2010

Sorted by:
    Note: Dataset has changed since last saved.
```

4 文字列の取り扱い上のコツ

```
データ・ファイル：mojiretsu.xlsx
Do-file: A1-5-mojiretsu.do
```

　文字列の取り扱いについては，第2章で説明しましたが，ここでは「文字列の最初の2文字を抽出する」といった少し応用的なテクニックについて紹介します。たとえば，カテゴリー変数などでは，しばしば変数が数値と文字列の組み合わせになっていて，それを分解する必要に迫られるケースがあります。たとえば，以下のような数値と文字が組み合わされた変数があったとします。この変数の上二桁が業種コードで，アルファベットが法人属性（個人企業なら A，法人企業なら B），下一桁が本店か(1)，支店か(2)を示しているとします。

```
       code
  1    58A1
  2    58A2
  3    58B1
  4    59B2
```

基本的には，generate（gen と省略可）コマンドにオプションをつけて処理します。

1) アルファベットを取り出したいとき

```
gen corp=substr(code,3,1)
```

> 変数 code の 3 文字目から 1 文字取り出す

2) 上二桁の数値を取り出したいとき

```
gen industry=real(substr(code,1,2))
```

> 取り出した数値を実数として認識する。
> real が無い場合，文字列扱い

結果は，以下のようになります。

```
       code    corp  industry
  1    58A1    A     58
  2    58A2    A     58
  3    58B1    B     58
  4    59B2    B     59
```

また，この方法を応用すれば複数のコードを結合させた長い桁数の ID 番号を分解すること
もできます。たとえば，以下のような ID 番号があったとします。

	id
1	01201001
2	01201002
3	01301001
4	01304001

ID の上二桁が都道府県番号，次の三桁が市区町村コード，最後の三桁が事業所コードとすると，これを分解する方法を考えましょう。

まず，この変数 id を文字列として認識しなおします。

```
gen code_str=string(id)
```

上二桁を取り出し，prefecture（都道府県）とします。

```
gen prefecture=real(substr(code_str,1,2))
```

同様の手順で市区町村コード，事業所コードを取り出すことができます。

ここでは，id を文字列に変換する方法として gen str10 という関数を紹介しましたが，tostring コマンドで変換することも可能です。

```
tostring id,replace
```

で変数 id は文字列に変換されます。

ところで，8桁以上の数値を文字列に変換しようとすると少々厄介な問題が生じます。ファイル内の "id2" は "id" を 10 倍したものですが，これをたとえば，

```
gen code_str2=string(id2)
```

で文字列にすると，以下のように指数形式になってしまい，3 文字目を取り出すといった作業ができなくなります。

	no	code	id	id2	corp	industry	code_str	prefecture	code_str2
1	1	58A1	1201001	12010010	A	58	1201001	12	1.20e+07
2	2	58A2	1201002	12010020	A	58	1201002	12	1.20e+07
3	3	58B1	1301001	13010010	B	58	1301001	13	1.30e+07
4	4	59B2	1304002	13040020	B	59	1304002	13	1.30e+07

このような場合は，

```
gen code_str2=string(id2, "%10.0f")
```

のように string 関数内に表示形式（カンマの後ろの "%10.0f"）を指定するとうまくいきます。
表示形式（上記の例では %10.0f）については 231 ページの「有効桁数の調整」を参照してください。

　なお Stata では桁が大きくなると変数のデータ・フォーマットを変更する必要が出てくる場合
があります。たとえば，id2 を 10 倍し，id3 という変数を作成（gen id3=id2*10）すると，
左図の○の中に示されている 1.201e + 8 と変換されてしまいます。また，

```
gen code_str3=string(id3, "%10.0f")
```

として文字列に変換した場合，左から 3 桁に 096 や 200 など不自然な数値が入っています。

	id3[1]		1.201e+08
	id3	**code_str3**	
1	1.20e+08	120100096	
2	1.20e+08	120100200	
3	1.30e+08	130100096	
4	1.30e+08	130400200	

　こういうときは，gen の後ろに "double" と記入し，double 形式（倍精度形式）で変数を作
成します。さらに，これを文字列に変換してみましょう。

```
gen double id4=id2*10
gen code_str4=string(id4, "%10.0f")
```

以下の通り，今回は id4 には id2 を 10 倍した数値が格納されていることがわかります。

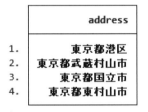

最後に日本語の文字列を扱うときの注意事項について説明しておきます。このファイルには address という変数に市区町村名が入っています。

```
. list address
```

	address
1.	東京都港区
2.	東京都武蔵村山市
3.	東京都国立市
4.	東京都東村山市

ここから（1）市区町村名の最初の文字を取り出す，（2）"市"であれば 1 をとるダミー変数を作成する，（3）"東京都"を削除する，という作業をやってみたいと思います。（1）ですが，前述の substr コマンドが使えそうですが，漢字・カナの場合は，usubstr コマンドを使います。コマンドの書き方は substr と同じです。4 文字目が市区町村名の最初の文字ですので，

```
gen address4=usubstr(address, 4,1)
```

と入力します。

次に（2）の"市"であれば1をとるダミー変数ですが，2行目の武蔵村山市の場合，"市"の位置は左から8文字目，3行目の国立市は6文字目と文字列の長さが異なるので，前述のusubstrは使えません。そこで指定した文字列の位置を報告するustrposコマンドを使います。

```
ustrpos ( 変数名 , "探索する文字列" )
```

このコマンドは，変数の中に「探索したい文字列」があるかどうか，なければ0，あれば何文字目かを返すコマンドです。これを使って，

```
gen city=0
replace city=1 if ustrpos(address, "市") >0
```

と入力すれば，"市"が含まれていれば1，そうでなければ0になる変数cityが作成されます。

（3）は，文字列の一部を置換するには以下のusubinstrコマンドを使います。

```
usubinstr ( 変数名 , "置換したい文字列" , "置換後の文字列" , . )
```

今回の例では

```
replace address=usubinstr(address, "東京都" , "" , . )
```

と入力することで"東京都"を削除できます。

（1）～（3）を実行すると，address1とcityという変数が新規作成され，addressから以下のように「東京都」の文字列が削除されていることが確認できます。

address[1]		港区	
	address	address1	city
1	港区	港	0
2	武蔵村山市	武	1
3	国立市	国	1
4	東村山市	東	1

なお，ここで紹介したusubstr, ustrpos, usubinstrは日本語や中国語などの文字を扱うためのコマンドで，アルファベットのみの文字列であれば頭文字の"u"を除いたstrops, subinstr というコマンドも利用可能です。他にも様々な関数がありますので，Web Appendix で紹介します。

5 統計量を含む変数を作成する：egen

データ・ファイル：chapter2.dta
Do-file: A1-6-egen.do

たとえば，以下のような変数を作成する方法について考えてみましょう。

1. 平均からの乖離（偏差），あるいは偏差値を計算する
2. ある変数が最大値をとれば 1，そうでなければ 0 のダミー変数
3. 10 社の企業の売上データがあるときに，各企業の市場シェアを計算する

1 のように平均からの乖離（偏差）を計算するには，全データの平均値を含む変数を作成し，次に個々のデータから平均値を引く必要があります。また 2 のように市場シェアを計算するには，全企業の売上の合計値を計算し，次にその合計値で個々の企業の売上高を割ることにより求められます。このような計算をする場合，全企業の売上の合計値を含む変数を作成する必要があります。このように変数を加工するに当たって，変数の統計量を計算する作業が必要になることがあります。ここでは，統計量をその値に持つ変数を作成する egen コマンドの作成方法について紹介します。

    egen（新しい変数）= 関数（変数），オプション

関数のところには平均であれば mean，合計値であれば sum などを記入します。（変数）のところには統計量を計算する変数名を記入します。以下の一連のプログラム例は，egen.do ファイルを参照してください．

たとえば chapter2.dta を使って，賃貸料（rent）の平均値からの乖離（偏差，dif_rent）を計算する場合であれば，chapter2.dta を読み込んだ後，以下のように入力します。以下では確認用に sum で rent の記述統計量と，list で計算結果の一部を紹介しています。

```
sum rent
egen rent_mean=mean(rent)
gen dif_rent=rent-rent_mean
list rent rent_mean dif_rent in 1/10
```

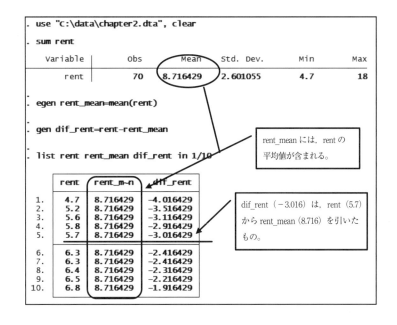

　なお偏差値は，偏差値＝平均値からの乖離÷標準偏差で定義されます。賃貸料の偏差値を計算する場合は，以下のように入力します。

```
egen rent_mean=mean(rent)
egen rent_sd=sd(rent)
gen stv_rent=(rent-rent_mean)/rent_sd
```

　さて，chapter2.dta では，2 年分の賃貸物件のデータが収録されていました。前述の例では，平均等の統計量は全体のデータを対象に計算しましたが，分析目的によっては年ごとに計算したい場合もあるでしょう。そんなときは，by オプションを使います。

```
egen （新しい変数） = 関数（変数），by（ カテゴリー変数）
```

年ごとの賃貸料の平均値（これを rent_mean_year としましょう）を計算する場合であれば，

```
egen rent_mean_year=mean(rent),by(year)
```

と入力します。

なお，egen で利用できる統計量は，以下のようなものがあります。

egen で利用できる主な統計量			
mean	平均	p1	1% 分位点
count	サンプル数（欠損値は除く）	p5	5% 分位点
n	同上	p10	10% 分位点
max	最大値	p25	25% 分位点
min	最小値	p50	50% 分位点 (same as median)
range	データ幅（最大値−最小値）	p75	75% 分位点
sd	標準偏差	p90	90% 分位点
var	分散	p95	95% 分位点
cv	変動係数（標準偏差／平均）	p99	99% 分位点
skewness	尖度	group	「2 つ以上の個体識別番号をひとつにまとめる」参照
kurtosis	歪度		
median	メディアン（中央値）	seq()	データの並び順に番号をつける→「散布図にタイトル・ラベルをつける」参照

　なお，これ以外にもネット上のプログラム egenmore をインストールすることで，egen コマンドの機能を強化することができます。インストールするにはコマンド・ウインドウに ssc inst egenmore と入力します（詳細は 295 ページ）。たとえば第 4 章で紹介する企業の海外直接投資に関するデータ fdi-firm.dta には毎年約 300 社 1994 ～ 1999 年の 6 年分サンプル数 1919 のデータが含まれています。このデータには途中からデータに加わる企業もあれば倒産や合併により途中で消えてしまう企業もあるので何社のデータが含まれるのかを数えるには工夫が必要です。

　そのような場合に使えるのが nvals で

```
egen n_firm=nvals(fid)
```

と入力することで企業番号（fid）がいくつ登場するかを数えて n_firm という変数に格納してくれます。以下はその実行結果でデータには 330 社含まれていることが分かります。

```
. use fdi-firm.dta,clear

.

. egen n_firm=nvals(fid)

.

. tab n_firm

      n_firm |      Freq.     Percent        Cum.
-------------+-----------------------------------
         330 |      1,919      100.00      100.00
-------------+-----------------------------------
       Total |      1,919      100.00
```

また egenmore をインストールすれば確率分位の変数を作成する nq という関数も利用可能です。こちらは Web Appendix で紹介しています。

6 ネット上のプログラムをインストールする

Stata では，最新の分析手法や便利なプログラムがネット上で配布されています（ado-file とも呼ばれます）。ここでは，それらをダウンロードして，インストールする方法を説明します。以下では二つの方法を説明します。(1)は ssc install，あるいは findit コマンドを利用する場合で，PC がネット接続されている場合（あるいは Stata からネットに接続できる場合），これを利用するのが便利です。(2) はネットに接続されていない PC で Stata を利用する場合，あるいは Stata からネットにアクセスできない場合に，別の PC，あるいは Web ブラウザ上からプログラム・ファイルを一式ダウンロードして，それをインストールする場合です。職場や大学のパソコンの設定上，ネット接続が制限されていたり，自動インストールが制限されている場合，(2)

の方法が有用です。

　ここでは，第3章で紹介したoutreg2のプログラムをインストールする手順を例にとって説明します。

1）ssc install，あるいはfinditコマンドを利用する場合
　まず，Commandウインドウに

　　ssc install outreg2

と入力してください。PCがインターネットに接続されていれば，以下のように自動でネット上のプログラムをインストールしてくれます。

```
. ssc install outreg2
checking outreg2 consistency and verifying not already installed...
installing into c:\ado\plus\...
installation complete.
```

　実は，コマンドによってはssc installでインストールできないものもあります。その場合は，finditでネット上を検索してインストールを行います。outreg2を例にすると，Commandウインドウに

　　findit oureg2

と入力してみてください。すると，以下のようなウインドウが現れます。画面をスクロールして，下のほうをみていくと，"web resource from Stata and from other users" のところが出てきます。

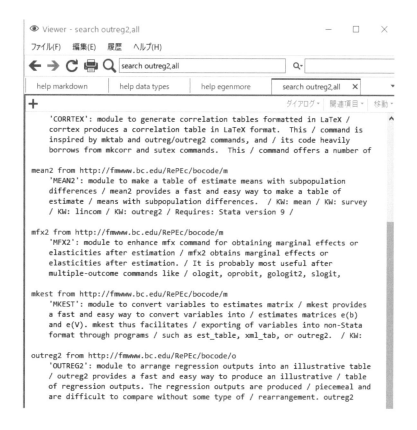

たとえば上記の "estout from http://..." をクリックすると，以下のようなウインドウに切り替わりますので，"click here to install" をクリックして，インストールしてください。

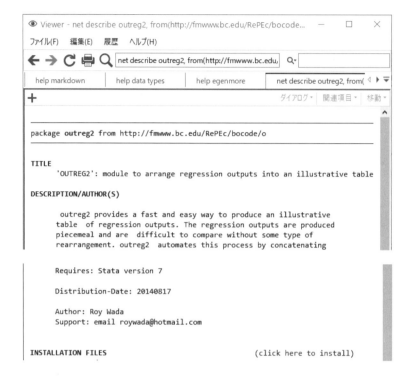

2）ファイル・アーカイブを利用する場合

　まず，以下の Web ページから，outreg2 関連のファイルをすべて（outreg2, shellout, seeout で始まるファイル）ダウンロードしてください。

　　　http://ideas.repec.org/c/boc/bocode/s456416.html

　大学や会社で共有している PC を利用している場合，PC の設定上，C ドライブ内にファイルをインストールさせることが認められてない場合があります。そういった場合は，個人作業領域に，"adofiles" というフォルダーを作成，そこにダウンロードした関連ファイルを置いてください。以下の例では Z ドライブの下に "adofiles" というフォルダーを作成します。

ダウンロードした関連ファイルを Stata で実行できるようにするには，コマンド・ウインドウ
に以下を入力して下さい（"Z："のところは各自の環境に合わせて適宜変更してください）。

```
sysdir set PLUS Z:¥adofiles
```

これ以降，adofiles フォルダーに格納された Stata コマンドが実行可能になります。

7 繰り返し作業の省力化

> データ・ファイル：labor_demand.dta
> Do-file: A1-7-repeat-comand.do

　Stata でデータ加工する際，類似の作業を何度も繰り返す必要に迫られる場合があります。こ
のようなときに便利なのが繰り返し作業のコマンドです。

1）数値を順番に代入する場合

　数値を順番に代入する作業が必要な場合，以下の for num コマンドが便利です。たとえば，
第 3 章のコラムで紹介した labor_demand.dta を使って，年（year）とともに増加する変数（time）
を作成してみましょう。gen と replace を用いる場合は，以下のように入力します。

```
gen time=0
replace time=1 if year==1980
replace time=2 if year==1981
replace time=3 if year==1982
              ⋮
```

この一連のコマンドは以下の2文で代替可能です。

```
gen time=0
for num 1980/2002:replace time=X-1979 if year==X
```

以下は labor_demand.dta を使って上記のコマンドを実行した結果です。

```
. gen time=0

. for num 1980/2002:replace time=X-1979 if year==X

->   replace time=1980-1979 if year==1980
(1 real change made)

->   replace time=1981-1979 if year==1981
(1 real change made)

->   replace time=1982-1979 if year==1982
(1 real change made)

->   replace time=1983-1979 if year==1983
(1 real change made)

->   replace time=1984-1979 if year==1984
(1 real change made)

              （以下省略）
```

for num コマンドの書き方ですが，

    for num （開始する数値）/（終了する数値）:（Stata コマンド）

となります。開始する数値と終了する数値は整数でなければなりません。（Stata コマンド）で，
代入する数値は，X と表記しておきます。上記の例では，":"の後ろのコマンドは replace で，
X のところに，1980 から 2002 までの数値が順番に代入されていきます。
　なお，同じ計算を forvalues というコマンドを使って実行することも可能です。

forvalues を使って上記と同じ計算を実行するには以下のように記載します。

```
gen time2=0
forvalues i=1980/2002 {
replace time2=`i'-1979 if year==`i'
}
```

　このコマンドで，‘i’のところに順に数値を代入してくれます。また，forvalues の場合，i=1980(2)2002 と記載すると 1980，1982 と 2 ずつ数値をずらしてくれます。詳しくは help forvalues で確認してみてください。

2）異なる変数を順番に代入する場合

　1）では数値を順番に代入する方法について考えましたが，さまざまな変数を代入したい場合も考えられます。たとえば，chapter2.dta に含まれる変数の偏差を計算する方法を考えましょう。偏差の計算は rent の場合，以下のようになります。

```
egen rent_mean=mean(rent)
gen dif_rent=rent-rent_mean
```

　これを，たとえば chapter2.dta に含まれる変数すべてについて計算するとなると，やや面倒です。そこで，foreach コマンドを使います。

```
foreach v of varlist rent service age floor bus walk {
egen `v'_mean=mean(`v')
gen dif_`v'=`v'-`v'_mean
}
```

　foreach コマンドの使い方ですが，一般的には以下のように記述します。まず，varlist の後ろには代入したい変数を羅列します。カッコ内には，Stata のコマンドを記入しますが，varlist 以下の変数を代入すべきところには，`v' を記入してください。なお，改行を含め，以下のように入力しないと実行できませんので注意して下さい。

```
foreach v of varlist (変数) {
(Stata コマンド)
}
```

なお，このコマンドは，変数の代入だけではなく，文字列やファイル名を代入することができます。

8 作業結果の一部を表示させない：quietly

繰り返し作業のコマンドのところで紹介した for num コマンドを使った事例のように，一つのコマンドを入力した後，大量の結果が画面上に現れる場合があります。先に紹介した，for num コマンドの実行結果は，単に変数の置き換えですから，これらのメッセージが result ウインドウを埋め尽くすのは少し不愉快です。

（for num の実行例：再掲）

```
. gen time=0

. for num 1980/2002:replace time=X-1979 if year==X

->   replace time=1980-1979 if year==1980
(1 real change made)

->   replace time=1981-1979 if year==1981
(1 real change made)

->   replace time=1982-1979 if year==1982
(1 real change made)

->   replace time=1983-1979 if year==1983
(1 real change made)

->   replace time=1984-1979 if year==1984
(1 real change made)

          （以下省略）
```

この結果を表示させない方法として，quietly コマンドがあります。

```
quietly{Stata コマンド }
```

大括弧で囲まれた Stata コマンドの結果は，Result ウインドウには表示されません。

たとえば，以下のように for num コマンドで紹介した事例に quietly をつけると，Result
ウインドウには，何も表示されません。

```
use labor_demand.dta,clear
quietly{
gen time=0
for num 1980/2002:replace time=X-1979 if year==X
}
```

9 集計量から構成されるデータセットを作成する：collapse

> データ・ファイル：odakyu-enoshima.xlsx
> Do-file: A1-8-collapse.do

　大規模データを使っている場合，あらかじめ当たりをつけておくために，地域ごとに集計した
データを作成し，試験的な分析を試みる場合があります。また，所得階級別のデータを，所得階
級合計のデータに集計するといったニーズもあるかもしれません。作成した集計データは，
EXCEL に移してグラフや表を作成するような場合も考えられます。こういったときに便利なの
が，collapse コマンドです。

　　　collapse（統計量）変数，by（カテゴリー変数）

　たとえば，第 2 章で利用した "odakyu-enoshima.xlsx" データを使って，年次別最寄り駅別の
平均家賃，平均物件属性から構成されるデータを作成してみましょう。

　まず，import excel コマンドで，"odakyu-enoshima.xlsx" を読み込み，次に，以下のコマ
ンドを入力します。collapse の後ろの (mean) は，平均を計算せよという意味です。ここでは，
by オプションを使って，年次別 (year)，最寄り駅別 (station) の平均値を計算します。

```
collapse (mean) rent age floor bus walk auto_lock ,by(year station)
```

　このコマンドを実行したら，Browse でデータを見てみましょう。最寄り駅別年次別の賃貸料

（rent）や築年数（age）のデータができ上がりました。

	station	year	rent	age	floor	bus	walk	auto_lock	
1	chogo	1999	6.7275862	8.6347662	41.801379	3.5172415	10.862069	0	
2	kozashibuya	1999	6.8277778	7.561035	40.221111	0	9.4444447	0	
3	mutsuai	1999	7.5888889	11.026484	43.653333	0	9.1111107	0	
4	shonandai	1999	7.7279412	7.1887994	40.800882	5.4117646	4.852941	.17647059	
5	chogo	2004	6.987931	8.1722248	44.808621	2.7586207	9.5862064	.03448276	
6	kozashibuya	2004	7.625	9.5879756	51.778889	0	9.666667	0	
7	mutsuai	2004	7.3571429	11.720157	35.805714	0	6.2857141	.14285715	
8	shonandai	2004	9.4936047	6.5366677	51.445349	7.7209301	3.872093	.38372093	

　これらの物件属性は（mean）で計算しましたので，すべて平均値になっています。一部を合計にしたい場合は以下のように入力します。

```
collapse (mean)  rent age floor  bus walk (sum) auto_lock ,by(year station)
```

　この場合，（sum）により auto_lock のみ合計値になります。また collapse で利用できる統計量は前述の egen で利用できる統計量とほぼ同じです．ただし，group, seq( ) は利用できません（A1-8-collapse.do ファイルを参照）。

10 作業途中データの一時保存

データ・ファイル：odakyu-enoshima.xlsx
Do-file: A1-8-collapse.do

　作業内容を保存するには save コマンドを使うのが基本ですが，ためしに少しデータを削除してみたいがわざわざ保存するのは面倒，というようなとき便利なのが，preserve と restore コマンドです。

　　preserve：実行する直前のデータをメモリー上に保存

　　restore：データを preserve する直前の状態に復元

例として，collapse コマンドで集計データによるデータセットを作成し，その後，その前のデータを復活させる方法を紹介します。利用するのは，やはり第2章で利用した "odakyu-enoshima.xlsx" データです。これを collapse コマンドで年次別最寄り駅別の平均家賃，平均物件属性から構成されるデータを作成します。今回は collapse コマンドの実行前に preserve で結果を保存し，その後，restore で復旧させます（A1-8-collapse.do ファイルを参照）。

```
. import excel using odakyu-enoshima.xlsx, firstrow clear

.
. sum rent age floor bus walk                    この時点ではデータ数は 221

    Variable │        Obs        Mean    Std. Dev.        Min        Max

        rent │        221    8.124208    2.637046          4         18
         age │        221    7.764198    8.092157          0   49.72877
       floor │        221   46.42873   18.96844       14.49      85.59
         bus │        221    4.660633    6.211993          0         20
        walk │        221    6.678733    5.438161          1         28

. preserve                                    メモリー上にデータを一時保存

. collapse (mean)  rent age floor  bus walk auto_lock ,by(year station)

.
. sum rent age floor bus walk          collapse で，年次別，最寄り
                                        駅別の集計データに変更
    Variable │        Obs        Mean    Std. Dev.        Min        Max

        rent │          8    7.541984    .8756198    6.727586   9.493605
         age │          8    8.803514    1.843151    6.536668   11.72016
       floor │          8   43.78941    5.514373   35.80571   51.77889
         bus │          8    2.42607    2.971157          0    7.72093
        walk │          8    7.960156    2.582245    3.872093   10.86207

. restore                              一時保存していたデータを
                                        復活
. sum rent age floor bus walk

    Variable │        Obs        Mean    Std. Dev.        Min        Max

        rent │        221    8.124208    2.637046          4         18
         age │        221    7.764198    8.092157          0   49.72877
       floor │        221   46.42873   18.96844       14.49      85.59
         bus │        221    4.660633    6.211993          0         20
        walk │        221    6.678733    5.438161          1         28
```

デ ータ・ファイル : egen_id.xlsx
Do-file: A1-9-egen_id.do

　複雑なデータになると，個々のデータを識別する番号が，二つ以上の番号から構成されている場合があります。たとえば以下のような市区町村別のデータには，通常，都道府県番号と市区町村番号が付随しており，二つの組み合わせで個々の市区町村が識別できるようになっています。

都道府県番号 prefecture	市区町村番号 city	年次 year	人口 population	事業所数 establishment
1	100	2000	XX	XX
1	100	2005	XX	XX
⋮	⋮		XX	XX
1	202	2000	XX	XX
1	202	2005	XX	XX
1	203	2000	XX	XX
⋮	⋮		XX	XX
2	201	2000	XX	XX
2	201	2005	XX	XX
2	202	2000	XX	XX
2	202	2005	XX	XX
2	203	2000	XX	XX
⋮	⋮		XX	XX

　上記のような市区町村データの場合，市区町村番号が3桁の数値であることがあらかじめわかっていれば，以下のような新しい市区町村番号を作成することができます。

```
gen id1=prefecture*1000+city
```

　しかし，利用するデータによっては，個体識別番号の桁数が事前にはわからない場合も考えられます。そんなときには，以下で紹介する group 関数が便利です。

```
egen （新しい個体識別番号）=group( 個体識別番号 1　個体識別番号 2)
```

今回の事例では，以下のように入力します。

```
egen id2=group(prefecture city)
```

都道府県番号 prefecture	市区町村番号 city	年次 year	人口 population	事業所数 establishment	id2
1	100	2000	XX	XX	1
1	100	2005	XX	XX	1
⋮	⋮		XX	XX	⋮
1	202	2000	XX	XX	2
1	202	2005	XX	XX	2
1	203	2000	XX	XX	3
⋮	⋮		XX	XX	⋮
2	201	2000	XX	XX	36
2	201	2005	XX	XX	36
2	202	2000	XX	XX	37
2	202	2005	XX	XX	37
2	203	2000	XX	XX	38
⋮	⋮		XX	XX	⋮

　新しく作成された個体識別番号 id は，上の表のとおり，都道府県 − 市区町村に固有な番号になっていることを確認してください。

12 Stata 社提供のサンプル・データを利用する

　Stata では，いくつかの練習用のサンプル・データが用意されています。一つは Stata インストール時に用意されるデータであり，もう一つはネット上で提供されるものです。
　Stata と一緒にインストールされるデータを利用するには，

```
sysuse（ファイル名），clear
```

と入力します。主なものとしては以下のようなものあります（データの一覧は，help で dta_examples と入力するか，メニューからファイル > 例題データセットを選び，Eample datasets installed with stat を選択する）。

auto.dta	中古自動車の価格
bplong.dta	個人の血圧データ
census.dta	1980 年米国州別人口センサスデータ
lifeexp.dta	世界 68 各国の平均寿命データ
nlsw88.dta	1988 年女性の就業関連データ（NLS）

　変数の概要を調べるには sysuse でデータを呼び出してから，Command ウインドウで，"describe" と入力してください。あるいは，sysdescribe（ファイル名）でも表示可能です。auto.dta の場合，以下のように表示されます。

```
. sysuse auto.dta,clear
(1978 automobile data)

. describe

Contains data from C:\Program Files\Stata17\ado\base/a/auto.dta
 Observations:           74                  1978 automobile data
    Variables:           12                  13 Apr 2020 17:45
                                             (_dta has notes)

Variable      Storage   Display    Value
    name         type    format    label     Variable label

make           str18    %-18s                Make and model
price          int      %8.0gc               Price
mpg            int      %8.0g                Mileage (mpg)
rep78          int      %8.0g                Repair record 1978
headroom       float    %6.1f                Headroom (in.)
trunk          int      %8.0g                Trunk space (cu. ft.)
weight         int      %8.0gc               Weight (lbs.)
length         int      %8.0g                Length (in.)
turn           int      %8.0g                Turn circle (ft.)
displacement   int      %8.0g                Displacement (cu. in.)
gear_ratio     float    %6.2f                Gear ratio
foreign        byte     %8.0g      origin    Car origin

Sorted by: foreign
```

　ネット上で提供されているデータは，Stata の公式マニュアルの事例として紹介されているものです。データの一覧は，［ファイル（File）］ → ［例題データセット（Example datasets）］で Stata 17 manual datasets を選択してください。なお，第 4 章の練習問題でも紹介していますが，

公式マニュアル "Longitudonal Data/Panel Data" で紹介されている nlswork.dta であれば，以下のように Command ウインドウに入力します。

```
webuse nlswork.dta
```

13 通し番号をつける

データに通し番号をつけて，その変数を id とする方法を考えましょう。Stata には 2 つのコマンドが用意されています。

```
gen id=_n
egen id=seq()
```

egen の場合，by オプションと組み合わせることができますので，グループごとの通し番号も作成可能です。

14 merge コマンドを利用する際の注意事項

データ・ファイル : file_c.dta, file_d.dta, file_e.dta, file_f.dta
Do-file: A1-10-merge.do

1）many-to-many merge の利用は避ける

たとえば次のような 2 つのファイルの接続を考えましょう。

file_d.dta

id	x2
1	342
1	224
1	543
2	541
2	542
2	443
3	133
3	323
3	443

file_c.dta

id	x1
1	12
1	23
2	22
2	18
3	29
3	21

　file_c.dta にも file_d.dta にも id が含まれていますが，それぞれのファイルの id には同じ番号が複数ありますので，many-to-many（m:m）merge になります。これを接続するには merge m:m using で接続することができますが，結果は以下のようになります。file_c.dta の id=1 の1つ目と file_d.dta の id=1 の1つ目が接続され，次の行には2番目同士が接続されています。ところが次の行は file_c.dta に対応するものがないので，2番目の数値が重複して入っています。このように many-to-many merge では一部で重複データが発生するほか，接続結果がデータの並び順に依存してしまいます。

id	x1	x2
1	12	342
1	23	224
1	23	543
2	22	541
2	18	542
2	18	443
3	29	133
3	21	323
3	21	443

2）2つのファイルに同じ名前の変数があるとどうなる？：update オプション

　たとえば file_e.dta（master data）と file_f.dta（using data）の両方に wage（賃金）という変数が含まれていたとしましょう。このとき2つのファイルを接続すると，master データの wage が残り，using data の wage は消えてしまいます。using data の wage を残し

ておきたい場合は，事前に変数名に変更しておく必要があります。また，master data の wage が欠損値だが using data の wage は欠損値でない，というときには，update オプショ ンを付けることで using data の wage の値で master data の欠損値を補填してくれます。

15 ペア・データの作成

データ・ファイル：joinby-a.dta, joinby-b.dta
do-file: A1-11-joinby.do

次の2つデータは（joinby-a.dta と joinby-b.dta）は，2010 年から 2012 年の3社の企 業データ（joinby-a.dta）と，その取引相手のデータ（joinby-b.dta）です。joinby-a. dta の partner は取引相手（joinby-b.dta の supplier）の番号です。この2つのデータ を接続して，pair-data.dta を作成する方法を考えてみましょう。

joinby-b.dta

	year	supplier	supplier_emp
1	2010	1	120
2	2010	2	180
3	2010	3	199
4	2010	4	149
5	2011	1	122
6	2011	2	190
7	2011	3	203
8	2011	4	152
9	2012	1	124
10	2012	2	179
11	2012	3	206
12	2012	4	160

joinby-a.dta

	year	firmid	partner	sales
1	2010	1	3	123
2	2010	2	2	180
3	2010	3	1	80
4	2011	1	2	126
5	2011	2	3	190
6	2011	3	2	89
7	2012	1	3	130
8	2012	2	3	194
9	2012	3	4	92

pair-data.dta

	year	firmid	partner	sales	supplier	supplier_emp
1	2010	1	1	123	3	199
2	2010	1	0	123	4	149
3	2010	1	0	123	1	120
4	2010	1	0	123	2	180
5	2010	2	1	180	2	180
6	2010	2	0	180	4	149
7	2010	2	0	180	3	199
8	2010	2	0	180	1	120
9	2010	3	0	80	2	180
10	2010	3	0	80	4	149
11	2010	3	1	80	1	120
12	2010	3	0	80	3	199
13	2011	1	0	126	3	203
14	2011	1	0	126	1	122
15	2011	1	1	126	2	190
16	2011	1	0	126	4	152
17	2011	2	1	190	3	203
18	2011	2	0	190	2	190
19	2011	2	0	190	1	122
20	2011	2	0	190	4	152

　pair-data.dta は，どの企業（firmid）が取引相手として 4 つの supplier の候補から，どの企業を選んだのかを示しています。たとえば，pair-data.dta の 1 行目から 4 行目までは 2010 年に fimid が 1 番の企業が 1 〜 4 の supplier の中から 3 番の企業を選択した（partner=1）ことを示します。こうしたデータは 355 ページで紹介する条件付ロジットモデルなどで使われます。

　joinby-a.dta と joinby-b.dta は，特定の変数で片方のデータが特定できるわけではないので merge コマンドで接続することはできません。こういう時に役立つのが joinby コマンドです。joinby-a.dta は 3 年 × 3 社の 9 個のデータから構成され，joinby-b.dta は 3 年 × 4 社の 12 個のデータです。これを，企業と取引相手候補のペア 3 社 × 4 社 =12，これが 3 年分ありますので 36 個のデータに変換します。

　joinby は以下のように使います。

　　　joinby（グループ変数）using（ファイル名）

　グループ変数は，ここでは年毎にペアを作りますので year を指定します。上記で紹介した pari-data.dta を作成するには以下の joinby.do のコマンドで作成できます。


```
use joinby-a.dta,clear
joinby year using joinby-b.dta
replace partner=partner==supplier
save pair-data.dta,replace
```

replace partner=partner==supplier は，joinby-a.dta の partner と joinby-b.
dta の supplier が合致しているときに 1，合致していないときは 0 を代入せよという意味に
なります。

2 図表の作成

1 有効桁数の調整

データ・ファイル：chapter2.dta
Do-file：A2-1-format.do

第 2 章では，湘南台駅周辺の賃貸物件の賃貸料（rent-shonandai.xlsx）の平均値の比較を行い
ました。以下の表では，1999 年と 2004 年の賃貸料を比較しています。

この表では小数点第 6 位までが表示されていますが，実際にレポートに数値を載せる際はこ
こまで細かい情報は不要です。そこで，表示する有効桁数を調整しましょう。たとえば，小数点
第 4 位まで表示させたい場合は，以下のようなオプションをつけます。

```
tabstat rent,by(year) format(%5.4f)
```

```
. tabstat rent,by(year)
Summary for variables: rent
     by categories of: year

   year  |     mean
---------+----------
   1999  |  7.369118
   2004  |  9.483333
---------+----------
  Total  |  8.456429
```

```
. tabstat rent,by(year) format(%5.4f)
Summary for variables: rent
     by categories of: year

   year  |     mean
---------+----------
   1999  |    7.7279
   2004  |    9.6500
---------+----------
  Total  |    8.7164
```

format(%5.4f) は，全体は 5 文字とし，小数点以下は第 4 位まで示せという意味になります。

2 きれいな統計表をつくりたい

データ・ファイル : chapter2.dta
Do-file: A2-2-table.do, A2-2-table_v16.do（Stata16 以前）

　第 2 章で，tabulate（tab と省略可），tabstat，table の三つのコマンドを紹介しましたが，ここでは，これらのコマンドの使い方を整理して，どんな表をつくるためには，どのコマンドと，どのオプションを組み合わせればいいのかを説明します。

1）tabstat による表頭と表側の変換

　tabstat は指定した変数について，指定した統計量を算出するコマンドです。たとえば賃貸料（rent）と占有面積（floor）の平均値と標準偏差を計算する場合，以下の左のように入力します。

```
. tabstat  rent floor, stat(mean sd)

   stats |      rent     floor
---------+--------------------
    mean | 8.716429  47.53186
      sd | 2.601055  18.85208
```

```
. tabstat rent floor age distance, stat(mean sd)

   stats |      rent     floor       age  distance
---------+----------------------------------------
    mean | 8.716429  47.53186  7.705988  10.65714
      sd | 2.601055  18.85208  8.264705   4.711644
```

変数を増やす場合，

　　　tabstat rent floor age distance, stat(mean sd)

のように変数を追加していけばいいのですが（上の右），変数が増えるほど列が増えるため，表

が横長になり見にくくなります。こういう場合は，列方向（表頭）に平均や標準誤差の統計量を並べ，行方向（表側）に変数を並べた，縦長の表に変更したほうが見やすい表ができます。表頭と表側の変換は，col オプションを使います。

　　　表頭に変数を並べる場合　　tabstat（変数），col(v)
　　　表頭に統計量を並べる場合　　tabstat（変数），col(s)

上記の例の場合，オプションに col(s) をつけます。

```
. tabstat  rent floor age distance, stat(mean sd) col(s)
    variable |      mean        sd
-------------+--------------------
        rent |  8.716429   2.601055
       floor |  47.53186   18.85208
         age |  7.705988   8.264705
    distance |  10.65714   4.711644
```

2）クロス表のシェアを計算する：tablate（tab と省略可）＋オプション

　2-1-1 項（度数分布表）では以下のような，賃貸料の階級の度数分布表を 2 年間で比較した表（クロス表）を作成しました。

表 2-2 度数分布表（再掲）

	1999 年	2004 年	合計
3 万円超，6 万円以下	5	1	6
6 万円超，9 万円以下	21	18	39
9 万円超，12 万円以下	6	12	18
12 万円超，15 万円以下	2	3	5
15 万円超，18 万円以下	0	2	2
合計	34	36	70

　この表では各セルにデータ数が入っていますが，分析によっては次のような，各年における各階級のシェア panal（a），あるいは各階級における各年のシェア panel（b）が必要になる場合があります。

panel（a）	1999 年	2004 年	合計
3 万円超, 6 万円以下	15%	3%	9%
6 万円超, 9 万円以下	62%	50%	56%
9 万円超, 12 万円以下	18%	33%	26%
12 万円超, 15 万円以下	6%	8%	7%
15 万円超, 18 万円以下	0%	6%	3%
合計	100%	100%	100%

panel（b）	1999 年	2004 年	合計
3 万円超, 6 万円以下	83%	17%	100%
6 万円超, 9 万円以下	54%	46%	100%
9 万円超, 12 万円以下	33%	67%	100%
12 万円超, 15 万円以下	40%	60%	100%
15 万円超, 18 万円以下	0%	100%	100%
合計	49%	51%	100%

もちろん表2-2をEXCELに移して，EXCEL上で表を作り直すのも一つの方法ですが，Stataではtabコマンドにオプションをつけることでpanel（a)やpanel（b)のような表が作成可能です。

列方向のシェアを計算する場合：panel（a）

```
tab （カテゴリー変数１）（カテゴリー変数２），nofreq col
```

列方向のシェアを計算する場合：panel（b）

```
tab （カテゴリー変数１）（カテゴリー変数２），nofreq row
```

次の例では，tabコマンドでpanel（a）とpanel（b）を再現してみました。

```
. tab category year ,nofreq col

                   year
category      1999      2004      Total
       1     14.71      2.78       8.57
       2     61.76     50.00      55.71
       3     17.65     33.33      25.71
       4      5.88      8.33       7.14
       5      0.00      5.56       2.86

   Total    100.00    100.00     100.00

. tab category year ,nofreq row

                   year
category      1999      2004      Total
       1     83.33     16.67     100.00
       2     53.85     46.15     100.00
       3     33.33     66.67     100.00
       4     40.00     60.00     100.00
       5      0.00    100.00     100.00

   Total     48.57     51.43     100.00
```

```
. tab category year ,row

 Key

  frequency
  row percentage


                   year
category      1999      2004      Total
       1         5         1          6
             83.33     16.67     100.00

       2        21        18         39
             53.85     46.15     100.00

       3         6        12         18
             33.33     66.67     100.00

       4         2         3          5
             40.00     60.00     100.00

       5         0         2          2
              0.00    100.00     100.00

   Total        34        36         70
             48.57     51.43     100.00
```

なお，nofreqオプションをつけない場合，右図のようにデータ数とシェアが同時に表示され

ます。

3）3変数のクロス表を作成する

　次の表は，賃貸料の階級 category，年次 year とオートロックの有無（auto_lock）の三つの変数によるクロス表です。この表は，table コマンドで作成することが可能です。なお，table コマンドは Stata17 と Stata16 以前では仕様が異なりますので注意して下さい。

	1999			2004		
	オートロック 無し	オートロック 有り	合計	オートロック 無し	オートロック 有り	合計
3万円以上，6万円以下	5		5		1	1
6万円以上，9万円以下	19	2	21	15	3	18
9万円以上，12万円以下	4	2	6	6	6	12
12万円以上，15万円以下		2	2		3	3
15万円以上，18万円以下			0		2	2
合計	28	6	34	21	15	36

　この表を作成するには，Stata17 の場合は，table カテゴリー変数1（カテゴリー変数3　カテゴリー変数2）と入力します。Stata16 以前の場合は，以下のように入力して下さい。

```
table （カテゴリー変数1）（カテゴリー変数2）（カテゴリー変数3）, col row
```

　このようにカテゴリー変数を三つ並べると，カテゴリー変数1が行方向のカテゴリーに，カテゴリー変数3が列方向の大分類に，カテゴリー変数2が列方向の小分類となるような表が作成されます。

| | カテゴリー変数3 | | | | | |
	カテゴリー変数2		合計	カテゴリー変数2		合計
カテゴリー変数1						
合計						

　Stata16 以前で必要となるオプションの col と row は，行方向と列方向の合計値を表示せよという意味になります。Stata16 以前の table コマンドの場合，このオプションをつけない限り，合計値は表示されません。

　次は，Stata に

```
table category auto_lock year, col row
```

と入力したときの結果です。上の表と同じ形式になっていることを確認してください（以下の表は，下：Stata17 の場合，右頁：Stata16 以前の場合を示す）。

```
. * 3) 3変数のクロス表を作成する
. table (category) (year auto_lock)

                       year
             1999            2004           Total
           auto_lock       auto_lock       auto_lock
           0    1   Total  0    1   Total  0    1   Total
category
1          5        5      1    1   1      5    1    6
2          19   2   21     15   3   18     34   5   39
3          4    2   6      6    6   12     10   8   18
4              2   2       3    3           5    5
5                         2    2           2    2
Total      28   6   34     21   15  36     49   21   70
```

```
. table category auto_lock year,col row

                      year and auto_lock
                  ———— 1999 ————    ———— 2004 ————
    category       0    1  Total     0    1  Total
           1       5          5                1     1
           2      19    2    21     15    3    18
           3       4    2     6      6    6    12
           4            2     2            3     3
           5                              2     2

       Total      28    6    34     21   15    36
```

3 統計表の EXCEL 出力

　統計表を EXCEL に出力する方法にはいくつかのやり方があります。少しずつ見栄えが違いますので，自分の好みにあったものを見つけてください。

1）`putexcel` コマンド

> データ・ファイル : rent-shonandai.xlsx
> Do-file: A2-3-table-putexcel.do

　`putexcel` を使うと EXCEL ファイルに統計表を出力することができます。オプションでシートを選んで出力することも可能です。ただし，このコマンドは，`return list`（350 ページ参照）で表示される統計量を選択する必要があり設定がやや面倒なのと，表の開始位置を指定する必要があるので複数の表を一つのシートに表示させるには工夫が必要です。ここでは，相関係数を表示する方法を紹介します。たとえば，`putexcel` で相関係数行列を表示させるには，`correl` で相関係数を出力した後，

```
putexcel set ファイル名 , replace sheet（シート名 , replace）
putexcel A1=matrix（行列名）,names
```

と入力します。`putexcel set` でファイル名やシート名を指定し，次の `putexcel` で事前に計算しておいた統計量を EXCEL に出力します。`names` オプションは変数名をつけるためのオプションです。具体例を見ていきましょう。

```
1   import excel using rent-shonandai.xlsx,firstrow clear
2   * 相関係数表の出力
3   correl rent floor age
4   return list
5   putexcel set basestat.xlsx,replace sheet(correlation, replace)
6   putexcel A1=matrix(r(C)),names
7   * 記述統計量の出力
8   tabstat rent floor age bus walk year,stat(n mean sd min max) save
9   return list
10  matrix A=r(StatTotal)'
11  putexcel set basestat.xlsx,modify sheet(base_stat, replace)
12  putexcel A1=matrix(A),names
```

4行目のreturn listは記述統計コマンド（sum, tabstat, correl など）で計算された統計量を確認するためのコマンドです。以下の実行結果に示される通り，この例ではr(C) に3列×3行の相関係数行列が格納されていることが示されています。

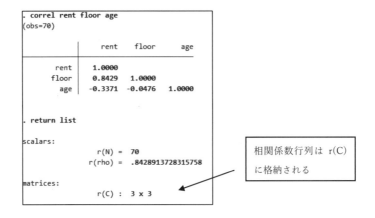

5行目では，出力先としてbasestat.xlsx の correlation シートを指定しています。6行目ではA1 のセルに出力するように指定しています。上記の putexcel で出力される EXCEL ファイルの correlation シートには以下のような相関係数行列が含まれます。

	A	B	C	D
1		rent	floor	age
2	rent	1	0.842891	-0.33714
3	floor	0.842891	1	-0.04764
4	age	-0.33714	-0.04764	1
5				

　7行目以降は tabstat コマンドによる変数の基本統計量を出力しています。8行目が tabstat コマンドですがサンプル数（n），平均（mean），標準偏差（sd），最小値（min），最大値（max）を計算しています。putexcel で出力するためには save オプションをつけておく必要があります。これにより計算結果は r（StatTotal）に格納されます。このままでは，列方向に変数，行方向に統計量の行列が出力されますので，10行目で行列の行と列を入れ替えて，A という行列に名前を書き換えています（転置）。11行目ではファイル名・シート名を設定しています。ここで modify といういオプションをつけてますが，これは既存のファイルに加筆せよという意味になります。最後に，12行目で EXCEL ファイルに出力しています。結果は，EXCEL ファイルの base_stat シートに基本統計量が出力されます。

	A	B	C	D	E	F
1		N	Mean	SD	Min	Max
2	rent	70	8.456429	2.633369	4.6	18
3	floor	70	47.53186	18.85208	14.49	86
4	age	70	7.705988	8.264705	0	50
5	bus	40	10.75	3.176436	5	15
6	walk	70	4.514286	3.984546	1	18
7	year	70	2001.571	2.517023	1999	2004
8						

　統計量を指定する方法がやや複雑なのですが，putexcel コマンドは，table, sum コマンドと組み合わせて使うこともできます。関心のある方は Stata の公式マニュアルを参照してみてください。

2）collapse と export excel による出力
　303ページで紹介した collapse コマンドと export excel コマンドを使って統計表を出力

する方法もあります。この方法は，特にグループごとの平均値を一覧表にするときに便利です。

データ・ファイル：odakyu-enoshima.xlsx
Do-file: A2-4-table-collapse.do

---

table-collapse.do の例1

```
collapse rent floor age,by(station_j)
export excel using table-collapse.xlsx,replace firstrow(var)
```

export excel コマンドは，EXCEL ファイルにデータを出力するコマンドで，書き方は import excel コマンドと同じです。オプションの firstrow は一行目に変数名を追加するためのオプションですが，import excel のときとは異なり，変数名を付ける場合は "(var)" を，ラベルを付ける場合は "(varlabels)" を指定する必要があります。上記のプログラムを実行すると以下のような EXCEL ファイルが生成されます。

	A	B	C	D	E
1	station_j	rent	floor	age	
2	六会	7.4875	40.22	11.32997	
3	湘南台	8.993333	48.42942	6.721438	
4	長後	6.857759	43.305	8.403496	
5	高座渋谷	7.359259	47.9263	8.912329	
6					

さらに，ある変数の平均値や標準偏差，最大値，最小値を一つの表にまとめる場合は，次のように記述するとシンプルに出力できます。

table-collapse.do の例2

```
collapse (mean) mean=rent (sd) sd=rent (max) max=rent (min) min=rent,by(station_j)
export excel using table-collapse2.xlsx,replace firstrow(var)
```

    collapse （統計量）x=y

で「yの（統計量）をxに代入せよ」，という意味になります。

このコマンドにより次のような表が出力されます。

	A	B	C	D	E	
1	station_j	mean	sd	max	min	
2	六会	7.4875	2.903475	14	5	
3	湘南台	8.993333	2.930375	18	4.7	
4	長後	6.857759	1.386742	10.2	4.3	
5	高座渋谷	7.359259	1.593197	12.2	4	

3）`collect` コマンドによる出力　※ Stata16 以前は利用不可

最後に，Stata17 から利用できるようになった `collect` コマンドを使って `table` コマンドを使った統計表の出力方法を紹介しましょう。**2 きれいな統計表をつくりたい** の3）3変数のクロス表を作成する（P.314）で紹介したクロス表を EXCEL に出力し見てみましょう。Stata17 では `table` コマンドで作成した表は `collect preview` で画面表示，`collect excel` で EXCEL ファイルに出力できます。ここでは，three-way-table.xlsx というファイルに 3way というシートを作成しています。

> データ・ファイル : chapter2.dta
> Do-file: A2-5-table-collect.do

```
table(category)(year auto_lock)
collect preview
collect export three-way-table.xlsx, sheet(3way)replace
```

もう一つ，以下は3変数のクロス表に stat（mean 変数名）オプションをつけて床面積（floor）の平均値を計算しています。`collect` コマンドでは，その結果を 3way-floor というシートに保存させています。既存の EXCEL ファイルに加筆しますので modify というオプションを付けます。

```
table(category)(year auto_lock), stat(mean floor)
collect export three-way-table.xlsx, sheet(3way-floor)modify
```

うまくいけばクロス表（3way: 上段），平均値のクロス集計表（3way-floor: 下段）が表示されます。

	A	B	C	D	E	F	G	H	I	J
1						year				
2			1999			2004			Total	
3			auto_lock			auto_lock			auto_lock	
4		0	1	Total	0	1	Total	0	1	Total
5	category									
6	1	5		5		1	1	5	1	6
7	2	19	2	21	11	3	14	30	5	35
8	3	4	2	6	10	4	14	14	6	20
9	4		2	2		4	4		6	6
10	5					2	2		2	2
11	Total	28	6	34	21	14	35	49	20	69

	A	B	C	D	E	F	G	H	I	J
1						year				
2			1999			2004			Total	
3			auto_lock			auto_lock			auto_lock	
4		0	1	Total	0	1	Total	0	1	Total
5	category									
6	1	18.9		18.9		19.	19.	18.9	19.	18.9
7	2	40.6	21.8	38.8	39.2	25.	36.1	40.1	23.7	37.7
8	3	58.9	57.7	58.5	65.3	63.	64.6	63.5	61.2	62.8
9	4		63.6	63.6		63.	63.		63.2	63.2
10	5					86.	86.		86.	86.
11	Total	39.3	47.7	40.8	51.6	55.	53.	44.6	52.8	47.

4 ラベルの作成

> データ・ファイル : rent-shonandai.xlsx
> do-file: A2-6-label.do

　第2章では，"rent-shonandai.xlsx"を使って，以下のような度数分布表を作成しましたが，そのままでは，それぞれの階級（category）が何を意味しているかが分かりにくく，このままでは，EXCEL等でその都度調整する必要があります。

```
. tab category

 category │    Freq.    Percent      Cum.
──────────┼─────────────────────────────────
        6 │        6       8.57       8.57
        9 │       39      55.71      64.29
       12 │       18      25.71      90.00
       15 │        5       7.14      97.14
       18 │        2       2.86     100.00
──────────┼─────────────────────────────────
    Total │       70     100.00
```

そこで, この category, 6, 9, 12, 15, 18 にラベルを付けてみましょう。この作業には, label コマンドを使います。

label コマンドは, label define でラベルを定義し, ラベルの名称を付与します。

　　　label define ［ラベルの名称］［階級値もしくはカテゴリー］"対応するラベル"

次に, そのラベルの組み合わせを, 以下のように変数に対応付けます。

　　　label value ［ラベルを付けたい変数］［ラベルの名称］

具体的には, 以下の 2 文を Command ウインドウに記入します。

label define cat_label 6 "floor>=3 & floor<6" 9 "floor>=6 & floor<9" 12
"floor>=9 & floor<12" 15 "floor>=12 & floor<15" 18 "floor>=15"

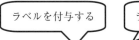

　　　label value category cat_label

このコマンドを入力した結果, 度数分布表は以下のようになります。

```
. tab category

           category |      Freq.     Percent        Cum.
--------------------+-----------------------------------
  floor>=3 & floor<6 |         9       12.86       12.86
  floor>=6 & floor<9 |        39       55.71       68.57
 floor>=9 & floor<12 |        17       24.29       92.86
floor>=12 & floor<15 |         3        4.29       97.14
         floor>=15 |         2        2.86      100.00
--------------------+-----------------------------------
              Total |        70      100.00
```

なお, 作成した label を確認する際には, codebook コマンドが便利です。

　　　codebook（変数名）

で以下のようにラベルを付与した変数の概要が分かります。

```
.  codebook category


category                                                                        (unlabeled)


                  type:   numeric (float)
                 label:   cat_label

                 range:   [6,18]                        units:  1
        unique values:   5                           missing .:  0/70

            tabulation:   Freq.    Numeric  Label
                             9           6  floor>=3 & floor<6
                            39           9  floor>=6 & floor<9
                            17          12  floor>=9 & floor<12
                             3          15  floor>=12 & floor<15
                             2          18  floor>=15
```

　もう一つ例を紹介しておきましょう。今，駅からバスを利用しない物件を1，利用する物件を2とする変数 (d_bus) を作成します。この変数にバス利用物件に“Yes”，非利用物件を“No”というラベルを付与します。

```
gen d_bus=1
replace d_bus=2 if bus>0&bus!=.
label define bus_label 1 "No" 2 "Yes"
label value d_bus bus_label
tab d_bus
```

　ただし，このままでは1がNoであり，2がYesであることが分からなくなってしまうかもしれません。そこで，

```
numlabel bus_label,add mask("#) ")
```

というコマンドを使うと片括弧で数値も一緒に表示してくれます。

```
. * バスを利用する物件:d_bus
. gen d_bus=1

. replace d_bus=2 if bus>0&bus!=.
(40 real changes made)

. label define bus_label 1 "No" 2 "Yes"

. label value d_bus bus_label

. tab d_bus

       d_bus |      Freq.     Percent        Cum.
-------------+-----------------------------------
          No |         30       42.86       42.86
         Yes |         40       57.14      100.00
-------------+-----------------------------------
       Total |         70      100.00

. numlabel bus_label, add mask("#) ")

. tab d_bus

       d_bus |      Freq.     Percent        Cum.
-------------+-----------------------------------
       1) No |         30       42.86       42.86
      2) Yes |         40       57.14      100.00
-------------+-----------------------------------
       Total |         70      100.00
```

なお，mask オプションを付けない場合は以下のように表示されます。

```
. numlabel bus_label, add

. tab d_bus

       d_bus |      Freq.     Percent        Cum.
-------------+-----------------------------------
       1. No |         30       42.86       42.86
      2. Yes |         40       57.14      100.00
-------------+-----------------------------------
       Total |         70      100.00
```

5 散布図にタイトルやデータ・ラベルをつける

データ・ファイル：rent-shonandai.xlsx
Do-file：A2-7-scatter.do

　散布図は scatter コマンドで作成しますが，ここにタイトルやデータ・ラベルをつけること
ができます。

```
scatter X  Y, title("Figure X") xtitle("Variable X") ytittle("Variable Y")
```

title は散布図自体のタイトル，xtitle は x 軸のタイトル，ytitle は y 軸のタイトルを表します。たとえば，第 2 章の賃貸物件（rent-shonandai.xlsx）の賃貸料と床面積のグラフであれば，以下のようにオプションをつけることで，タイトルを入れることができます。

```
scatter rent floor ,title("rent vs floor") xtitle("floor space") ytitle("rent")
```

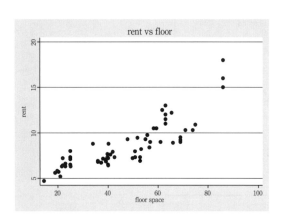
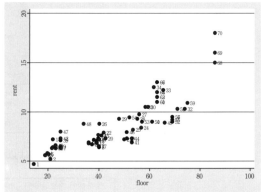

出力結果は左図のようになります。また，それぞれのデータに ID 番号を付与してみましょう。第 2 章の "rent-shonandai.xlsx" に，

```
egen id=seq()
```

と入力することで右図のように上から順に番号を振ることができます。この id をグラフ上に記入するには，mlabel(変数名) オプションをつけます。変数名のところには，適当な変数をおきます。id をデータ・ラベルにする場合，以下のように入力します。

```
scatter rent  floor, mlabel(id)
```

6 折れ線グラフを作成する

データ・ファイル : w-census.dta
Do-file: A2-8-line_plot.do

　折れ線グラフを作成するには，twoway コマンドを利用します。変数1を縦軸に，変数2を横軸にとったグラフは，1) のように書きます。同じグラフ上に，複数の線を引く場合は，2) のように記述します（データは w-census.dta を使います。また，line-plot.do ファイルを参照してください）。

1) twoway line (変数 1) (変数 2)
2) twoway line (変数 1) (変数 2) || line (変数 1) (変数 3)

　例として，ここでは第3章の117ページの男女の賃金－年齢プロファイルのグラフの作成方法を紹介しましょう。この例では，男女別の賃金と年齢の関係をグラフにしています。この場合，"line (変数 1) (変数 2)" の後ろに if でグループ（男性か女性か）を指定します。

```
use w-census.dta,clear
twoway line  wage age if female==0&production==0 ||
line wage age if female==1&production==0
```

線の太さ同じ　　　　　　　　　　　線の太さに差をつける

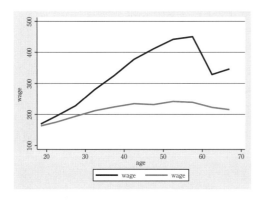
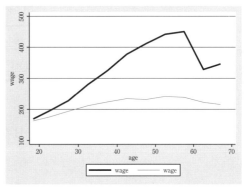

左図ではどちらが男女の賃金かわかりにくく，少し不親切です。そこでオプションをつけるこ

とで，右図のように見やすいグラフにしましょう。

線の太さに差をつける

twoway line（変数1）（変数2），clwidth（グラフ①の太さ）

|| line（変数1）（変数3），clwidth（グラフ②の太さ）

clwidth オプションは conntected line width の略で，折れ線の幅の指定です。thin, thick, vthick の順に太くなります。賃金・年齢プロファイルを例にすると，以下のように記述します。男性の賃金が太字で描かれているのを確認してください。

```
twoway line  wage age if female==0&production==0, clwidth(thick)
|| line wage age if female==1&production==0, clwidth(thin)
```

マーカーをつける

line の代わりに connected を指定し msymbol オプションをつけると，左図のようにグラフにマーカーを入れることができます。

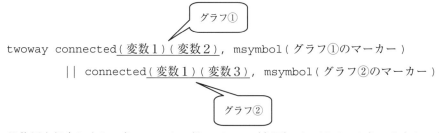

twoway connected（変数1）（変数2），msymbol（グラフ①のマーカー）

|| connected（変数1）（変数3），msymbol（グラフ②のマーカー）

先に具体例を紹介しましょう。マーカー付のグラフ（左図）は，以下のように入力して作成します。

```
twoway connected wage age if female==0&production==0 || connected
wage age if female==1&production==0
```

また，次のように入力すると，中抜きのダイヤ（右図）と変更できます。

```
twoway connected  wage age if female==0&production==0, msymbol(s)
|| connected wage age if female==1&production==0, msymbol(Dh)
```

マーカ付・オプションなし　　　　　　　　マーカ付・四角 vs. ダイヤ

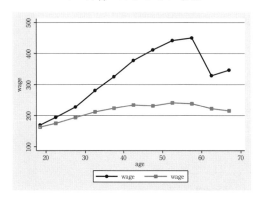 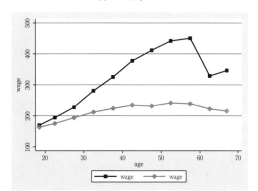

　マーカーは一例として，S：大きな四角，s：小さな四角，Sh：大きな中抜きの四角，sh：小さな中抜きの四角，t：小さな三角形，p：小さな点のようなものがあります。

ラベルの変更

　最後に，ラベルを変更しましょう。ラベルの変更は legend オプションを使います。これも具体例から見ていきましょう。以下のように legend オプションをつけると，ラベルが変わります。

```
twoway connected  wage age if female==0&production==0, msymbol(S)
|| connected wage age if female==1&production==0, msymbol(Dh)
legend( label(1 "male") label(2 "female"))
```

　legend オプションのルールは以下のとおりです。一つ目のグラフのラベルは label（1 "XXX"）で指定します。二つ目以降についても同様です。でき上がりのイメージは line-plot.do ファイルを実行して確認して下さい。

そしていまあるこのグラフは，具体的には以下のように入力します。

```
twoway connected wage age if female==0&production==0,msymbol(S)||
connected wage age if female==1&production==0, msymbol(Dh)
legend(label(1 "male") label(2 "female"))
```

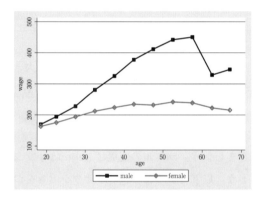

　Stata のグラフ機能は，非常に豊富です（ここで紹介した機能はごく一部）。グラフ機能をマスターしたい方は，以下の本を入手することをお勧めします。Stata のコマンドと対応するグラフがカラーで掲載されているので，パラパラと本をめくって，お目当てのグラフのコマンドをアレンジすれば美しいグラフが作れるようになります。

Michael N. Mitchell（2004）"A Visual Guide to Stata Graphics," Stata Press

3 回帰分析の便利なコマンド

第
0
章

第
1
章

第
2
章

第
3
章

第
4
章

第
5
章

第
6
章

第
7
章

逆引き事典

1 ダミー変数作成のコツ

> データ・ファイル :odakyu-enoshima.xlsx
> Do-file: A3-1-dummy.do

　ダミー変数を作成する場合，第2章の39ページで gen と replace を使う方法を説明しました。また第3章では，ダミー変数を用いた回帰分析を紹介しましたが，複数のダミー変数を作成する場合，一つずつ gen と replace で変数を作成するのは大変です。そこで，ダミー変数を作成する作業を省力化するコツを考えてみましょう。

1） gen ＋ 論理式
　2004年の物件データであれば1をとるダミー変数を作成してみましょう。

```
gen d2004=0
replace d2004=1 if year==2004
```

のように gen と replce を使いましたが，次の一文に集約することが可能です。

```
gen d2004=year==2004
```

　これは gen コマンドの以下のような機能を利用したものです。

```
gen newvar=[ 条件式 ]
```

　newvar は，［ 条件式 ］が真ならば1，偽ならば0をとる変数になります。［ 条件式 ］は，if 文で使いますが，「AとBは等しい」というような場合，"A==B" のように＝（イコール）を二つ並べることに注意してください。

2）`tab category, gen(new var)`

　同じように第3章では賃貸物件の最寄り駅ダミーを作成しましたが，これも一つのコマンドで一度に作業することができます。これをそのときに使用した，"odakyu-enoshima.xlsx" を使って説明しましょう。第3章では，最寄り駅を示す，カテゴリー変数 station のダミー変数を作成しましたが，同様の作業が以下の一文で可能となります。

```
tab station, gen(d_station)
```

　このコマンドにより，d_station1, d_station2, d_station3, d_station4 の四つのダミー変数が作成されます。四つの変数はそれぞれ，tab で示された表の上から順番に 1 から 4 までの番号がついています。同様の情報は Variable ウィンドウのラベルのところにも示されます。

変数	
変数名フィルタを入力	
名前	ラベル
auto_lock	auto_lock
year	year
one_room	one_room
aircon	aircon
separate	separate
station_j	station_j
d2004	
d_station1	station==chogo
d_station2	station==kozas...
d_station3	station==muts...
d_station4	station==shona...

　この四つの変数の基本統計量をみると，たしかに最小値 0，最大値 1 のダミー変数になっていることがわかります。

```
. sum  d_station1 d_station2 d_station3 d_station4

    Variable |        Obs        Mean    Std. Dev.       Min        Max
-------------+--------------------------------------------------------
  d_station1 |        221     .2624434    .4409611         0          1
  d_station2 |        221     .1221719    .3282277         0          1
  d_station3 |        221     .0723982    .2597344         0          1
  d_station4 |        221     .5429864    .4992796         0          1
```

```
データ・ファイル :odakyu-enoshima.xlsx
Do-file: A3-1-dummy.do
```

　複数のダミー変数を一度に回帰式に入れる場合，たくさんの変数を羅列することになり，意外に面倒です。これもコンパクトにまとめることができます（ここでも，第3章で使用した"odakyu-enoshima.xlsx" を使います）。

1）`tab,gen` によるダミー変数

　直前の 254 ページで紹介した `tab` に `gen` オプションをつけて作成したダミー変数のように，ダミー変数の後ろに通し番号が割り振られている場合，以下のような形で複数のダミー変数を追加した回帰分析を行うことができます。

```
reg rent floor age d_station2-d_station4
```

　d_station1 が除外されているのは，第3章で説明したように d_station1 の駅を基準とするためです。以下のとおり，最寄り駅ダミーを羅列した場合と同じ結果が得られます。

```
. reg rent floor age d_station2-d_station4

      Source |       SS       df       MS              Number of obs =     221
-------------+------------------------------           F(  5,   215) =  222.70
       Model |  1282.28988      5  256.457976           Prob > F      =  0.0000
    Residual |  247.593058    215  1.15159562           R-squared     =  0.8382
-------------+------------------------------           Adj R-squared =  0.8344
       Total |   1529.88294    220  6.95401336           Root MSE      =  1.0731

------------------------------------------------------------------------------
        rent |      Coef.   Std. Err.      t    P>|t|     [95% Conf. Interval]
-------------+----------------------------------------------------------------
       floor |   .1097025   .0038613    28.41   0.000     .1020917    .1173133
         age |  -.0894759   .0090766    -9.86   0.000    -.1073665   -.0715853
   d_station2 |   .0400612   .2507085     0.16   0.873      -.4541    .5342225
   d_station3 |   1.230022   .3043776     4.04   0.000     .6300758    1.829968
   d_station4 |    1.42291   .1733384     8.21   0.000      1.08125     1.76457
       _cons |   2.859003   .2343199    12.20   0.000     2.397145    3.320861
------------------------------------------------------------------------------
```

2）`xi:reg` の活用

　実は Stata には，カテゴリー変数を直接回帰式に追加するだけで，ダミー変数を含む回帰式を推定する方法があります。カテゴリー変数を "category" と表記する場合，以下のように表記します。

```
xi:reg y x1 x2 x3 i.category
```

このコマンドにより，カテゴリー変数を，各カテゴリーを1とするダミー変数にして回帰分析を行います。結果は以下のとおりです。

```
. xi:reg rent floor age i.station
i.station          _Istation_1-4      (_Istation_1 for station==chogo omitted)

    Source |       SS       df       MS              Number of obs =     221
-----------+------------------------------           F(  5,   215) =  222.70
     Model | 1282.28988      5  256.457976           Prob > F      =  0.0000
  Residual | 247.593058    215  1.15159562           R-squared     =  0.8382
-----------+------------------------------           Adj R-squared =  0.8344
     Total | 1529.88294    220  6.95401336           Root MSE      =  1.0731

-----------------------------------------------------------------------------
      rent |     Coef.   Std. Err.      t    P>|t|    [95% Conf. Interval]
-----------+-----------------------------------------------------------------
     floor |  .1097025   .0038613    28.41   0.000    .1020917    .1173133
       age | -.0894759   .0090766    -9.86   0.000   -.1073665   -.0715853
_Istation_2|  .0400612   .2507085     0.16   0.873    -.4541     .5342225
_Istation_3|  1.230022   .3043776     4.04   0.000    .6300758   1.829968
_Istation_4|  1.42291    .1733384     8.21   0.000    1.08125    1.76457
     _cons |  2.859003   .2343199    12.20   0.000    2.397145   3.320861
-----------------------------------------------------------------------------
```

なお，カテゴリー変数が数値のみで構成されている場合，"xi:"は省略可能です。

たとえば，yearには1999と2004という数値が入っていますので，以下のようにi.yearと入力すると年毎のダミー変数が自動作成・導入されます。

```
. reg rent floor age i.year

    Source |       SS       df       MS              Number of obs =     221
-----------+------------------------------           F(3, 217)     =  255.04
     Model | 1191.85741      3  397.285805           Prob > F      =  0.0000
  Residual | 338.025572    217  1.55772153           R-squared     =  0.7791
-----------+------------------------------           Adj R-squared =  0.7760
     Total | 1529.88299    220  6.95401357           Root MSE      =  1.2481

-----------------------------------------------------------------------------
      rent | Coefficient  Std. err.      t    P>|t|    [95% conf. interval]
-----------+-----------------------------------------------------------------
     floor |  .1100529   .0045379    24.25   0.000    .1011089    .118997
       age | -.0958079   .0104264    -9.19   0.000   -.1163579   -.0752579
           |
      year |
      2004 |  .4395537   .177946      2.47   0.014    .0888299    .7902775
           |
     _cons |  3.480012   .2525891    13.78   0.000    2.98217     3.977854
-----------------------------------------------------------------------------
```

3 factor variable を使って交差項を作成する

データ・ファイル：w-census.dta / Do-file: A3-2-factor_variable_1.do
データ・ファイル：odakyu-enoshima.xlsx / Do-file: A3-3-factor_variable_2.do

factor variable コマンドを利用すると，新しい変数を定義することなしに，交差項（二

つの変数を掛け算した変数）を導入することができます。

ダミー変数の連続変数の交差項

たとえば3.2.4項で紹介した，男女間の賃金－年齢プロファイルを比較する回帰分析で利用した，女性ダミーと年齢の交差項を例にとって紹介しましょう。3.2.4項では以下のような回帰式を推定しました。これらは Web ページからダウンロードした factor_variable_1.do を参照してください。

$$wage = a + bage$$

この回帰式の推定は，female_age を

```
gen female_age=female*age
```

として作成した変数であるとすると，以下の（1）のようなコマンドで推計可能ですが，

```
reg wage age female female_age
```
(1)

これは以下のように書き換え可能です。

```
reg wage age i.female*age
```
(2)
```
reg wage age i.female##c.age
```
(3)

"i." はカテゴリー変数の前につけることで，カテゴリーごとのダミー変数を作成し，それを説明変数に追加してくれます。(2)は "##" のように "#"（シャープ）を二つ入れることで，前後の変数とその交差項を入れることができます。具体的には，（3）式では female ダミーと age，female と age の交差項の3つの変数が追加されます。また age の前の "c." は，"c." の後ろの変数が連続変数であることを示します。ここまでの出力結果は以下のとおりです。

```
. * equation (1)
. reg wage age female female_age

      Source |       SS       df       MS              Number of obs =      44
-------------+------------------------------           F(  3,    40) =   21.52
       Model |  173692.273     3  57897.4244           Prob > F      =  0.0000
    Residual |  107629.828    40  2690.74569           R-squared     =  0.6174
-------------+------------------------------           Adj R-squared =  0.5887
       Total |  281322.101    43  6542.37444           Root MSE      =  51.872

------------------------------------------------------------------------------
        wage |      Coef.   Std. Err.      t    P>|t|     [95% Conf. Interval]
-------------+----------------------------------------------------------------
         age |   3.245911   .7090222     4.58   0.000     1.812924    4.678898
      female |   18.28107   45.43731     0.40   0.690    -73.55115    110.1133
  female_age |  -2.848059   1.002709    -2.84   0.007     -4.87461   -.8215093
       _cons |   155.6103   32.12903     4.84   0.000     90.67515    220.5455
------------------------------------------------------------------------------
```

```
. * equation (2)
. xi:reg wage age i.female*age
i.female          _Ifemale_0-1       (naturally coded; _Ifemale_0 omitted)
i.female*age      _IfemXage_#        (coded as above)
note: age omitted because of collinearity

      Source |       SS       df       MS              Number of obs =      44
-------------+------------------------------           F(  3,    40) =   21.52
       Model |  173692.273     3  57897.4244           Prob > F      =  0.0000
    Residual |  107629.828    40  2690.74569           R-squared     =  0.6174
-------------+------------------------------           Adj R-squared =  0.5887
       Total |  281322.101    43  6542.37444           Root MSE      =  51.872

------------------------------------------------------------------------------
        wage |      Coef.   Std. Err.      t    P>|t|     [95% Conf. Interval]
-------------+----------------------------------------------------------------
         age |   3.245911   .7090222     4.58   0.000     1.812924    4.678898
  _Ifemale_1 |   18.28107   45.43731     0.40   0.690    -73.55115    110.1133
         age |  (omitted)
 _IfemXage_1 |  -2.848059   1.002709    -2.84   0.007     -4.87461   -.8215093
       _cons |   155.6103   32.12903     4.84   0.000     90.67515    220.5455
------------------------------------------------------------------------------
```

```
. * equation (3)
. reg wage age i.female##c.age
note: age omitted because of collinearity

      Source |       SS       df       MS              Number of obs =      44
-------------+------------------------------           F(  3,    40) =   21.52
       Model |  173692.273     3  57897.4244           Prob > F      =  0.0000
    Residual |  107629.828    40  2690.74569           R-squared     =  0.6174
-------------+------------------------------           Adj R-squared =  0.5887
       Total |  281322.101    43  6542.37444           Root MSE      =  51.872

------------------------------------------------------------------------------
        wage |      Coef.   Std. Err.      t    P>|t|     [95% Conf. Interval]
-------------+----------------------------------------------------------------
         age |   3.245911   .7090222     4.58   0.000     1.812924    4.678898
    1.female |   18.28107   45.43731     0.40   0.690    -73.55115    110.1133
         age |  (omitted)
             |
 female#c.age |
           1 |  -2.848059   1.002709    -2.84   0.007     -4.87461   -.8215093
             |
       _cons |   155.6103   32.12903     4.84   0.000     90.67515    220.5455
------------------------------------------------------------------------------
```

　なお，次の(4)のように“#”を一つしか入れなかった場合，少し意味が変わります。(5)のように女性ダミー female を加えない式と等しくなります。同様にここまでの出力結果は以下のとおりです。

```
reg wage age i.female#c.age                                              (4)

reg wage age female_age                                                  (5)
```

```
. * equation (4)
. reg wage age i.female#c.age

      Source |       SS       df       MS              Number of obs =      44
-------------+------------------------------           F(  2,    41) =   32.87
       Model |  173256.71        2  86628.3551          Prob > F      =  0.0000
    Residual |  108065.391      41  2635.74123          R-squared     =  0.6159
-------------+------------------------------           Adj R-squared =  0.5971
       Total |  281322.101      43  6542.37444          Root MSE      =  51.339

-------------------------------------------------------------------------------
        wage |      Coef.   Std. Err.      t    P>|t|     [95% Conf. Interval]
-------------+-----------------------------------------------------------------
         age |   3.056524   .5247767     5.82   0.000     1.996716    4.116332
             |
female#c.age |
          1  |  -2.469286   .3415996    -7.23   0.000     -3.15916   -1.779412
             |
       _cons |   164.7509   22.48525     7.33   0.000      119.341    210.1607
-------------------------------------------------------------------------------
```

```
. * equation (5)
. reg wage age female_age

      Source |       SS       df       MS              Number of obs =      44
-------------+------------------------------           F(  2,    41) =   32.87
       Model |  173256.71        2  86628.3551          Prob > F      =  0.0000
    Residual |  108065.391      41  2635.74123          R-squared     =  0.6159
-------------+------------------------------           Adj R-squared =  0.5971
       Total |  281322.101      43  6542.37444          Root MSE      =  51.339

-------------------------------------------------------------------------------
        wage |      Coef.   Std. Err.      t    P>|t|     [95% Conf. Interval]
-------------+-----------------------------------------------------------------
         age |   3.056524   .5247767     5.82   0.000     1.996716    4.116332
  female_age |  -2.469286   .3415996    -7.23   0.000     -3.15916   -1.779412
       _cons |   164.7509   22.48525     7.33   0.000      119.341    210.1607
-------------------------------------------------------------------------------
```

　なお，"##" を利用すると，「連続変数どうしの掛け算」を変数に追加することができます。たとえば，以下のような age の2乗を説明変数とする場合，(6)，(7)のように入力しますが，factor variable を使えば，(8)のように単純化することができます。

```
gen age2=age^2                                                           (6)

reg wage age age2 female female_age                                      (7)

reg wage c.age##c.age i.female##c.age                                    (8)
```

```
. * equation (6)
. gen age2=age^2

.
. * equation (7)
. reg wage age age2 female female_age

      Source |       SS       df       MS              Number of obs =      44
-------------+------------------------------           F(  4,    39) =   28.75
       Model |  210074.199     4  52518.5496           Prob > F      =  0.0000
    Residual |  71247.9023    39  1826.86929           R-squared     =  0.7467
-------------+------------------------------           Adj R-squared =  0.7208
       Total |  281322.101    43  6542.37444           Root MSE      =  42.742

------------------------------------------------------------------------------
        wage |      Coef.   Std. Err.      t    P>|t|     [95% Conf. Interval]
-------------+----------------------------------------------------------------
         age |   14.94628   2.686167     5.56   0.000     9.512994    20.37957
        age2 |  -.1371928   .0307427    -4.46   0.000    -.1993757   -.0750098
      female |   18.28107   37.43949     0.49   0.628    -57.44745     94.0096
  female_age |  -2.848059   .8262134    -3.45   0.001    -4.519234   -1.176885
       _cons |  -60.47433   55.18571    -1.10   0.280     -172.098    51.14931
------------------------------------------------------------------------------
```

```
. * equation (8)
. reg wage c.age##c.age i.female##c.age
note: age omitted because of collinearity

      Source |       SS       df       MS              Number of obs =      44
-------------+------------------------------           F(  4,    39) =   28.75
       Model |  210074.199     4  52518.5496           Prob > F      =  0.0000
    Residual |  71247.9023    39  1826.86929           R-squared     =  0.7467
-------------+------------------------------           Adj R-squared =  0.7208
       Total |  281322.101    43  6542.37444           Root MSE      =  42.742

------------------------------------------------------------------------------
        wage |      Coef.   Std. Err.      t    P>|t|     [95% Conf. Interval]
-------------+----------------------------------------------------------------
         age |   14.94628   2.686167     5.56   0.000     9.512994    20.37957
             |
 c.age#c.age |  -.1371928   .0307427    -4.46   0.000    -.1993757   -.0750098
             |
    1.female |   18.28107   37.43949     0.49   0.628    -57.44745     94.0096
         age |  (omitted)
             |
female#c.age |
          1  |  -2.848059   .8262134    -3.45   0.001    -4.519234   -1.176885
             |
       _cons |  -60.47433   55.18571    -1.10   0.280     -172.098    51.14931
------------------------------------------------------------------------------
```

　3-2-5項で紹介した，湘南台地区の賃貸料の変化に関する分析（"odakyu-shonandai.xlsx"を利用）で用いた回帰式（以下(9)）は，(10)で代替可能です。(10)は，コマンド自体は長くなりますが，新しい変数を作成する必要がない分，省力化できます。プログラムは同じようにfactor_variable_2.doファイルを参照してください。

```
reg rent floor age year2004 kozashibuya shonandai mutsuai koza-
shibuya2004 shonandai2004 mutsuai2004                              (9)
```

```
reg rent floor age year2004 i.kozashibuya i.shonandai i.mutsuai
i.kozashibuya##i.year2004 i.shonandai##i.year2004 i.mutsuai##i.
year2004                                                        (10)
```

```
. * equation (9)
. reg rent floor age year2004 kozashibuya shonandai mutsuai kozashibuya2004 shonandai2004
> mutsuai2004

      Source |       SS       df       MS              Number of obs =     221
-------------+------------------------------           F(  9,   211) =  127.38
       Model | 1292.06987        9 143.563319           Prob > F      =  0.0000
    Residual | 237.813073      211 1.12707617           R-squared     =  0.8446
-------------+------------------------------           Adj R-squared =  0.8379
       Total | 1529.88294      220 6.95401336           Root MSE      =  1.0616

------------------------------------------------------------------------------
        rent |      Coef.   Std. Err.      t    P>|t|     [95% Conf. Interval]
-------------+----------------------------------------------------------------
       floor |  .1084391   .0039207    27.66   0.000     .1007103    .116168
         age | -.0889411    .008992    -9.89   0.000    -.1066667   -.0712155
    year2004 | -.1068968   .2790715    -0.38   0.702    -.6570222    .4432287
 kozashibuya |  .1760556   .4052565     0.43   0.664    -.6228147    .9749259
   shonandai |  .9802421    .268707     3.65   0.000     .4505479   1.509936
     mutsuai |  .8732003   .4057412     2.15   0.033     .0733745   1.673026
kozashi~2004 | -.1689182   .5169856    -0.33   0.744    -1.188037    .8502003
shonand~2004 |   .660282   .3533819     1.87   0.063    -.0363293   1.356893
 mutsuai2004 |  .7878359   .6048528     1.30   0.194    -.4044926   1.980164
       _cons |  2.962666   .2701916    10.97   0.000     2.430045   3.495287
------------------------------------------------------------------------------
```

```
. * equation (10)
. reg rent floor age year2004 i.kozashibuya i.shonandai i.mutsuai i.kozashibuya##i.year20
> 04 i.shonandai##i.year2004 i.mutsuai##i.year2004
note: 1.year2004 omitted because of collinearity

      Source |       SS       df       MS              Number of obs =     221
-------------+------------------------------           F(  9,   211) =  127.38
       Model | 1292.06987        9 143.563319           Prob > F      =  0.0000
    Residual | 237.813073      211 1.12707617           R-squared     =  0.8446
-------------+------------------------------           Adj R-squared =  0.8379
       Total | 1529.88294      220 6.95401336           Root MSE      =  1.0616

------------------------------------------------------------------------------
        rent |      Coef.   Std. Err.      t    P>|t|     [95% Conf. Interval]
-------------+----------------------------------------------------------------
       floor |  .1084391   .0039207    27.66   0.000     .1007103    .116168
         age | -.0889411    .008992    -9.89   0.000    -.1066667   -.0712155
    year2004 | -.1068968   .2790715    -0.38   0.702    -.6570222    .4432287
1.kozashib~a |  .1760556   .4052565     0.43   0.664    -.6228147    .9749259
 1.shonandai |  .9802421    .268707     3.65   0.000     .4505479   1.509936
   1.mutsuai |  .8732003   .4057412     2.15   0.033     .0733745   1.673026
 1.year2004 | (omitted)

 kozashibuya#
    year2004 |
        1 1  | -.1689182   .5169856    -0.33   0.744    -1.188037    .8502003

   shonandai#
    year2004 |
        1 1  |   .660282   .3533819     1.87   0.063    -.0363293   1.356893

     mutsuai#
    year2004 |
        1 1  |  .7878359   .6048528     1.30   0.194    -.4044926   1.980164

       _cons |  2.962666   .2701916    10.97   0.000     2.430045   3.495287
------------------------------------------------------------------------------
```

※ネット上のプログラムのインストールが必要です。

outreg2 と collect による 2 つの方法があります。

1）outreg2 による分析結果の出力

```
データ・ファイル：odakyu-enoshima.xlsx
Do-file：A3-4-outreg2.do
```

　Stata で分析結果を取り纏めるには，第 3 章 3 節で紹介したとおり，outreg2 コマンドを使います。このコマンドはユーザーによって用意されたコマンドですので findit コマンドを使ってあらかじめインストールしておくことが必要です。

基本的な使い方をおさらいしておくと，

　　　　outreg2 using（ファイル名），excel（オプション）

　オプションには，既存のファイルに上書きする場合は replace，既存のファイルに追加する場合は append を付けます。

```
reg y x1 x2 x3
outreg2 using ex-outreg2.xls,excel replace
reg y x1 x2 x3 x4
outreg2 using ex-outreg2.xls,excel append
```

　ここでは，さらに詳細な設定について紹介しましょう。

stats(coef tstat)：係数と t 値を表示させる。指定しない場合，標準誤差が表示されます。

addstat（統計量の名称，格納されている統計量）：Stata が分析実施時に計算した統計量を結果表に表示します。標本数，決定係数は指定しなくても表示されます。

自由度調整済み決定係数は

　　　　addstat(Adj R-squared, 'e(r2_a)')

と表記します。

e(r2_a) は，Stata が回帰分析で計算した自由度調整済み決定係数です。これを ` ' で囲んで
やる必要があります。自由度調整済み決定係数に加えて F 値を表示させたい場合は，以下のよ
うに記述します。

addstat(Adj R-squared, `e(r2_a)', F-stat, `e(F)')

e(F) は，F 値を表しています。他にも同様に e(F) や e(r2_a) 以外の統計量も表示させる
ことができます。どんな統計量があるのかは ereturn list で確認できます。詳しくは，P.350
ページで紹介していますので，そちらを参照してください。

dec(X)

小数点以下何桁まで表示するかを調整します。X には任意の数値を入れます。

以上で紹介したオプションを使った例を紹介しましょう。以下の例（outreg2.do の例 2）
では，係数と t 値，自由度調整済み決定係数，F 値を表示させ，それぞれの数値は小数点以下 3
桁まで表示させています。

```
reg rent floor age
outreg2 using ex-outreg2.xls,excel stats(coef tstat) addstat(Adj R-squared, `e(r2_a)',
F-stat, `e(F)') dec(3) replace

reg rent floor age distance
outreg2 using ex-outreg2.xls,excel stats(coef tstat) addstat(Adj R-squared, `e(r2_a)',
F-stat, `e(F)') dec(3) append
```

これらのコマンドから以下のような表（ex-outreg2.xls）を出力することができます。

	(1)	(2)
VARIABLES	rent	rent
floor	0.112***	0.104***
	(24.963)	(27.330)
age	-0.096***	-0.071***
	(-9.148)	(-7.738)
distance		-0.051***
		(-3.831)
auto_lock		2.059***
		(10.553)
Constant	3.660***	4.054***
	(14.955)	(16.901)
Observations	221	221
R-squared	0.773	0.854
Adj R-squared	0.771	0.852
F-stat	370.8	316.8
t-statistics in p...		
*** p<0.01, ** p		

通常，outreg2 では係数の下に t 値や標準誤差が表示されますが，t 値や標準誤差を係数の隣の列に表示させたい場合もあるかと思います。そのようなときには，sideway オプションを使います（A3-4-outreg2.do の例3）。

```
reg rent floor age
outreg2 using ex-outreg3.xls,excel stats(coef tstat) addstat(Adj R-squared, 'e(r2_a)',
F-stat, 'e(F)') dec(3) sideway replace
```

これを実行すると以下のような表が生成されます。

	A	B	C	D
1				
2		(1)	(2)	
3		rent		
4	VARIABLE	coef	tstat	
5				
6	floor	0.112***	24.963	
7	age	-0.096***	-9.148	
8	Constant	3.660***	14.955	
9				
10	Observatio	221		
11	R-squared	0.773		
12	Adj R-squa	0.771		
13	F-stat	370.8		
14	Standard e			
15	*** p<0.01			
16				

第4章で紹介した Probit や Logit モデルの限界効果を出力する際は，まず，margins,

dydx(_all) post("post") というオプションで限界効果を推定結果として保存するという意味があります）で限界効果を出力したうえで，outreg2 を実行します。

データ・ファイル：fdi-firm.dta
Do-file：A3-5-probit-logit-outreg2.do

```
probit dum_fdi slsprofit wage labor
margins, dydx(_all) post
outreg2 using result-probit-logit.xls,excel replace

logit dum_fdi slsprofit wage labor
margins, dydx(_all) post
outreg2 using result-probit-logit.xls,excel append
```

生成された EXCEL ファイルには，P.296 と同じ結果が出力されていることがわかります。

	A	B	C
1			
2		(1)	(2)
3	VARIABLES	.	.
4			
5	slsprofit	0.0281	0.0269
6		(0.130)	(0.128)
7	wage	0.0652***	0.0647***
8		(0.00638)	(0.00656)
9	labor	8.91e-06***	9.69e-06***
10		(1.49e-06)	(1.81e-06)
11			
12	Observations	1,919	1,919
13	Standard errors in parentheses		
14	*** p<0.01, ** p<0.05, * p<0.1		

紙幅の関係上実例は示せませんが，その他のオプションについても紹介しましょう。

addnote（注釈文）：脚注を入れます。

ctitile（タイトル）：列の頭にタイトルを入れます。

cttop（タイトル）：列の頭にさらに追加でタイトルを入れるときに使います。

tex：LaTeX 形式で出力したいとき，EXCEL の代わりに tex と入力します。

なお，紙幅の関係で，ここでは紹介しきれませんでしたが，操作変数法の結果の取り纏め方などを WEB Appendix で紹介していますので必要な方は参照してください。

2）collect による分析結果の出力

collect コマンドでもさまざまなオプションが用意されていますので，いくつか例を紹介します。

> データファイル：tanaka2021.dta
> Do-file: A3-6-collect.do

固定効果の有無の表記

固定効果モデルの場合，時間固定効果の係数を表に掲載しないで，固定効果の有無を"YES"，"NO"で表記することがよくあります。以下の例は，第5章で紹介したカンボジアの衣料品の原産地規則の緩和が EU 向け輸出に及ぼす影響（プログラム例は chapter6-1.do）の推計結果に固定効果（Year FE, Country FE が，それぞれ年次固定効果，国固定効果）の有無の表記を追加したものです。collect コマンドで分析結果を出力する場合，こうしたラベルを付けて出力するにはどうすればいいでしょうか？

	(1)	(2)	(3)	(4)	(5)	(6)
eu_post	0.535**	1.750***	0.983***	1.412***	-0.555*	0.484
	(0.257)	(0.312)	(0.360)	(0.436)	(0.306)	(0.624)
lgdp	1.140***	5.063*	0.287	-1.319	5.114**	2.839
	(0.050)	(2.641)	(2.716)	(2.566)	(2.197)	(6.013)
lgdpc	0.591***	-0.153	1.580	4.759**	-4.385*	-2.849
	(0.086)	(3.077)	(2.546)	(1.978)	(2.216)	(7.354)
tariff	0.000	-0.038***	-0.037***	-0.032	-0.020	-0.049
	(0.008)	(0.011)	(0.009)	(0.021)	(0.019)	(0.072)
rta	-0.135	1.280***	0.940***	1.766***	-0.048	0.014
	(0.217)	(0.290)	(0.231)	(0.497)	(0.490)	(1.301)
Year FE	NO	NO	YES	YES	YES	YES
Country FE	NO	YES	YES	YES	YES	YES
R2	0.682	0.417	0.476	0.501	0.560	0.376
N	591	591	591	452	568	279

プログラム例を見てみましょう。太字の部分が本文で紹介したプログラム例と異なるところです。2行目から7行目までの回帰分析の結果を保存する際に，y_fe と cty_fe にそれぞれ年次ダミー，国ダミーの有無を Stata に記憶させています。11行目と12行目で y_fe，cty_fe に記憶させた中身を表に出力するように指定し，13行目で y_fe，cty_fe をそれぞれ Year FE，Country FE と表示させています（FE は Fixed Effect の略）。

```
1 use tanaka2021.dta,clear
（中略）
2 collect _r_b _r_se y_fe="NO"cty_fe="NO", tag(model[(1)]): reg lex61 eu_post lgdp lgdpc
tariff rta i.year,robust
3 collect _r_b _r_se y_fe="NO"cty_fe="YES", tag(model[(2)]): xtreg lex61 eu_post lgdp
lgdpc tariff rta ,fe robust
4 collect _r_b _r_se y_fe="YES"cty_fe="YES", tag(model[(3)]): xtreg lex61 eu_post lgdp
lgdpc tariff rta i.year,fe robust
5 collect _r_b _r_se y_fe="YES"cty_fe="YES", tag(model[(4)]): xtreg lex62 eu_post lgdp
lgdpc tariff rta i.year,fe robust
6 collect _r_b _r_se y_fe="YES"cty_fe="YES", tag(model[(5)]): xtreg lex64 eu_post lgdp
lgdpc tariff rta i.year,fe robust
7 collect _r_b _r_se y_fe="YES"cty_fe="YES", tag(model[(6)]): xtreg lex10 eu_post lgdp
lgdpc tariff rta i.year,fe robust
8 collect layout(colname#result)(model)
9 collect style cell result[_r_se], sformat("(%s)")
10 collect stars _r_p 0.01 "***"0.05 "** " 0.1 "* " 1 "    ", attach(_r_b)
11 collect style header result[y_fe cty_fe r2 N], level(label)
12 collect layout(colname[eu_post lgdp lgdpc tariff rta]#result[_r_b _r_se] result[y_fe
cty_fe r2 N])(model)
13 collect label levels result y_fe "Year FE"cty_fe "Country FE"N "N"r2 "R2", modify
collect preview
```

　このほか Web Appendix では，操作変数法による推計結果の collect コマンドによる出力方法
などを紹介していますので，併せて参照してください。

５ 推定結果の係数を取り出すには？

データ・ファイル : w-census.dta
do-file: A3-7-coefficient.do

　分析を進めて行く上で，「回帰分析の係数を取り出して新しい変数を作成する」といった作業
が必要になる場合があります。たとえば，

$$y = a + b_1{*}X_1 + b_2{*}X_2 + u$$

で求めた b_1 と b_2 を使って，今度は，$W = b_1{*}Z_1 + b_2{*}Z_2$ のような指標を作成するような場合が
考えられます。そこで，例として，w-census.dta データを用いた賃金関数の推計（第 3 章の

114 ページ参照）の係数を取り出してみましょう。

1）システム変数を使う

まず，wage を被説明変数とする回帰モデルを推定します。

```
reg wage age female production
```

この推定結果の係数にアクセスするには，

```
_b[変数名]
```

と入力すると，"変数名"の係数が得られます。定数項（切片）の場合は，_b[_cons] と入力します。具体的には，

```
gen b1=_b[age]
gen b2=_b[female]
gen b3=_b[production]
gen b4=_b[_cons]
sum b1 b2 b3 b4
```

と入力してみましょう。b1，b2，b3，b4 の統計量をみると，それぞれ回帰係数の値が入っていることがわかります。_b[age] のような "_"（アンダースコア）で始まる変数のことをシステム変数といいます。

```
. reg wage age female production

      Source |       SS       df       MS              Number of obs =      44
-------------+------------------------------           F(  3,    40) =   24.51
       Model | 182198.051        3  60732.6836          Prob > F      =  0.0000
    Residual | 99124.0501       40  2478.10125          R-squared     =  0.6476
-------------+------------------------------           Adj R-squared =  0.6212
       Total | 281322.101       43  6542.37444          Root MSE      =  49.781

------------------------------------------------------------------------------
        wage |      Coef.   Std. Err.      t    P>|t|     [95% Conf. Interval]
-------------+----------------------------------------------------------------
         age |   1.821881   .4811362     3.79   0.001     .8494687    2.794294
      female |  -102.8909   15.00939    -6.86   0.000     -133.226   -72.55579
  production |  -52.40909   15.00939    -3.49   0.001    -82.74421   -22.07397
       _cons |   242.4009   24.24848    10.00   0.000     193.3929    291.4089
------------------------------------------------------------------------------

. gen b1=_b[age]

. gen b2=_b[female]

. gen b3=_b[production]

. gen b4=_b[_cons]

.
. sum b1 b2 b3 b4

    Variable |       Obs        Mean    Std. Dev.       Min        Max
-------------+--------------------------------------------------------
          b1 |        44    1.821881           0   1.821881   1.821881
          b2 |        44   -102.8909           0  -102.8909  -102.8909
          b3 |        44  -52.40909           0  -52.40909  -52.40909
          b4 |        44    242.4009           0   242.4009   242.4009
```

この係数を使って，予測値を作ることもできます。

```
gen z=b1*age+b2*female+b3*production+b4
```

と入力することで予測値が得られます。

次の例では，predict コマンドで出力した予測値 wage_hat と統計量を比較していますが，z と wage_hat は，まったく同じ数値になっていることが確認できます。

```
. gen z=b1*age+b2*female+b3*production+b4

.
. predict wage_hat
(option xb assumed; fitted values)

. sum wage_hat z

    Variable |       Obs        Mean    Std. Dev.       Min        Max
-------------+--------------------------------------------------------
    wage_hat |        44    242.2636     65.0935   120.8057   364.4669
           z |        44    242.2636    65.09351   120.8057   364.4669
```

2) 統計量を取り出す

決定係数や F 値などを取り出したいときにはどうすればいいのでしょうか？ Stata の推定結

果のさまざまな数値は e(X) という変数に格納されています。これを一覧するには，regress
コマンドを実行した直後に ereturn list というコマンドを使います。決定係数は，e(r2) に
格納されていることがわかります。 A3-7-coefficient.do ファイルの例2を参照

```
. ereturn list

scalars:
               e(N) =  44
            e(df_m) =  3
            e(df_r) =  40
               e(F) =  24.50774903698101
              e(r2) =  .6476492611164554
            e(rmse) =  49.7805308588897
             e(mss) =  182198.050760323
             e(rss) =  99124.05010371478
            e(r2_a) =  .6212229557001896
              e(ll) =  -232.2719257885369
            e(ll_0) =  -255.2207457968362
            e(rank) =  4

macros:
         e(cmdline) : "regress wage age female production"
           e(title) : "Linear regression"
       e(marginsok) : "XB default"
             e(vce) : "ols"
          e(depvar) : "wage"
             e(cmd) : "regress"
      e(properties) : "b V"
         e(predict) : "regres_p"
           e(model) : "ols"
       e(estat_cmd) : "regress_estat"

matrices:
               e(b) :  1 x 4
               e(V) :  4 x 4
```

たとえば，決定係数を r2 という変数にするには，

```
gen r2=e(r2)
```

と入力すれば以下の例のように r2 という変数に決定係数が格納されます。

```
. gen r2=e(r2)

. sum r2

    Variable |       Obs        Mean    Std. Dev.       Min        Max
-------------+--------------------------------------------------------
          r2 |        44    .6476493           0   .6476493   .6476493
```

なお，回帰分析ではなく記述統計を変数として扱いたい場合は，sum や tabstat，correl

を実行したのち，`return list` コマンドを使うと計算された記述統計量を一覧することができます。そしてこれを gen 等で新しい変数に代入することができます。

A3-7-coefficient.do ファイルの例3を参照

```
. sum wage

    Variable |        Obs        Mean    Std. Dev.       Min        Max
-------------+--------------------------------------------------------
        wage |         44    242.2636    80.88495      142.9      450.6

. return list

scalars:
                  r(N) =  44
              r(sum_w) =  44
               r(mean) =  242.2636365023526
                r(Var) =  6542.374438698553
                 r(sd) =  80.88494568644126
                r(min) =  142.8999938964844
                r(max) =  450.6000061035156
                r(sum) =  10659.60000610352

. gen mean_wage=r(mean)

. su mean_wage

    Variable |        Obs        Mean    Std. Dev.       Min        Max
-------------+--------------------------------------------------------
   mean_wage |         44    242.2636           0    242.2636    242.2636
```

6 カテゴリーごとに回帰分析を実施する

データ・ファイル：odakyu-enoshima.xlsx
Do-file: A3-8-by_sort-global.do

分析によってはデータをグループごとに分けて，同じ説明変数の回帰モデルを何度も実行する必要に迫られるときがあります。たとえば第3章で利用した，小田急線沿線の賃貸物件データ（"odakyu-eonoshima.xlsx"）を使って，最寄り駅ごとに賃貸料関数を推計してみましょう。

```
cd c:¥data
import excel using odakyu-enoshima.xlsx,firstrow clear
reg rent age floor  if station=="chogo"
reg rent age floor  if station=="shonandai"
reg rent age floor  if station=="mutsuai"
reg rent age floor  if station=="kozashibuya"
```

この一連のコマンドは，以下のように短縮可能です。

```
sort station
by station: reg rent age floor
```

　まず sort でデータを駅ごとに並び替えた上で，reg の前に by station: と書いておくと，駅ごとにデータを区切って回帰分析を実施してくれます。

　結果の一部を以下に紹介します。なお by station: の後ろには，table や sum などの統計表作成のコマンド，logit，probit などのモデル推定のコマンドなどを配置することも可能です（A3-8-by_sort-global.do ファイルを参照してください）。

```
. by station: reg rent age floor

-> station = chogo
     Source |       SS           df       MS            Number of obs =       58
-------------+----------------------------------        F(  2,    55) =    72.15
       Model | 79.3647436         2  39.6823718         Prob > F      =   0.0000
    Residual | 30.2492555        55  .549986464         R-squared     =   0.7240
-------------+----------------------------------        Adj R-squared =   0.7140
       Total | 109.613999        57  1.92305262         Root MSE      =   .74161

        rent |      Coef.   Std. Err.      t    P>|t|     [95% Conf. Interval]
-------------+----------------------------------------------------------------
         age | -.0918136   .0127449    -7.20   0.000    -.117355   -.0662723
       floor |  .0791302   .0083475     9.48   0.000     .0624013    .095859
       _cons |  4.202582   .3912088    10.74   0.000     3.418582   4.986582


-> station = kozashibuya
     Source |       SS           df       MS            Number of obs =       27
-------------+----------------------------------        F(  2,    24) =    81.91
       Model | 57.562124          2  28.781062          Prob > F      =   0.0000
    Residual | 8.43305638        24  .351377349         R-squared     =   0.8722
-------------+----------------------------------        Adj R-squared =   0.8616
       Total | 65.9951804        26  2.53827617         Root MSE      =   .59277

        rent |      Coef.   Std. Err.      t    P>|t|     [95% Conf. Interval]
-------------+----------------------------------------------------------------
         age | -.0796146    .019818    -4.02   0.001    -.1205169   -.0387123
       floor |  .0941351   .0085605    11.00   0.000     .0764672    .111803
       _cons |  3.557264   .4938251     7.20   0.000     2.538059   4.576469


-> station = mutsuai
     Source |       SS           df       MS            Number of obs =       16
-------------+----------------------------------        F(  2,    13) =    83.12
```

7 変数の組み合わせを記憶させる：global

> データ・ファイル：odakyu-enoshima.xlsx
> Do-file: A3-8-by_sort-global.do

　前述の「カテゴリーごとに回帰分析を実施する」で，by sort を使ってカテゴリーごとの回帰分析の手順を紹介しましたが，さらに説明変数の記入についても省力化が可能です。ここでもやはり，第3章で利用した小田急線沿線の賃貸物件データ（"odakyu-eonoshima.xlsx"）を使って，最寄り駅ごとに賃貸料関数を推計します。

　ここでは複数のカテゴリーごとに回帰分析するケースを考えます。前述の例では最寄り駅（station）ごとの回帰分析を紹介しましたが，年次（year）ごと，エアコンの有無（aircon）など，さまざまな組み合わせも考えられます。

```
cd c:¥data
import excel using odakyu-enoshima.xlsx,firstrow clear
sort station
by station: reg rent age floor
sort year
by year: reg rent age floor
sort aircon
by aircon: reg rent age floor
```

　この場合，説明変数の組み合わせはいつも同じですので，global コマンドを使って，説明変数の組み合わせを保存させておくと便利です。

　　　　global　グループ名　"変数 1　変数 2　変数 3"

　このコマンドを利用することで，変数 1 〜変数 3 の組み合わせを，「グループ名」で記憶させることができます。このグループを呼び出す場合は，Stata のコマンドと組み合わせて，"$ グループ名" と記述します。具体的には次の例を見てください。実際の分析では，説明変数の数が 10, 20 を超えるような場合が出てきますので，そういった場合，非常に便利です（A3-8-by_sort-global.do ファイルを参照してください）。

```
cd c:¥data
import excel using odakyu-enoshima.xlsx,firstrow clear
global reg_var "rent age floor"
sort station
by station: reg $reg_var
sort year
by year: reg $reg_var
sort aircon
by aircon: reg $reg_var
```

8 条件付ロジット・モデルと多項ロジット・モデル

> データ・ファイル：choice.dta（インターネット上のファイル）
> Do-file：A3-9-choice-mlogit.do

　Logit や Probit は二つのうちから一つを選択する際に用いられるモデルですが，複数の選択肢から一つを選ぶ際の意思決定を分析する方法もあります。ここでは条件付ロジット・モデルと多項ロジット・モデルを紹介します。

　次のデータは Stata 社によって提供されている choice.dta（インターネットに接続している PC の場合，webuse choice.dta, clear で読み込めます）で，消費者が日本車，米国車，欧州車のうち，どの車種を選択したかを示すデータです。例えば，1 行目から 3 行目は id=1 の消費者の選択を示しており，choice という変数をみると 3 行目に 1 がついていることから，この消費者は欧州車（Europe）を購入したことがわかります。

	id	sex	income	car	size	choice	dealer
1	1	male	46.7	American	2	0	18
2	1	male	46.7	Japan	2	0	8
3	1	male	46.7	Europe	2	1	5
4	2	male	26.1	American	3	1	17
5	2	male	26.1	Japan	3	0	6
6	2	male	26.1	Europe	3	0	2
7	3	male	32.7	American	4	1	12
8	3	male	32.7	Japan	4	0	6
9	3	male	32.7	Europe	4	0	2

　ここでは dealer（最寄りの販売店の数）と購入の意思決定（Choice）の関係を分析します。この分析には条件付ロジット・モデル（Conditional Logit model）を利用しますが，Stata では clogit コマンドを使います。clogit は以下のように変数を指定します。

> clogit（被説明変数）（説明変数），group（選択者を示す変数）

　条件付ロジット・モデルでは，各選択者は選択肢間の属性を比較して最も魅力的な選択肢を選んでいると考えます。ここでは被説明変数は choice，説明変数は dealer，そして日本車ダミーと欧州車ダミー，選択者を示す変数には消費者の番号 id を入れます。ダミー変数は 336 ページ

で紹介した factor variable を使って i.car を導入します。

```
clogit choice dealer i.car, group(id)
```

分析結果は以下のようになります。販売店の数（dealer）の係数はプラスですが係数は有意ではありません。ダミー変数は米国車が基準になっています。欧州車（Europe）の係数が負で有意なので，欧州車は選択確率が低いと判断できます。

```
                                        Number of obs    =         885
                                        LR chi2(3)       =      130.92
                                        Prob > chi2      =      0.0000
Log likelihood = -258.62825             Pseudo R2        =      0.2020

    choice  |     Coef.   Std. Err.      z    P>|z|     [95% Conf. Interval]

    dealer  |   .0339226   .0324258     1.05   0.295    -.0296308     .097476

       car  |
     Japan  |  -.7130572   .3938729    -1.81   0.070    -1.485034    .0589195
    Europe  |  -1.070849   .5271382    -2.03   0.042    -2.104021   -.0376769
```

このデータには，所得 income や性別 sex などの変数が含まれていますが，これらをそのまま説明変数として追加することはできません。なぜなら，消費者ごとにみると income や sex にはバラツキが全くないからです。しかし，所得が高いほど欧州車を選びがちだとか男性は米国車を選びがちだといった傾向もあるはずです。こうした要因を導入するには，日本車ダミー，欧州車ダミーとの交差項を導入します。たとえば，所得 income の違いが自動車の選択に及ぼす影響を見るには，やはり factor variable を使って，

```
clogit choice dealer car##c.income car##sex, group(id)
```

と記述します。結果は以下の通りです。

```
                                        Number of obs    =      885
                                        LR chi2(7)       =   146.62
                                        Prob > chi2      =   0.0000
Log likelihood = -250.7794              Pseudo R2        =   0.2262


     choice  |     Coef.    Std. Err.      z     P>|z|    [95% Conf. Interval]

     dealer  |   .0680938   .0344465     1.98    0.048      .00058     .1356076

        car  |
      Japan  |  -1.352189   .6911829    -1.96    0.050    -2.706882    .0025049
     Europe  |  -2.355249   .8526681    -2.76    0.006    -4.026448   -.6840501

     income  |         0   (omitted)

car#c.income |
      Japan  |   .0325318   .012824      2.54    0.011     .0073973    .0576663
     Europe  |   .032042    .0138676     2.31    0.021     .004862     .0592219

        sex  |
       male  |         0   (omitted)

   car#sex   |
 Japan#male  |  -.5346039   .3141564    -1.70    0.089    -1.150339    .0811314
Europe#male  |   .5704109   .4540247     1.26    0.209    -.3194612    1.460283
```

　結果の読み方ですが，Japan と income，Europe と income の交差項がプラスになっていますが，この場合，基準は米国車なので所得の高い人ほど日本車，あるいは欧州車を選択する傾向にあると解釈できます。

　なお，dealer のように選択肢間で異なる変数が存在しない場合，データ構造はもっとシンプルになります。次のデータは,現在のデータを keep if choice==1 で各消費者につき1レコードのデータに変換したものです。

	id	sex	income	car	size	choice	dealer
1	1	male	46.7	Europe	2	1	5
2	2	male	26.1	American	3	1	17
3	3	male	32.7	American	4	1	12
4	4	female	49.2	Japan	2	1	7
5	5	male	24.3	American	4	1	10
6	6	female	39	American	4	1	13
7	7	male	33	American	2	1	24
8	8	male	20.3	American	4	1	9
9	9	male	38	Japan	3	1	10

このとき car は各消費者が選択した自動車になります。このようなデータセットで選択行動を分析する場合，多項ロジット・モデルを使います。多項ロジット・モデルは mlogit で推計が可能です。具体的には，

```
mlogit car sex income
```

と入力すると以下のような結果を得ます。この結果の読み方ですが，Japan と Europe のincome の係数がプラスで有意ですので，米国車を基準として，所得の高い人のほうが日本車，欧州車を選択する傾向にあることがわかります[1]。

```
Multinomial logistic regression              Number of obs    =        295
                                             LR chi2(4)       =      12.90
                                             Prob > chi2      =     0.0118
Log likelihood = -252.72012                  Pseudo R2        =     0.0249


         car |      Coef.   Std. Err.      z    P>|z|     [95% Conf. Interval]

American     | (base outcome)

Japan        |
         sex |  -.4694798   .3114939    -1.51   0.132    -1.079997    .1410371
      income |   .0276854   .0123666     2.24   0.025     .0034472    .0519236
       _cons |  -1.962651   .6216803    -3.16   0.002    -3.181122   -.7441801

Europe       |
         sex |   .5388443   .4525278     1.19   0.234     -.348094    1.425783
      income |    .027367    .013787     1.98   0.047      .000345    .0543889
       _cons |   -3.18003   .7546837    -4.21   0.000    -4.659182   -1.700877
```

　実は，多項ロジット・モデルは選択肢間で異なる説明変数が含まれていない条件付ロジット・モデルと等しくなる，つまり多項ロジット・モデルは条件付ロジット・モデルの特殊形であることが知られています。たとえば，以下のコマンドを実行すると，上記の mlogit と同じ結果が得られます。

```
clogit choice car##c.income car##sex, group(id)
```

---

[1]　多項ロジット・モデルのより詳細な説明は WEB Appendix を参照してください。また，WEB Appendix では，被説明変数が，1. 満足だ，2. まあまあ，3. 不満だ，のように順序に意味がある選択肢になっている場合に用いられる順序ロジット・モデルの説明もあります。

```
                                     Number of obs    =       885
                                     LR chi2(6)       =    142.74
                                     Prob > chi2      =    0.0000
Log likelihood = -252.72012          Pseudo R2        =    0.2202


       choice │      Coef.   Std. Err.      z    P>|z|     [95% Conf. Interval]
──────────────┼────────────────────────────────────────────────────────────────
          car │
        Japan │  -1.962652   .6216804    -3.16   0.002    -3.181123   -.7441807
       Europe │  -3.180029   .7546837    -4.21   0.000    -4.659182   -1.700876
              │
       income │          0   (omitted)
              │
 car#c.income │
        Japan │   .0276854   .0123666     2.24   0.025     .0034472    .0519236
       Europe │   .0273669    .013787     1.98   0.047      .000345    .0543889
              │
          sex │
         male │          0   (omitted)
              │
      car#sex │
  Japan#male  │  -.4694799   .3114939    -1.51   0.132    -1.079997    .141037
 Europe#male  │   .5388441   .4525279     1.19   0.234    -.3480942   1.425782
```

9 生存分析

データ・ファイル：Stata 社のサイトから取得，drugtr.dta
Do-file：A3-10-stcox.do

　生存分析とは，元々，疫学や生物学分野で開発された手法で，あるイベントが発生するまでの時間（あるいは期間の長さ）を分析対象とする手法です。たとえば，ある病気の患者が完治するまでの時間や実験用マウスが死亡するまでの時間などを分析する際に使われます。最近では，社会科学分野でも用いられており，失業者が次の仕事を見つけて就職するまでの時間，結婚から妊娠するまでの年数，企業が倒産したり事業所が併産されたりするまでの時間，取引開始から取引終了までの時間などの分析に用いられています。

　こうした期間の長さの分析には，次の二つの理由で，通常の回帰分析では問題が生じることが知られています。第一の理由は，あるイベントが発生するまで期間の長さは必ず正の値をとりますが，通常の回帰分析を用いると予測値がマイナスになりうるという問題が生じます。第二の理

由は，この分析では，通常，観察期間の中にイベントが起こったサンプルとイベントが起こらなかったサンプルが混在していることが多いという点です。以下の図は，A，B，Cの3人の失業者がいつ就職したかを示すデータだと考えてください。AさんとBさんは分析期間中に就職しているのに対して，Cさんは分析対象期間終了時点でまだ失業状況にあります。AさんとBさんのサンプルのみで回帰分析を行うと分析結果に歪が生じることが知られており，こうしたデータを分析するための手法が開発されています。

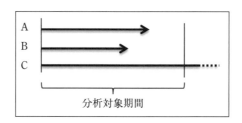

　ここではStata社が用意している癌患者に対する投薬実験の効果を計測するためのデータ（drugtr.dta）を例として紹介しましょう。
　まず，データは

```
webuse drugtr
```

と入力することで利用可能です。このデータに含まれる変数の意味は以下の通りです。

　　　studytime: 実験終了時期
　　　died: 実験終了時点で患者が死亡した場合は1，そうでなければ0をとるダミー変数
　　　drug: 投薬したかどうかを示すダミー変数
　　　age: 患者の年齢

　以下は，listコマンドを使ってデータの一部を表示させたものです。たとえば，15行目の患者は終了時期（studytime）が12か月目で死亡しており，投薬（drug）は行われておらず，年齢（age）は49歳であったことがわかります。

```
. list in 15/25

         studyt~e   died   drug   age   _st   _d   _t   _t0

15.          12       1      0     49     1     1   12     0
16.          12       1      0     62     1     1   12     0
17.          15       1      0     51     1     1   15     0
18.          17       1      0     49     1     1   17     0
19.          22       1      0     57     1     1   22     0

20.          23       1      0     52     1     1   23     0
21.           6       1      1     67     1     1    6     0
22.           6       0      1     65     1     0    6     0
23.           7       1      1     58     1     1    7     0
24.           9       0      1     56     1     0    9     0

25.          10       0      1     49     1     0   10     0
```

　生存分析のコマンドは"st"で始まるのですが，これらのコマンドを使うためにはデータ構造を stset コマンドを使って Stata に認識させないといけません。

　　　　stset（終了時期），（オプション）

オプションには以下のようなものがあります。

　　　failure(変数)：対象期間内にイベントが終了したかどうかを示す変数
　　　origin(開始時期)：開始時点が異なる場合これを指定する，この場合，分析期間は終了
　　　時期－開始時期になります。

　今回の場合，開始時期の情報がないので全被験者の開始時期は同じと考え，

　　　　stset studytime, failure(died)

と入力します。

　まず，Kaplan-Mayer 法による生存率曲線を出力してみましょう。これを出力するには，sts graph コマンドを使います。次の図は，sts graph,by(drug) で投薬の有無別に生存率曲線を描いたものです。投薬しない場合（drug=0 のとき）は，投薬したとき（drug=1）に比べて急速に生存率が低下していることがわかります。

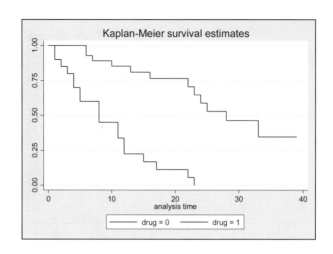

　次に投薬の有無（drug）と年齢（age）が，患者が死亡するまでの期間に及ぼす影響を分析します。生存分析には，さまざまなモデルが用意されていますが，中でも Cox の比例ハザード・モデルがよく利用されます。Cox モデルを推定するには stcox コマンドを使います。

　　　stcox 説明変数 , オプション

　このコマンドを使う前にデータ構造を stset で認識させていることが前提になります。この情報を使って分析しますので，stcox では被説明変数を定義する必要はありません。ここでは，

　　　stcox age drug

と入力します。分析結果は以下のように出力されます。Cox モデルの係数は 1 を上回るときは当該変数が大きくなるときイベントが終了する確率が大きくなる傾向にある一方で，1 を下回るときは当該変数が大きくなるとイベントが終了する確率が小さくなる傾向にあることを示します。今回の分析結果の場合，年齢が高いほど死亡しやすいが，投薬を行うと死亡する確率が下がることが分かります。

```
. stcox age drug

        failure _d:  died
  analysis time _t:  studytime

Iteration 0:   log likelihood = -99.911448
Iteration 1:   log likelihood = -83.551879
Iteration 2:   log likelihood = -83.324009
Iteration 3:   log likelihood = -83.323546
Refining estimates:
Iteration 0:   log likelihood = -83.323546

Cox regression -- Breslow method for ties

No. of subjects =          48           Number of obs   =          48
No. of failures =          31
Time at risk    =         744
                                        LR chi2(2)      =       33.18
Log likelihood  =   -83.323546          Prob > chi2     =      0.0000

        _t | Haz. Ratio   Std. Err.      z    P>|z|     [95% Conf. Interval]
-----------+----------------------------------------------------------------
       age |   1.120325    .0417711     3.05   0.002     1.041375     1.20526
      drug |   .1048772    .0477017    -4.96   0.000     .0430057    .2557622
```

4 パネル・データ分析のコツ

1 パネル・データの認証 xtset がうまくいかない

データ・ファイル : panel-error-reshape.dta
Do-file: A4-1-panel-error-reshape.do

　パネル・データの個体識別番号，時間識別番号を Stata に認識させるコマンド xtset を使うと，以下のようなエラーメッセージが表示され，実行できない場合があります。

```
. xtset id year
repeated time values within panel
r(451);
```

　これは以下のデータのように，id と year が重複しているデータ（id=2, year=2002 が二つ含まれている）が含まれている場合に出てくるメッセージです。このデータでは，2 人の所得と消費のデータですが何らかの事情で誤って id 2 の 2002 年の所得と消費のデータが重複して

入力されています。

panel-error.dta ファイル

No.	id	income	consumption	year
1	1	100	80	2000
2	1	110	88	2001
3	1	120	92	2002
4	2	110	78	2000
5	2	120	90	2001
6	2	125	80	2002
7	2	125	80	2002

　この場合，6行目と7行目にはまったく同じデータが含まれているのでどちらかを削除します。重複データを確認・削除するには以下の duplicates コマンドを使います。

```
duplicates report （個体を識別する番号）
duplicates list （個体を識別する番号）
duplicates drop （個体を識別する番号）, force
```

「個体を識別する番号」ですが，上の例でこれは個人番号 id と年次 year で識別されますので，id と year を入力します。

　以下，実際に結果をみながら説明していきます。

　まず duplicates report は，重複状況を表にしてレポートします。たとえば，copies の列の "1" の行は，id と year で識別できたデータ数を示しています。copies の列の "2" の行は，id と year が同じものが二つあるデータ数を示します。全体で7つのデータのうち二つが重複していることを示します（下図・左）。

```
. duplicates report id year
Duplicates in terms of id year

  copies   observations   surplus
      1              5         0
      2              2         1
```

```
. duplicates list id year
Duplicates in terms of id year

  obs:   id   year
     6    2   2002
     7    2   2002
```

duplicates list は，reshape error と同じく，重複箇所をリストアップします（上図・

右）。最後の duplicates drop は, force オプションを組み合わせることで, 重複する組み合わせのうち片方を, 強制的に削除します。次の例では, duplicates drop の実行後, 再度 tsset コマンドを実行したところ, Stata にデータ形式を認識させることができたことがわかります。

```
. duplicates drop id year,force

Duplicates in terms of id year

(1 observation deleted)

.
. xtset id year
        panel variable:  id (strongly balanced)
         time variable:  year, 2000 to 2002
                 delta:  1 unit
```

　上記の説明では, 6 行目と 7 行目のデータを重複データとみなして片方を削除してしまいましたが, 実は 6 行目は 2002 年の上半期のデータで 7 行目のデータは下半期のもの, 消費と所得が同じだったのは偶然だった, ということもありうるかもしれません。こんなときどうすればいいのでしょうか？　このように時系列方向に不揃いのデータのことをアンバランス・データと呼び, Stata では, xtset（個体識別番号）と入力すればパネルデータの認証ができます。今回の場合, 以下の xtset id と入力します。これで固定効果モデルや変量効果モデルの推定ができるようになります。

2 reshape のトラブル・シューティング

データ・ファイル : panel-reshape-error.dta
Do-file: A4-1-panel-error-reshape.do

　reshape コマンドは, パネル・データの『LONG 形式　⇔ WIDE 形式』変換する際に使いますが, データに問題があると reshape を実行したときに以下のようなメッセージが出力されることがあります。

```
year not unique within fid;

there are multiple observations at the same year within id.

Type "reshape error" for a listing of the problem observations.
```

　このような場合，reshape error と入力することでどのデータが重複しているか，詳細な情報を確認することができます。

　この問題は，パネル・データの認証 xtset がうまくいかない時と同じ状況下で起こる問題ですので，同じデータ例（id=2, year=2002 のデータが誤って重複して入力されている）を使って説明します。

panel-error.dta ファイル

No.	id	income	consumption	year
1	1	100	80	2000
2	1	110	88	2001
3	1	120	92	2002
4	2	110	78	2000
5	2	120	90	2001
6	2	125	80	2002
7	2	125	80	2002

　このデータを Stata に読み込んで，reshape コマンドで WIDE 形式に変換しようとしてもエラーメッセージが表示され，実行されません。

```
. reshape wide  income consumption,i(id) j(year)
(note: j = 2000 2001 2002)
year not unique within id;
there are multiple observations at the same year within id.
Type "reshape error" for a listing of the problem observations.
r(9);
```

　そこで reshape error と入力してみました。そうすると，id 2 year 2002 のデータが重複していることが表示されます。

```
. reshape error
(note: j = 2000 2001 2002)

i (id) indicates the top-level grouping such as subject id.
j (year) indicates the subgrouping such as time.
The data are in the long form;  j should be unique within i.

There are multiple observations on the same year within id.

The following 2 of 7 observations have repeated year values:

        id   year
6.       2   2002
7.       2   2002

(data now sorted by id year)
```

　ここでもやはり duplicates drop を使って，重複する組み合わせのうち片方を，強制的に削除します。次の例では duplicates drop の実行後，再度 reshape コマンドを実行した結果を示しています。

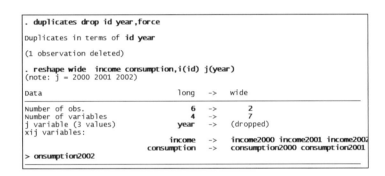

```
. duplicates drop id year,force

Duplicates in terms of id year

(1 observation deleted)

. reshape wide  income consumption,i(id) j(year)
(note: j = 2000 2001 2002)

Data                           long    ->   wide

Number of obs.                    6     ->       2
Number of variables               4     ->       7
j variable (3 values)          year     ->   (dropped)
xij variables:
                             income     ->   income2000 income2001 income2002
                        consumption     ->   consumption2000 consumption2001
> onsumption2002
```

3 パネル・データのデータ構成とバランス・パネルへの変換

データ・ファイル：Stata 社のサイトから取得，nlswork.dta
Do-file: A4-2-balance-panel.do

　4-3-3 項で紹介したように，パネル・データのデータ構成は xtdes コマンドで確認することができます。以下 "nlswork.dta" を使って，「抜け落ち」データがある非バランス・パネル・データをバランス・パネル・データに変換する方法について説明します（balance-panel.do を参照して下さい）。

"nlswork.dta" に対して，xtset コマンドでパネル・データであることを認識させた後，xtdes コマンドを実行すると，4-3-3 項で説明したように，パネル・データのデータ構成が表示されます。以下，4-3-3 項の説明を再掲します。このデータでは，個体を示す変数が企業番号である idcode，時間を示す変数は year です。

```
. xtdes

 idcode:  1, 2, ..., 5159                              n =      4711
   year:  68, 69, ..., 88                              T =        15
          Delta(year) = 1 unit
          Span(year)  = 21 periods
          (idcode*year uniquely identifies each observation)

Distribution of T_i:    min      5%     25%     50%     75%     95%     max
                          1       1       3       5       9      13      15

      Freq.   Percent    Cum.  |  Pattern
      ------------------------ + ---------------------------
        136      2.89    2.89  |  1.................
        114      2.42    5.31  |  ................1
         89      1.89    7.20  |  ..............1.11
         87      1.85    9.04  |  ...............11
         86      1.83   10.87  |  111111.1.11.1.11.1.11
         61      1.29   12.16  |  .............11.1.11
         56      1.19   13.35  |  11................
         54      1.15   14.50  |  ............1.1.11
         54      1.15   15.64  |  .......1.11.1.11.1.11
       3974     84.36  100.00  |  (other patterns)
      ------------------------ + ---------------------------
       4711    100.00          |  XXXXX.X.XX.X.XX.X.XX
```

T＝15 と表記されていますので 15 年分のデータが含まれており，15 年すべてに回答している人が 86 人いることがわかります。それ以外の人は途中で抜け落ちたり，途中から加わったサンプルです。

このように，抜け落ちデータがある企業が含まれているデータのことを，非バランス・パネル・データと呼びます。これらの労働者のデータを削除して，抜け落ちのない労働者に絞り込んだデータ（これをバランス・パネル・データと呼びます）を作成するにはどうすればいいでしょうか？

具体的には，以下のコマンド群で加工できます。

```
egen n_obs=count(idcode),by(idcode)      1)
keep if n_obs==15      2)
```

1）に出てくる n_obs という変数は，新しく作成するもので，企業ごとのデータ数を代入せよという意味です。by(idcode) は「idcode で識別されるサンプルごとに」という意味で，count はサンプル数を計算する演算子です。今，個々の労働者ごとに最大で 15 年分のデータが含まれていますので，keep if n_obs==15 は，「労働者ごとのサンプル数が 15 年のものに限定せよ」という意味になります。

次の作業結果から明らかなように，この 2 行のコマンドの直後に，再度 xtdes によりデータ構成を確認すると，15 期間にわたってすべてデータがある，抜け落ちのないデータによって構成されるパネル・データ（バランス・パネル・データ）に変換されていることがわかります。

```
. egen n_obs=count(idcode),by(idcode)

. keep if n_obs==15
(27,244 observations deleted)

.

. xtdes

  idcode:  3, 6, ..., 5156                              n =        86
    year:  68, 69, ..., 88                              T =        15
           Delta(year) = 1 unit
           Span(year)  = 21 periods
           (idcode*year uniquely identifies each observation)

Distribution of T_i:    min      5%     25%     50%     75%     95%     max
                         15      15      15      15      15      15      15

     Freq.  Percent    Cum.  |  Pattern
    ─────────────────────────┼──────────────────────────
        86   100.00  100.00  |  111111.1.11.1.11.1.11
    ─────────────────────────┼──────────────────────────
        86   100.00          |  XXXXX.X.XX.X.XX.X.XX
```

索引

〈著者紹介〉

松浦寿幸（まつうらとしゆき）

1974 年　奈良県生まれ
1998 年　慶應義塾大学総合政策学部卒業
2003 年　慶應義塾大学大学院商学研究科博士課程単位取得退学
独立行政法人経済産業研究所研究員，一橋大学経済研究所専任講師を経て，
現在，慶應義塾大学産業研究所准教授，博士（商学）

専門は，国際経済学，産業組織論
主要業績に，
『独習！ビジネス統計』東京図書
『海外直接投資の理論・実証研究の新潮流』三菱経済研究所
『東アジア生産ネットワークと経済統合』東洋経済（共著）
"Multinationals, Intrafirm Trade, and Employment Volatility", Canadian Journal of Economics, 2020, **53**(3), 982-1015.（共著）
"Trade Liberalization in Asia and FDI Strategies in Heterogeneous Firms: Evidence from Japanese Firm-level Data,", *Oxford Economic Papers*, 2015, **67**(2), 494-513.（共著）
"International Productivity Gaps and the Export Status of Firms: Evidence from France and Japan", *European Economic Review*, 2014, **70**, pp.56-74.（共著）
"Reconsidering the Backward Vertical Linkage of Foreign Affiliates: Evidence from Japanese Multinationals," *World Development*, Vol.36, No.8, pp.1398-1414, 2008（共著）

Stata によるデータ分析入門 ［第 3 版］

―経済分析の基礎から因果推論まで―

2010 年 6 月 25 日	第 1 版第 1 刷発行
2015 年 9 月 25 日	第 2 版第 1 刷発行
2021 年 12 月 25 日	第 3 版第 1 刷発行
2022 年 6 月 10 日	第 3 版第 2 刷発行

© Toshiyuki Matsuura, 2010, 2015, 2021
Printed in Japan

著者 松浦寿幸

発行所　東京図書株式会社
〒102-0072　東京都千代田区飯田橋 3-11-19
振替 00140-4-13803　電話 03(3288)9461
URL http://www.tokyo-tosho.co.jp

ISBN 978-4-489-02374-3